高等院校计算机应用系列教材

XML基础教程

(第二版)(微课版)

高宇飞　主编

清華大学出版社

北　京

内 容 简 介

本书从初学者角度出发，以通俗易懂的语言，详尽丰富的实例，介绍了 XML 相关的各种主要技术。书中不仅详细阐述了 XML 的基本概念、语法规则、文档类型定义、层叠样式表、可扩展样式表、解析器和数据库的集成等知识，还通过一个综合案例演示了 XML 在实际项目开发中的应用。

本书注重基础、讲究实用、力求由浅入深，在讲解基本概念和基础知识的同时给出了大量实例，便于读者掌握所学的内容。每章还包括小结和习题，便于读者巩固所学的知识。本书可作为高等院校软件工程、计算机科学与技术等相关专业的研究生参考用书，也可作为相关专业的高年级本科教材，还可作为初学者学习 XML、Android 移动应用开发、Java EE 开发的培训教材。

本书配套的电子课件、实例源文件、习题答案可以到 http://www.tupwk.com.cn/downpage 网站下载，也可以扫描前言中的二维码获取。读者扫码前言中的视频二维码可以直接观看教学视频。

图书在版编目(CIP)数据

XML 基础教程：微课版 / 高宇飞主编. —2 版. —北京：清华大学出版社，2022.8
高等院校计算机应用系列教材
ISBN 978-7-302-61095-3

Ⅰ. ①X… Ⅱ. ①高… Ⅲ. ①可扩充语言—程序设计—高等学校—教材 Ⅳ. ①TP312

中国版本图书馆 CIP 数据核字(2022)第 101037 号

责任编辑： 胡辰浩
封面设计： 高娟妮
版式设计： 孔祥峰
责任校对： 成凤进
责任印制： 朱雨萌

出版发行： 清华大学出版社
网　　址：http://www.tup.com.cn，http://www.wqbook.com
地　　址：北京清华大学学研大厦 A 座　　邮　　编：100084
社 总 机：010-83470000　　邮　　购：010-62786544
投稿与读者服务：010-62776969，c-service@tup.tsinghua.edu.cn
质 量 反 馈：010-62772015，zhiliang@tup.tsinghua.edu.cn
印 装 者： 三河市科茂嘉荣印务有限公司
经　　销： 全国新华书店
开　　本： 185mm×260mm　　印　　张：15.25　　字　　数：390 千字
版　　次： 2015 年 4 月第 1 版　　2022 年 8 月第 2 版　　印　　次：2022 年 8 月第 1 次印刷
定　　价： 69.00 元

产品编号：090788-01

前言

在以计算机与互联网技术为代表的IT时代，各种各样的新技术如雨后春笋般涌现，然而真正能够历经磨炼生存下来的却寥寥无几。毫无疑问，XML便是其中的佼佼者。XML是SGML的一个子集，它保留了SGML的灵活性，去掉了其复杂性。XML诞生不久，很快便获得了巨大的成功，XML标准开始突飞猛进地发展，大批的软件开发商争先恐后地采纳这个标准，这一切令人赞叹不已。如今，XML在IT领域已经拥有不可动摇的地位，一些重要的应用程序都使用XML来保存它们的配置文件或数据文件。

XML是由W3C定义的一种语言，是表示结构化数据的行业标准。XML在电子商务、移动应用开发、Web Service、云计算等技术和领域中起着非常重要的作用。一些名人曾这样评论XML。

- 微软总裁比尔•盖茨：XML将为每一种流行的编程语言带来一场语言革命，其影响力甚至超过HTML为世界带来的影响。
- 微软CEO史蒂夫•鲍尔默：XML的出现，对于信息技术的影响不亚于GUI和浏览器。
- IBM资深专家Goldfarb：我为XML感到骄傲，WWW正在转为以XML为基础。

XML是未来的发展趋势，无论是网页设计师还是网络程序员，都应该及时学习和了解，一味等待只会让你失去机会。

应该学习和掌握XML的理由如下。

- XML是一门较新的技术。
- XML是最前沿的技术。
- XML是应用广泛的技术，其发展前景无可限量。
- XML是一门综合性很强的技术。

XML越来越受追捧，关于XML的基础教程也随处可见，可是一大堆的概念和术语往往让人望而生畏。有些图书起点太高，初学者难以理解基本概念，一开始学习就困难重重，容易产生厌倦心理而放弃；有的图书又过于简单，读者学完之后还是不会做实际项目，不能达到提升自己技能的目的。

概括起来，本书具有以下主要特点。

- 注重基础，讲究实用，力求从入门到精通。
- 充分体现案例教学。本书以易学易用为重点，例子实用、知识丰富、步骤详细、学习效率高，特别适合入门者。
- 配有电子课件、教学视频、习题答案和实例源文件。本书的所有示例均在XML Spy 2013开发环境下调试通过，读者可直接下载所有例子的源程序，并通过教材中介绍的步骤学习要点。

本书在讲述 XML 基本概念的基础上，系统地介绍了 XML 技术中已成熟的标准和应用技术，并给出了基于 XML 的应用实例。全书共分为 10 章，各章的主要内容如下。

第 1 章是 XML 简介，讲述标记语言的发展、HTML 的局限性、XML 的实现机制、XML 的优势与特点，并给出了 XML 文档范例。这一章还用不少的篇幅介绍了 XML 技术的应用领域与应用前景，以及与 XML 相关的各种技术。

第 2 章讲解 XML 的语法，包括 XML 文档的构成、XML 文档的声明与注释、XML 元素的组成与命名、XML 元素属性的定义规则、特殊的 CDATA 文本段、XML 命名空间的概念与应用等。XML 的语法并不复杂，但在编写 XML 文档时必须遵循这些语法规则，只有这样才能编写出格式良好的 XML 文档。

第 3 章讲解文档类型定义 DTD，介绍了 DTD 的基本结构，重点阐述如何使用 DTD 为 XML 文档建立语义约束，包括如何在 DTD 中定义元素及元素类型，分析 DTD 所支持的各种属性类型，说明如何在 DTD 中定义各种实体，指出 DTD 的局限性及现状。

第 4 章讲解描述和约束 XML 文档的语言——XML Schema。对比 DTD 中存在的缺陷引出了 Schema，以一个 Schema 文档为例，介绍 Schema 的基本结构，详细分析 Schema 中的简单类型和复杂类型，说明如何进行数据类型的定义、元素的定义和属性的定义，分析 Schema 命名空间的作用，介绍验证 XML 文档有效性的两种方法。

第 5 章介绍如何使用 CSS(层叠样式表)来格式化输出 XML 文档的内容。XML 文档本身只包含数据而不包含这些数据的显示格式信息，然而利用简单的 CSS 技术就能实现将 XML 文档中的数据以设计者所设定的各种格式在浏览器中显示出来。

第 6 章讲解 XSL(可扩展样式表)技术，利用该技术不仅能够把 XML 文档转换为 HTML 文档，实现在浏览器中的格式化显示，还可以将 XML 文档转换为其他各种基于文本的文档，以实现跨平台的数据共享和交换。

第 7 章详细展示 XML 文档的解析过程，包括 DOM 树模型、DOM 的结构、DOM 基本接口、DOM 的节点访问和 DOM 对 XML 文档的相关操作等内容。DOM 解析器的主要功能是检查 XML 文件是否有结构上的错误，剥离 XML 文件中的标记，读出正确的内容，并交给下一步应用程序处理。

第 8 章介绍一种高效的解析器——SAX，包括 SAX 的优缺点、工作机制、事件处理器、SAX 事件、常用接口、回调方法、SAX 错误信息和 SAX 对 XML 文档的相关操作。在这一章中还比较了 SAX 与 DOM 两种截然不同的解析方式，并给出了将两者结合应用的具体实例。

第 9 章介绍 XML 与关系数据及关系数据库的集成，阐述数据库技术的发展、XML 的数据交换及存取机制、在数据库技术中引入 XML 的原因以及二者的结合对数据交换的影响，并全面介绍.NET 平台下 XML 与关系数据库系统互换数据所采用的各种技术，以及 SQL Server 2019 对 XML 的支持。

第 10 章通过一个综合性的实例，系统介绍 DOM、SAX、CSS 等多种 XML 技术的应用，演示在.NET 平台下利用 XML 进行实际项目开发的完整过程。

本书从 XML 的基础知识讲起，语言通俗易懂，并配有丰富的实例和插图，使读者对每一章所讲述的内容都能有深刻的理解，十分适合初学者和有一定 XML 基础的人员使用。

本书由高宇飞主编，参与本书编写的人员还有杨亚锋、刘皓雯、徐静、谢素祯、王震源、张吉涛、彭少康、祁子豪、陈震、李天、马自行、宋嘉强、王玉森、王兆楠、薛红秋、王天宝、李世博和王向杰等。同时，对清华大学出版社表示感谢。

由于作者水平有限，书中难免有不足之处，恳请专家和广大读者批评指正。在本书的编写过程中参考了一些相关文献，在此向这些文献的作者深表感谢。我们的电话是 010-62796045，邮箱是 992116@qq.com。

本书配套的电子课件、实例源文件、习题答案可以到 http://www.tupwk.com.cn/downpage 网站下载，也可以扫描下方的二维码获取。扫码下方的视频二维码可以直接观看教学视频。

配套资源

扫描下载

扫一扫

看视频

编者

2022 年 3 月

目　录

第1章

XML简介

在互联网的发展历史上，有两种非常核心的技术，分别是 Java 和 XML。Java 提供了程序代码的平台无关性；而 XML 则保证了数据的平台无关性，被誉为因特网上的世界语，已成为 Web 应用中数据表示和数据交换的标准。但是，人们对 XML 的认识远远没有对 HTML 的认识彻底和清晰。那么，究竟什么是 XML？XML 和 HTML 有什么区别？它们的本质区别是什么？另外，由于 XML 的优越性及 XML 的不断发展壮大，XML 的标准和规范不断变化，了解这些标准的来龙去脉以及它们之间的关系，对于掌握 XML 至关重要。

本章首先介绍标记语言的发展历史，在与有关标记语言比较的基础上，引出 XML，然后对 XML 的特点、作用，以及与之相关的技术进行简要介绍。通过本章的学习，读者将了解到 XML 技术的具体含义及其广阔的应用前景。

本章的学习目标：

- 掌握 XML 的特点
- 理解 XML 与 HTML 的区别
- 了解 XML 的应用领域
- 掌握 XML 的技术规范
- 熟悉 XML 文档的编辑软件

1.1 XML 的产生

XML 的全称是 Extensible Markup Language，即可扩展标记语言，它是 SGML 的一个子集，现在广为使用的 HTML 也是 SGML 家族中的一员。

HTML、XML 以及 SGML 都属于标记语言。标记语言不同于 Java、C 这样的编程语言，它本身并无任何“动作行为”，比编程语言简单得多。标记语言只是用一系列约定好的标记来对电子文档进行标记，从而为电子文档额外增加语义、结构和格式等方面的信息。

1.1.1 SGML 的诞生

在 20 世纪 60 年代，IBM 的研究人员提出在各文档之间共享一些相似的属性，如字体大小和版面。IBM 设计了一种文档系统，通过在文档中添加标记，来标识文档中的各种元素，IBM 把这种标记语言称作通用标记语言(Generalized Markup Language)，即 GML。

在当时的信息交换过程中，经常会遇到数据格式不同的问题，而且随着网络技术的不断发展，这一问题日益严重，制约了人们的信息交流。经过若干年的发展，GML 在 1986 年演变成一个国际标准(ISO 8879)，并被称为 SGML(Standard Generalized Markup Language)，即标准通用标记语言。SGML 是一种定义电子文档结构和描述其内容的国际标准语言，是所有电子文档标记语言的起源，早在 Web 出现之前就已存在。SGML 具有良好的扩展性和可移植性，在任何一种环境下都可以正常使用。但 SGML 强大功能的背后是它的复杂度太高，不适合网络的日常应用。另外，SGML 价格昂贵，开发成本高。更为重要的是，它不被主流浏览器厂商所支持。这些原因均使得 SGML 的推广受到了阻碍。标记语言的发展历史如图 1-1 所示。

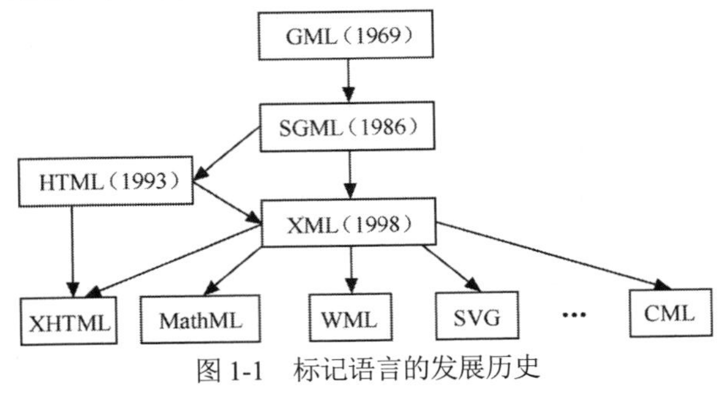

图 1-1　标记语言的发展历史

1.1.2　什么是 XML

超文本标记语言(Hypertext Markup Language，HTML)是目前网络上应用最广泛的语言，也是构成网页文档的主要语言。HTML 中的标记都是在 HTML 5 中规范和定义的，而 XML 允许用户自己创建这样的标记，所以说 XML 具有可扩展性。XML 文件是由标记以及它所包含的内容构成的文本文件，这些标记可自由定义，其目的是使得 XML 文件能够很好地体现数据的结构和含义。W3C 推出 XML 的主要目的是使 Internet 上的数据交互更方便，让文件的内容更易懂。

XML 同 HTML 一样，都源自 SGML。SGML 十分庞大，既不容易学习，又不容易使用，在计算机上实现也十分困难。鉴于这些因素，Web 的发明者(欧洲粒子物理研究中心的研究人员)根据当时(1989 年)的计算机技术，开发了 HTML。

HTML 只使用了 SGML 中很少的一部分标记，如 HTML 4.0 中只定义了 70 余种标记。为了便于在计算机上实现，HTML 规定的标记是固定的，即 HTML 语法是不可扩展的。HTML 这种固定的语法使它易学易用，在计算机上开发 HTML 的浏览器也十分容易。正是由于 HTML 的简单性，使得基于 HTML 的 Web 应用得到了极大的发展。

但随着 Web 应用的不断发展，HTML 的局限性也越来越明显。首先，HTML 可以指定一个文档的内容和格式，但不能指定文档的结构。也就是说，HTML 是面向表示而非面向结构的标记语言，只能用来告诉浏览器如何在网站上显示信息。其次，HTML 只能应用于信息的显示，它可以使文本加粗，以斜体或下画线形式显示，但它几乎没有语义结构。HTML 对数据的显示是按照布局而非按照语义。随着网络应用的飞速发展，各行各业对各种信息有着不同的需求，这些不同类型的信息未必都是以网页的形式显示出来。例如，当通过搜索引擎进行数据搜索时，按照语义而不是按照布局来显示数据显然更具优势。另外，HTML 的可扩展性较差，HTML 中标记的名称是固定不变的，因而其提供的功能与使用的属性也是固定的。所以 HTML 不允许网页设计者自行创建标记。例如，HTML 文档包括了格式化、结构和语义的标记。<B>就是 HTML 中的一种格式化标记，它使其中的内容变为粗体；<TR>也是 HTML 中的一种结构标记，指明内容是表格中的一行。也就是说，HTML 不是一种元语言，不能创建某一特定领域的标记集。虽然作为一般的应用，HTML 已经够用了，但科学家无法用 HTML 书写数学公式、化学方程式以及分子晶体结构，这样使它的发展受到了极大的限制。

总而言之，HTML 的缺点使其交互性差，语义模糊。随着互联网应用的发展，HTML 越来越难以满足网络数据交互和业务集成的需求。

有人建议直接使用 SGML 作为 Web 语言，这固然能解决 HTML 遇到的困难。但是 SGML 过于庞大，用户学习、使用不方便尚且不说，仅是熟练使用 SGML 的浏览器就非常困难。于是自然想到了使用 SGML 的子集，这样既方便使用又容易实现。正是在这种形势下，Web 标准化组织 W3C 建议使用一种精简的 SGML 版本——XML 由此应运而生。

XML 是 SGML 的一个精简子集，其复杂度大约只有 SGML 的 20%，但却是有 SGML 80%的功能，因此它一经推出即受到用户的欢迎。XML 保留了 SGML 的可扩展功能，这使 XML 从根本上有别于 HTML。XML 是一种元标记语言，要比 HTML 强大得多，它的标记不再固定，而是需要用户根据描述数据的需求自己定义。这些标记必须根据某些通用的规则来创建，但是标记的意义具有较大的灵活性。

例如，在 HTML 中，一首歌可能是用定义标题标记<dt>、定义数据标记<dd>、无序列表标记<ul>和列表项标记<li>来描述的。但是事实上这些标记没有一个是与音乐有关的。用 HTML 定义的歌曲如下。

```
<dt>金曲 TOP1
<dd>春暖花开
<ul>
    <li>词：梁芒
    <li>曲：洪兵
</ul>
```

而在 XML 中，同样的数据可能标记如下。

```
<song>金曲 TOP1
<title>春暖花开</title>
<composer>洪兵</ composer >
<lyricist>梁芒</lyricist>
</song>
```

这段代码中没有使用通用的标记如<dt>、<li>等，而是使用了更有意义的标记，如<song>、<title>、<composer>等。这种用法使源代码易于阅读，使人能够读懂代码的含义。

XML 具有以下特点。

- XML 描述的是结构和语义，而不是格式化。
- XML 将数据内容和显示格式相分离。
- XML 是元标记语言。XML 的标记不是预先定义好的，而是自定义的。
- XML 是自描述语言。XML 使用 DTD 或者 Schema 后就是自描述的语言。XML 文档通常包含一个文档类型声明，因而它是自描述的。不仅人能读懂 XML 文档，计算机也能处理。

- XML 是独立于平台的。
- XML 不进行任何操作。
- XML 具有良好的保值性。XML 良好的保值性和自描述性使它成为保存历史档案(如政府文件、公文、科学研究报告等)的最佳选择。

XML 标准的发展没有 HTML 那样迅速，直到 1998 年 2 月，W3C 才发布了 XML 1.0 推荐标准，在 2000 年 10 月发布 XML 1.0 推荐标准的第二版，在 2004 年 2 月，发布了 XML 1.0 推荐标准的第三版和 XML 1.1 的推荐标准。目前最新的 XML 版本是 2006 年 8 月发布的 XML 1.1 的推荐标准，不过目前大多数的应用程序遵循的还是 W3C 于 2000 年 10 月 6 日发布的 XML 1.0 标准。

1.1.3　XML 和 HTML 的区别

从前面的介绍中，我们可以感觉到 HTML 和 XML 的明显区别。HTML 标记用途很简单，也很明确，就是使用 HTML 标记创建的文档可以用浏览器显示相似的内容，并显示美观的网页编排。而 XML 则属于一种文档格式的革命，它能让用户自定义文档结构，给予文档一种全新的生命，让计算机能够读懂文档。XML 的设计目的是在不同的计算机平台和不同的计算机程序间方便、平稳地交换数据，从而提高处理数据的效率和灵活性。

下面对二者之间的差异进行比较。

(1) XML和HTML都源自SGML，它们都含有标记，有着相似的语法，区别在于：HTML不具有扩展性，它用固有的标记来描述、显示网页内容。例如，< H1>是第一级标题标记，有固定的尺寸——20 磅的Helvetica字体的粗体。如果HTML没有定义用户所需的标记，用户就束手无策了，只能等待HTML的下一个版本，希望在新版本中能包括所需的标记。而XML是元标记语言，可用于定义新的标记语言。如果将HTML比作是在织毛衣，那么XML就是关于如何织毛衣的指导书。学会XML，用户不仅可以织毛衣，还可以织袜子、手套等。

(2) HTML 的核心不是为了体现数据的含义，而是为了体现数据的显示格式。HTML 网页将数据和显示混在一起，而 XML 则将数据和显示分隔开。XML 的核心是描述数据的组织结构，让 XML 可以作为数据交换的标准格式。由于 XML 文档本身不受表现形式的束缚，只要对 XML 文档进行适当的转换，就可以将其变成不同的形式，如网页、PDF 文档和 Word 文档等，可以达到“一次编写，多处使用”的目的，提高了内容的可重用性。

(3) 吸取 HTML 松散格式带来的经验教训，XML 一开始就要求遵循语法规则，编写的文档要具有“良好的格式”。下面这些语句在 HTML 中随处可见。

```
< b>< i>sample< /b>< /i>1-
< td>sample< /TD>
< font color=red>samplar< /font>
```

而在 XML 文档中，上述几种语句的语法都是错误的。XML 严格要求嵌套、配对和遵循 DTD 的树结构。

XML 和 HTML 的更多区别在表 1-1 中进行了详细对比。

表 1-1　XML 和 HTML 的区别

比较内容	HTML	XML
是否预置标签	预置大量标签	自定义标签
可扩展性	不具有可扩展性	是元标记语言，可用于定义新的标记语言，具有很好的可扩展性
侧重点	侧重于如何表现信息	侧重于传输和存储数据，核心是数据本身
语法要求	松散、不严格	严格要求嵌套、配对，并遵守 DTD 或 Schema 定义的语义约束
可读性及可维护性	难以阅读和维护	结构清晰，便于阅读和维护
数据和显示的关系	数据与显示混为一体，难以分离	数据与显示分离
与数据库的关系	与数据库没有关系	与关系数据库的数据表对应，可进行转换
是否区分大小写	大部分浏览器不区分大小写	严格区分大小写
编辑工具	文本编辑工具，大量所见即所得的编辑器(如 Dreamweaver)	文本编辑工具，大量 XML 编辑器(如 XML Spy)
处理工具	任何浏览器均可	需要专门的程序进行处理

下面再通过具体的示例将 HTML 和 XML 进行对比，例 1-1 中的 example1-1.html 是一个简单的 HTML 文件。

【例 1-1】example1-1.html 文件的源代码如下。

```
<html>
<head>
    <title>订单信息</title>
</head>
<body>
    <h1>订单号：1001</h1>
    <h2>商品名称：运动服</h2>
    <h2>单价：200 元</h2>
    <h2>数量：15 双</h2>
</body>
</html>
```

上面的标记，如<html>、<head>、<body>、<h1>等都是固定的，而在创建 XML 文档时，则可以由用户自定义各种标记并以任何名称命名它们。与之对应的 XML 文件 example1-1.xml 如下。

```
<?xml version="1.0" encoding="gb2312"?>
<订单>
    <订单号>1001</订单号>
    <商品名称>运动服</商品名称>
```

```
        <单价>200</单价>
        <数量>15</数量>
    </订单>
```

从 example1-1.xml 中可以很清楚地看出数据的组织结构，所以 XML 文档其实什么都不做，它只是用 XML 标记存储信息的文件。

总之，XML 使用一个简单而又灵活的标准格式，为基于 Web 的应用提供了一种描述数据和交换数据的有效手段，但 XML 并非是用来取代 HTML 的。事实上，它们是基于两个不同的目标而开发的。HTML 着重于描述如何将文件显示在浏览器中，XML 和 SGML 相近，着重于描述如何将文件以结构化的方式表示。就网页显示功能来说，HTML 比 XML 要强大；但就文件的应用范畴来说，XML 比 HTML 的应用要广泛。

1.2 XML 的现状与发展

XML 具有许多优良的特性，并且使用方便，因此越来越受青睐。目前，许多大公司和开发人员已经开始使用 XML，包括 B2B 在内的很多优秀应用都已经证实了 XML 将会改变今后创建应用程序的方式。当然，XML 的意义远非如此，其潜在的影响是深远的。

1.2.1 XML 的应用领域

XML 在实际使用的过程中发挥着巨大的作用。目前，越来越多的行业开始使用 XML 来实现特定的功能。

XML 的用途主要包括以下几个方面。

1. 从 HTML 中分离数据

在不使用 XML 时，数据必须存储在 HTML 文件内；使用 XML 后，数据就可以存放在分离的 XML 文档中。HTML 只需要实现数据的显示和布局，这样当数据发生变动时不会导致 HTML 文件也随之变动。

2. 交换数据

把数据转换为 XML 格式存储不仅可以大大减少交换数据时的复杂性，还可以使这些数据被不同的程序读取，如图 1-2 所示。

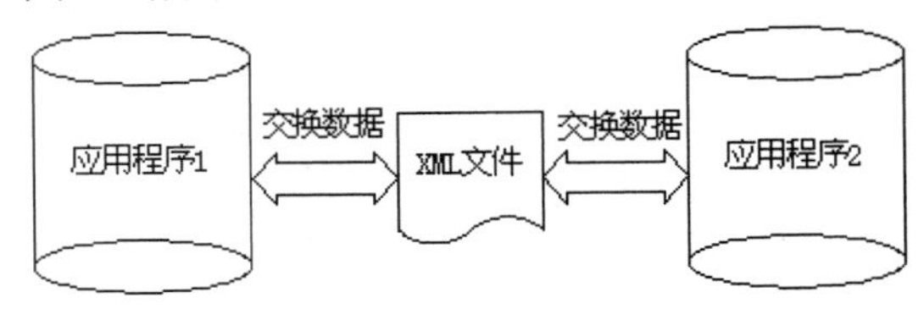

图 1-2　XML 实现不同应用程序之间的数据交互

3. 存储和共享数据

XML 提供了一种与软件和硬件无关的存储和共享数据的方法，大量的数据可以存储到

XML 文件或者数据库中。应用程序可以读写和存储数据，一般的程序可以显示数据。

4. 充分利用数据

XML 是与软、硬件和应用程序无关的，所以可以使数据被更多的用户和设备所利用，而不仅仅是基于 HTML 标准的浏览器。别的客户端和应用程序可以把 XML 文档作为数据源来处理，就像它们对待数据库一样，设计者的数据可以被各种各样的“阅读器”处理。

5. 创建新的语言

利用 XML 可以创建与特定领域有关的标记语言，如 MusicML、MathML、CML、SVG、WML、SMIL 等。XML 允许不同的专业(如音乐、化学、数学等)开发与自己的特定领域有关的标记语言，这就使得该领域的人们可以交换笔记、数据和信息。

XML在数学领域中的应用称为数学标记语言(Mathematical Markup Language，MathML)。MathML适合描述数学方程式，利用它可以把数学公式精确地显示在浏览器上。化学标记语言CML(Chemical Markup Language)可能是第一个XML应用，可以描述分子等信息。

1.2.2　XML 的发展前景

自从 1998 年 2 月发布 XML 1.0 推荐标准后，许多厂商增强了对 XML 的支持力度，包括 Microsoft、IBM、Oracle、Sun 等，它们都相继推出了支持 XML 的产品或改造原有的产品以支持 XML，W3C 也一直在致力于完善 XML 的标准体系。作为互联网的新技术，XML 的应用非常广泛，可以说 XML 已经渗透到了互联网的各个角落。

XML 的开放性、严谨性、灵活性和结构性备受网络开发者的青睐。Web 的飞速发展给予了 XML 充分展示自我的空间，它为使用者提供了更为强大的功能，给程序员带来了更为便利的开发环境。在许多领域，XML 都展现出了卓越的风采。

1. 移动通信领域

随着移动电话与互联网的结合，无线上网的趋势正在形成。有人预言，随着无线带宽的增加和无线上网技术的迅速发展，.move 将代替.com 成为新的潮流。为了满足人们随时随地与互联网连接的需求，Phone.com 联合了 Nokia、Ericsson、Motorola 在 1997 年 6 月建立了 WAP(Wireless Application Protocol，无线应用协议)论坛，旨在利用已有的互联网技术和标准，为移动设备连接互联网建立全球性的统一规范。WAP 是在数字移动电话、因特网或其他个人数字助理(PDA)、计算机应用之间进行通信的全球标准。在 1998 年 5 月，推出了 WAP 规范 1.0 版，WAP 2.0 于 2001 年 8 月正式发布，它在 WAP 1.x 的基础上集成了 Internet 上最新的标准和技术。

WAP 规范包括 WAP 编程模型、无线标记语言(Wireless Markup Language，WML)、微浏览器规范、轻量级协议栈、无线电话应用(WTA)框架、WAP 网关几个组件。其中 WML 是利用 XML 定义的专用于手持设备的置标语言，因 WML 基于 XML，故它较 HTML 更严格。WML 的语法与 XML 一样，它是 XML 的子集。使用 HTML 编写的文件，可以在个人计算机(PC)上用浏览器进行阅读，而使用 WML 编写的文件，则是专用于在手机等一些无线终端显示屏上显示且供人们阅读的。

2. 数据库领域

许多应用程序都使用数据库来管理和存储数据，数据库在数据查询、修改、保存和安全等方面有着其他数据处理手段无法替代的地位。随着网络的迅速发展，让各种应用程序方便地交互各自数据库中的数据显得越来越重要。但不同数据库之间因为数据格式和版本的不同，以及系统设计上的限制，使得它们之间很难快捷、方便地交换数据。

XML不仅能使应用程序方便地组织数据的结构，而且能帮助各种应用程序方便地交互它们之间的数据。XML 文档可以定义数据结构，代替数据字典，用程序输出建库脚本。应用“元数据模型”技术，对数据源中不同格式的文档数据，可按照预先定义的 XML 模板，以格式说明文档结构统一描述，并提取数据或做进一步处理，最后转换为 XML 格式输出。XML 文件、数据库、网页或文档中的表格，这三者可以互相转换，如图 1-3 所示。

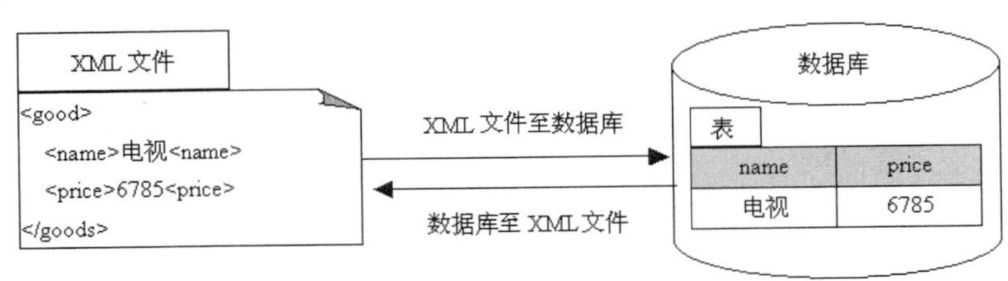

图 1-3　XML 中数据与数据库中记录的相互转换

SOL Server 作为目前比较流行的数据库管理系统，不同的版本都提供了对 XML 的支持。SQL Server 2000 引入了 FORXML 子句(FORXML 是 Select 语句的扩展，返回的查询结果是 XML 流，它以 XML 文档形式形成一个查询结果集)；SQL Server 2005 引入了 XML 数据类型；SQL Server 2008 扩展了合并关系数据库和 XML 数据库解决方案的功能。XML 是新的 Web 数据描述和数据交换的标准数据格式，是数据交换的一种必然趋势，具有非常广阔的应用前景。SQL Server 的不同版本提供对 XML 的增量支持也是趋势使然。

3. 电子商务领域

人类进入 21 世纪以来，互联网、大数据、云计算、人工智能、区块链等现代信息技术正在与实体经济深度融合，我国传统经济逐渐向数字经济转型发展。XML 为网络环境下经济活动主体之间的信息交互提供技术支撑，也为计算机之间的语义交互提供技术支撑。为了提高电子商务的效率，企业内部、企业之间、企业和客户之间进行了广泛的数据集成和应用集成，以实现电子商务交易和业务流程的自动化，而电子商务交易和业务流程自动化的前提是交换数据和业务流程的标准化，这些标准均是采用 XML 定义的。标准是开放的前提，如同有了 TCP/IP 协议就有了开放的互联网世界一样，有了 XML 标准就有了开放的电子商务世界。

电子商务环境下，由于企业的合作伙伴动态多变，需要集成的电子商务数据具有多源异构的特征，因此利用 XML 技术定义数据交换的标准，实现开放式的数据集成尤为重要。电子商务应用集成则普遍采用由 IBM 倡导的 SOA(Service Oriented Architecture，面向服务的架构)，其中服务的描述、发现与集成均采用 XML 描述。另外，基于语义的智能化商务正在迅速发展，描述语义的语言 OWL(Web Ontology Language，万维网本体语言)是基于 XML 的。总之，XML 是电子商务数据集成和应用集成的核心基础技术，没有 XML，就没有电子商务环境下商务过程的自动化和智能化。

4. 网络出版领域

网络出版，又称互联网出版，是指互联网信息服务提供者将自己创作或他人创作的作品经过选择和编辑加工，上传到互联网或者通过互联网发送到用户端，供公众浏览、阅读、使用或者下载的在线传播行为。

随着互联网的飞速发展，互联网已经成为继报刊、电台、电视台之后的一种新型媒体。在1998 年 5 月举行的联合国新闻委员会年会上，互联网这一新型媒体被正式冠以“第四媒体”的称号。

网络出版自出现以来，用于信息发布的主要是 HTML 技术，但是这种技术在跨媒体出版时遇到了极大的困难。例如，现在的报纸大多需要同时在网上发布和印刷发行，报社不得不需要两组人力，同时进行印刷组版和网络组版。

另外，随着后 PC 时代的到来，各种如信息家电、手机、PDA 等新的上网设备层出不穷。数字化、网络化已成为主流趋势。便捷化、碎片化的阅读需求对数字化出版提出了更高的要求。基于 XML 的结构化排版，将作品内容和样式分离，具有一次制作、多元多次发布，便于存储和交换等优势，其价值及发展趋势得到了广泛认同。

XML 自出现以来，一直受到业界的广泛关注。虽然由于 XML 的复杂性和灵活性，加上工具的相对缺乏，增加了其使用难度，但毫无疑问，XML 的出现为互联网的发展提供了新的动力，终将成为互联网上全新的开发平台。它促使了新类型的软件和硬件的形成和发展，而这些发展又将反过来促进 XML 的发展。

XML 仍在不断改善，与 XML 相关的技术仍在制定中。XML 需要强大的新工具在文档中显示丰富、复杂的数据，XML 会对终端用户在网上的行为不断进行改进，这有助于许多商业应用的实现。XML 作为一个数据标准，将会开发互联网上的众多新用途。

1.3 XML 相关技术

XML 并不仅仅包括 XML 标记语言，它还包括很多相关的规范，如文档模式技术、文档显示技术、文档查询技术、文档解析技术、文档链接技术及文档定位技术等。基于 XML 的这些规范，还有很多高层的应用协议，如 SOAP(Simple Object Access Protocol)和 BizTalk 等。下面将对其中比较关键的几种技术进行简单介绍。

1. 文档模式技术

XML 文档为了保证数据交换的准确性，需要满足语义规范。DTD(Document Type Definition，文档类型定义)是 W3C 推荐的验证 XML 文档的正式规范。也就是说，一个实用的 XML 文档要符合 DTD 的语法规定，这样既能保证 XML 文档的易读性，又能充分体现数据信息之间的关系，从而能够更好地描述数据。

DTD 是用于描述、约束 XML 文档结构的一种方法。它规定了文档的逻辑结构，可以定义文档的语法，而文档的语法反过来能够让 XML 语法分析程序确认某个页面标记使用的合法性。DTD 定义页面的元素、元素的属性以及元素和属性之间的关系。DTD 文件是 XML 文件的类型定义文件，相当于 XML 文件的法律性文件，如果一个 XML 文件不满足其关联的 DTD 文件的约束，就不是一个有效的 XML 文件。

DTD 不是强制性的。对于简单应用程序来说，开发人员不需要建立他们自己的 DTD，可以使用预先定义的公共 DTD，或者根本就不使用。

下面是一个简单的 DTD 文档。

```
<!ELEMENT persons (person*)>
<!ELEMENT person (name,sex,birthday)>
<!ELEMENT name (#PCDATA)>
<!ELEMENT sex (#PCDATA)>
<!ELEMENT birthday (#PCDATA)>
```

DTD 本身是专门为 SGML 的确认规则开发的，它并不符合 XML 规范，而且语法复杂，难以掌握。由于 DTD 存在着种种缺陷，促使 W3C 组织致力于寻求一种新的机制来取代它。在众多标准中，微软公司在 2000 年发布的 XML Schema 工作草案引人注目，它具有完全符合 XML 语法、丰富的数据类型、良好的可扩展性以及易于处理等优点。Schema 不仅能实现 DTD 的功能，还能定义文本数据的实际意义。Schema 文件是 XML 文件的模式定义文件。下面是一个简单的 Schema 文件。

```
<?xml version="1.0"?>
<xsd:schema xmlns:xsd="http://www.w3.org/2001/XMLSchema">
<xsd:element name="persons">
<xsd:complexType>
    <xsd:sequence>
    <xsd:element name="person" minOccurs="0" maxOccurs="unbounded">
    <!--设置 person 的子标记-->
        <xsd:complexType>
        <xsd:sequence>
            <xsd:element name="name" type="xsd:string"/>
            <xsd:element name="sex" type="xsd:string"/>
            <xsd:element name="birthday" type="xsd:string"/>
        </xsd:sequence>
      </xsd:complexType>
    </xsd:element>
    </xsd:sequence>
</xsd:complexType>
</xsd:element>
</xsd:schema>
```

2. 文档显示技术

XML 是内容(数据)和显示格式相分离的语言，其特点就是数据与样式的分离，不提供数据的显示功能，它的显示功能由称为样式表的相关技术来完成，这样就可以按照用户的意愿为同一数据任意添加多种样式，如图 1-4 所示。

使用独立的样式表文件制定显示格式的优势在于：对同一份数据文件可以制定出不同的样式风格，这些不同的样式可以应用于不同的场合，使数据能够更合理、更有针对性地表现出来，从而提高了数据的重用性。

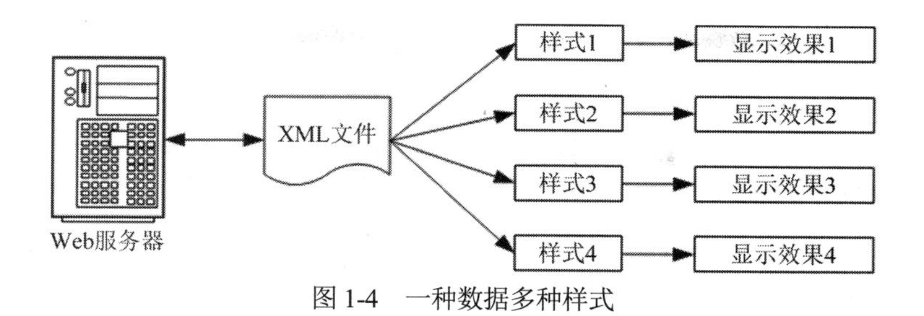

图 1-4　一种数据多种样式

W3C 提供了两种通用的样式语言，即 CSS(Cascading Style Sheet，层叠样式表)和 XSL(eXtensible Style Language，可扩展样式语言)。

其中，CSS 是随着 HTML 的出现而产生的，用于设置字体样式等内容，CSS 就是一组规则的集合。CSS 可以控制 XML 文档的显示，但不会改变源文档的结构。而 XSL 是专门为 XML 设计的，是一种特殊的 XML 文件，不仅能用来显示 XML 文档，还可以把一个 XML 文档转换为另一个 XML 文档。

【例 1-2】使用 CSS 文件和 XSL 文件显示 example1-2.xml 文件的内容。

example1-2.xml 文件的源代码如下。

```
<?xml version="1.0"   encoding="gb2312"?>
<?xml-stylesheet type="text/css"   href="show.css" ?>
<persons>
    <person>
        <name>小李</name>
        <sex>male</sex>
        <birthday>1981.12.25</birthday>
    </person>
    <person>
        <name>小陈</name>
        <sex>female</sex>
        <birthday>1974.10.20</birthday>
    </person>
</persons>
```

如果使用 CSS 显示 XML 数据内容，则 CSS 文件 show.css 的代码如下。

```
name{ display:block; font-size:18px;}
sex{ display:block;font-size:18px;}
birthday{ display:block; font-size:18px;}
```

显示效果如图 1-5 所示。

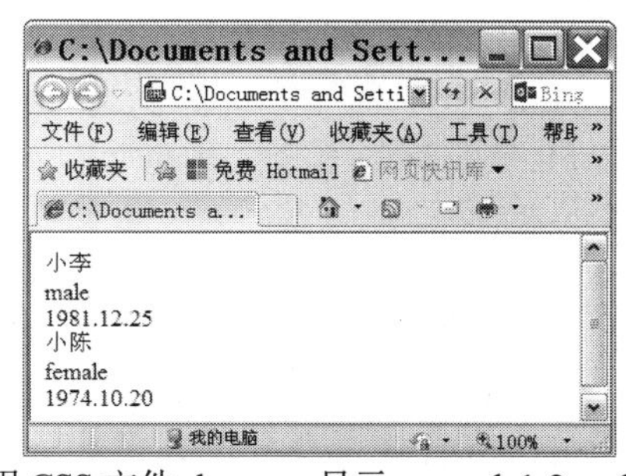

图 1-5　使用 CSS 文件 show.css 显示 example1-2.xml 文件的内容

使用 XSL 文件 show.xslt 显示同一 XML 文件内容，XSL 文件的代码如下。

```
<?xml version="1.0" ?>
<xsl:stylesheet   version="1.0"   xmlns:xsl="http://www.w3.org/1999/XSL/Transform">
<xsl:template match="/">
<html>
<body>
<center>
   <table border="1">
    <tr><td>name</td> <td>sex</td><td>birthday</td></tr>
    <xsl:for-each select="persons/person">
    <tr>
         <td><xsl:value-of select="name" /></td>
         <td><xsl:value-of select="sex" /></td>
       <td><xsl:value-of select="birthday" /><br /></td>
   </tr>
   </xsl:for-each>
  </table>
</center>
</body>
</html>
</xsl:template>
</xsl:stylesheet>
```

注意：要对【例 1-2】example1-2.xml 中的第二行代码进行如下修改。

```
<?xml-stylesheet   type="text/xsl"   href="show.xslt" ?>
```

其完整的代码在 example1-3.xml 中，这时 XML 文档中的数据以表格的形式显示，如图 1-6 所示。

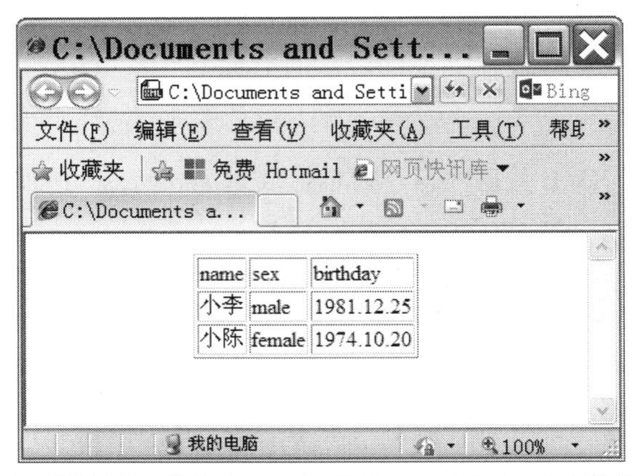

图 1-6　使用 XSL 文件 show.xslt 显示 example1-3.xml 文件的内容

3. 文档解析技术

为了有效地使用 XML，必须通过编程来访问数据。XML 解析器是 XML 文档和应用程序之间存在的一个软件组织，主要起桥梁的作用，为应用程序从 XML 中提取所需要的数据。XML 解析器最基本的功能就是检查文档格式是否良好，大多数解析器还能够判断文档是否符合

DTD/Schema 规范。

XML 解析器分成两大类：综合解析器和专用解析器。综合解析器除了具有分析 XML 文件代码语法的功能外，还具有其他功能，如解析出需要的数据等。IE 6.0 就是一个综合解析器。专用解析器就是一个应用程序，是为了某一特定功能而设计的，只能分析出一段 XML 程序是否合法等，如微软的 Internet Explorer 浏览器就内置了 MSXML 解析器。综合解析器又分为基于 DOM 的解析器和基于事件的解析器。

DOM 解析器的核心是在内存中建立一个和 XML 文件相对应的树结构，会占用很多内存空间，适用于解析小型的 XML 文件。

基于事件的解析器，如简单应用程序接口(SAX)在解析的过程中，并不在内存中建立这样的一个树结构。它的核心是事件处理机制，会把 XML 文件转换成事件流的形式传递给解析器的处理器，处理器逐个地对每个事件进行处理。所以，基于事件的解析器占用很少的内存，具有更高的工作效率，可以解析大型的 XML 文件。

DOM 是由 W3C 推荐的处理 XML 文档的规范，而 SAX 并不是 W3C 推荐的标准，但却是整个 XML 行业的事实规范。

4. 文档链接技术

Web 迅速发展和普及的一个重要因素是 HTML 的应用，而 HTML 真正的强大之处在于它可在文档中嵌入超链接。超链接是描述 HTML 文档中不同部分之间关系的一种技术，XML 的链接功能比 HTML 更强大，在 XML 中，超链接被扩充为独立的链接语言。XML 的链接技术分为两部分：XLink(XML Linking Language)和 XPointer(XML Pointer Language)。XLink 定义一个文档如何与另一个文档链接(类似 HTML 中的外部链接)，而 XPointer 则规定了 XML 文档中不同位置之间的链接规范(类似 HTML 中的内部链接)。

XLink 的目的是描述 Internet 上任一页面上的任何一部分和 Internet 上其他页面上的某些部分之间的关系。XLink 的一个重要应用是用于超文本链接。简单的超文本类似于 HTML 中的超链接标记<a>，但 XLink 中定义的链接远远超出了目前使用的 HTML 链接。XLink 可以有多个链接终点，可以从不同的方向进行遍历，还可以将链接存储于独立于引用文档的数据库中。

在 XLink 中，并不涉及标识不同类型数据位置的方法，XLink 依赖于不同的机制来标识想要链接的资源(如统一资源标识符)。因此，W3C 推出了 XPointer，用于构造 XML 文档的内部结构。XPointer 可以链接到一个具体的对象上，这个对象可以是一个网页、网页的一部分、网页中的一个元素，甚至网页中某行的某几个字。XPointer 是对 XPath 概念和寻址方法的扩展，可以直接在 URL 中对 XML 文件的不同部分进行寻址，为 XML 的超链接提供基本条件。

5. 文档查询技术

W3C 推荐的 XML 的查询语言是 XQuery，其全称是 XML Query。XQuery 是一门用于查询 XML 数据的新语言，它由 W3C 的 XML 查询工作组设计，是用于查询 XML 数据的查询语言。类似于 SQL 用于查询关系数据库，XQuery 用于查询 XML 数据。

XQuery 查询的 XML 数据不仅可以是 XML 文档，还可以是任何能以 XML 形式呈现的数据，包括数据库。从这个意义上讲，XQuery 可以非常方便地从 XML 数据中提取出应用程序所需的数据。

6. 文档定位技术

在转换 XML 文档时，可能需要处理其中的一部分数据。那么，如何查找和定位 XML 文档中的数据呢？XML Path Language(XPath)是一种用于对 XML 文档各部分进行定位的语言，用于在 XML 文档中查找信息。XPath 可在 XML 文件中快速找到某个特定的标记，可用于在 XML 文档中对元素和属性进行遍历。

其他 XML 程序可利用 XPath 在 XML 文档中对元素和属性进行导航，它主要用于为 XSLT、XPointer 以及其他 XML 技术提供服务。XSLT、XPointer 等技术需要依赖于 XPath 来定位 XML 文档中的元素和属性等节点。

XPath 和 XQuery 在某些方面很相似。XPath 还是 XQuery 不可分割的一部分。这两种语言都能够从 XM 文档或者 XML 文档存储库中选择数据。虽然 XPath 和 XQuery 都能实现一些相同的功能，但是 XPath 比较简洁而 XQuery 更加强大和灵活。对于很多查询来说，使用 XPath 非常合适。例如，若要通过 XML 文档中的部分记录建立电话号码的无序列表，则使用 XPath 实现最简单。但是若要表达更复杂的记录选择条件、转换结果集或者进行递归查询，则使用 XQuery 更为合适。

1.4 XML 编辑工具

XML 只是一种简单的文本文件，其扩展名为.xml，因此开发者完全可以使用普通的文本工具来编辑 XML 文档。当然，选择一款专业的 XML 编辑工具则会起到事半功倍的作用。

1.4.1 普通文本编辑工具

下面以“记事本”为例说明编写 XML 文件的过程。

(1) 编辑 XML 文件。单击“文件”菜单下的“新建”命令，在“记事本”中输入【例 1-1】example1-1.xml 的代码。

(2) 保存 XML 文件。在“文件”菜单下选择“另存为”命令，以文件名 example1-1.xml 保存该文件，保存类型为所有文件，编码为 ANSI，如图 1-7 所示。

图 1-7　在“记事本”中保存 XML 文件

注意：

如果 XML 文件指定了文件的编码，则在保存时也必须使用同样的编码，这样 XML 解析器才能识别 XML 中的标记并能正确地解析出所标记的内容。例如，在编写 XML 文件时指定文件的编码为 UTF-8，则保存文件时编码也应选为 UTF-8。

(3) 查看 XML 文件。XML 文件一般是配合其他应用程序而使用的，要想单独运行 XML 文件，最简单的方法就是用 IE 浏览器直接打开 XML 文件。在浏览器中打开 example1-1.xml，浏览器将显示该文件的内容，如图 1-8 所示。

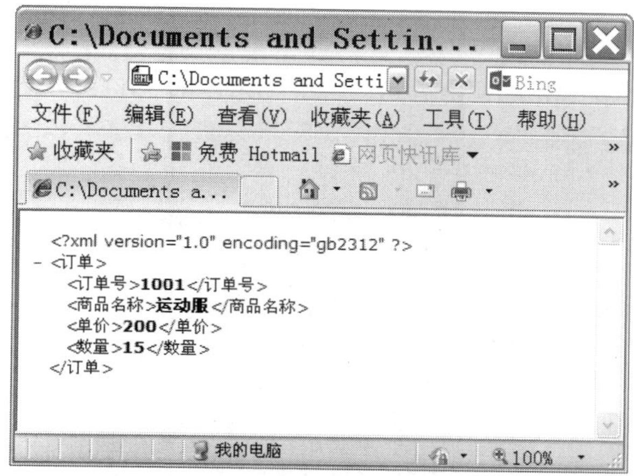

图 1-8　在 IE 中显示 XML 文档

1.4.2　本书的开发环境

开发环境集成了代码的编写和解析等功能，方便了用户应用和开发。XML 的开发应用环境包括 XML 编辑工具、验证工具、解析工具和浏览工具 4 项。目前市面上单项功能的工具和多项功能的工具都有很多，如 XMLWriter、XML Spy、Stylus Studio、Visual XML 等。由于目前使用 XML Spy 的用户较多，因此本书选用 XML Spy 2013 作为 XML 的开发应用环境。

1.4.3　XML Spy 简介

Altova GmbH 公司的 XML Spy 是处理 XML 的一整套工具。它支持以“所见即所得”的方式来编辑 XML 文件，支持 Unicode、UTF-8 等多种字符集。不仅如此，它还支持创建 Java Web、EJB 等组件的配置描述文件。

XML Spy 支持对 XML 进行验证，它支持验证 Well-formed(格式良好的)和 Validated(有效的)两种类型的 XML 文档。XML Spy 对 DTD、Schema 等语义约束工具提供了良好的支持，既可为现有的 XML 文档生成对应的 DTD 或 Schema 语义约束文档，又可根据 DTD 或 Schema 生成 XML 文档结构。

XML Spy 还提供了强有力的样式表设计，既可编写 CSS，又可编写 XSLT 等样式表，对 XSLT 1.0、XSLT 2.0 和 XSLT 3.0 都提供了良好的支持，并集成了功能强大的 XSLT 调试工具。

XML Spy 对 XQuery 也提供了强大的支持，包括集成的 XQuery 环境，并允许直接浏览 XQuery 的查询结果。

1.4.4 使用 XML Spy 编辑 XML 文档

使用 XML Spy 编辑 XML 文档之前，应先下载和安装 XML Spy。目前，提供 XML Spy 开发环境下载的网站很多，也可以从 Altova 的官方网站(http://www.altova.com/)获取最新的试用版本。安装 XML Spy 和安装普通程序没有任何区别，此处不再赘述。

安装好 XML Spy 之后，就可以用它创建文档了。该创建过程可分为新建文档、添加内容、验证和保存 4 个步骤。

1. 新建文档

新建文档的操作步骤如下。

(1) 双击 Altova XML Spy 的快捷方式，启动 XML Spy 2013，界面如图 1-9 所示。

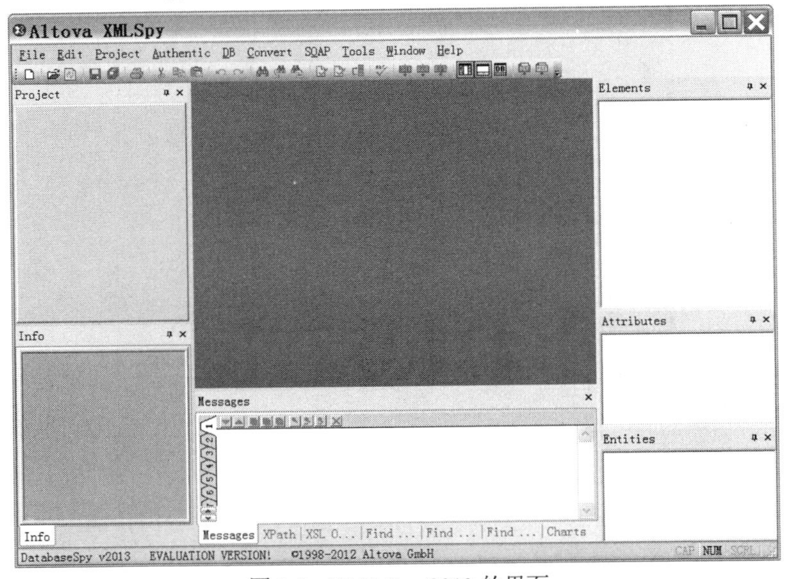

图 1-9 XML Spy 2013 的界面

(2) 单击 File | New 命令，弹出 Create new document 对话框，如图 1-10 所示。

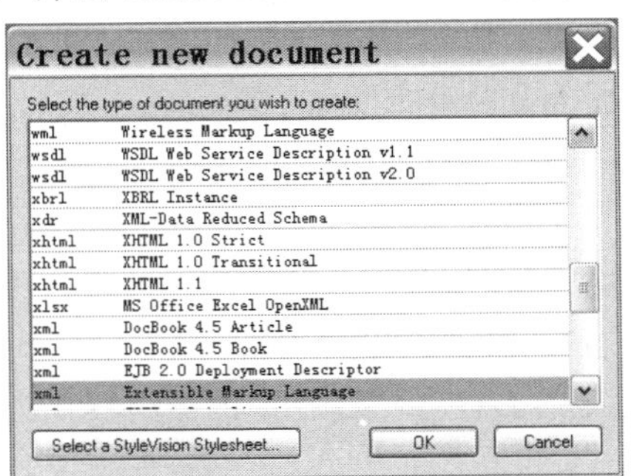

图 1-10 Create new document 对话框

(3) 选择 xml Extensible Markup Language 选项，单击 OK 按钮，弹出如图 1-11 所示的提示，询问所创建的 XML 文档是基于 DTD 还是基于 Schema。

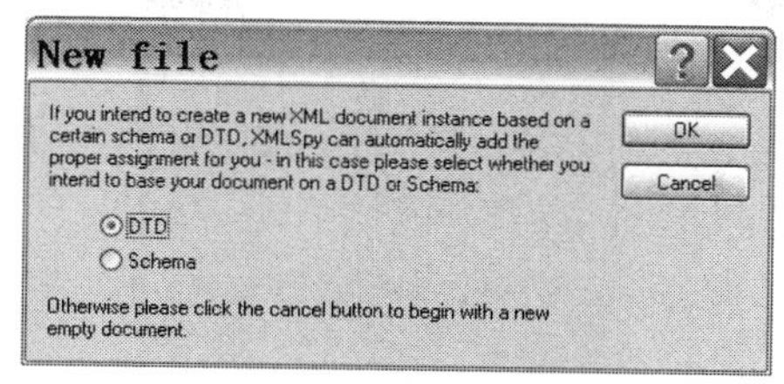

图 1-11　新建文档

(4) 单击 Cancel 按钮，创建一个无文档类型说明的 XML 文档。这样，一个空白的 XML 文档即创建完毕，如图 1-12 所示。

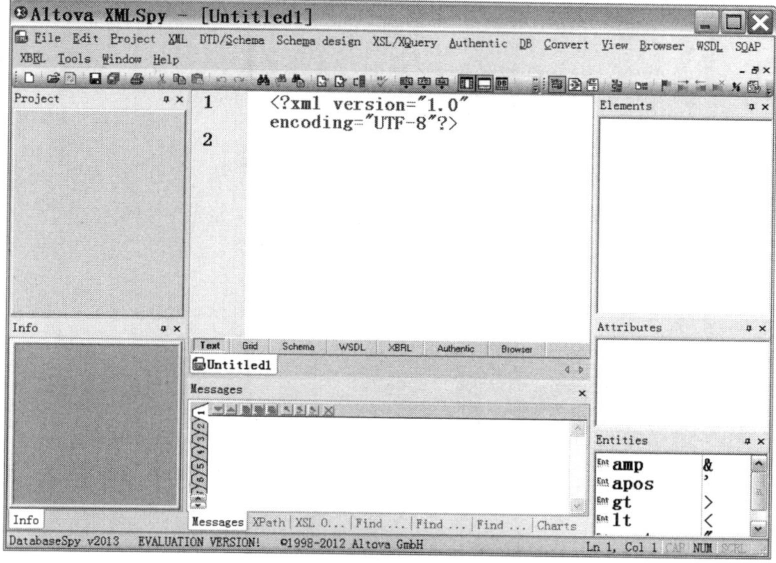

图 1-12　创建的空白 XML 文档

2. 添加内容

新建文档后，就可以添加所需的数据了。例如，可以将例 1-1 中 example1-1.xml 的代码输入文本框中，添加内容后的 XML 文档界面如图 1-13 所示。

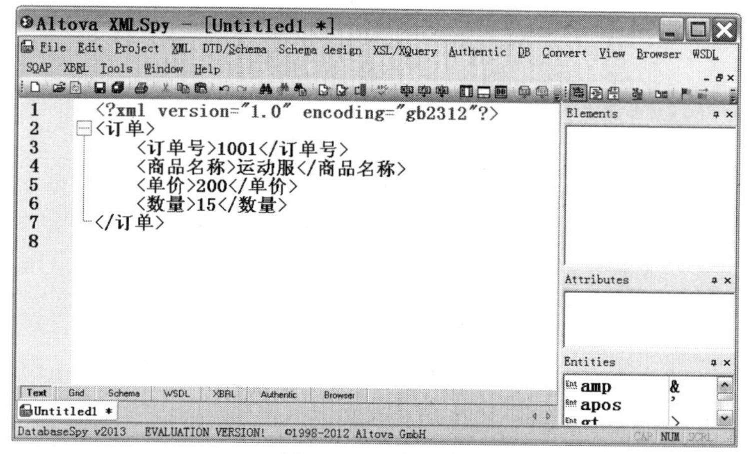

图 1-13　添加内容

3. 验证

由于上面的 XML 文档并未指定 DTD 或 Schema，因此只可能是格式良好的文档，可以用 XML Spy 验证文档的格式是否良好，操作步骤如下。

(1) 添加内容后，单击 XML | Check well-formedness 命令，对 XML 文档进行结构完整性检测，如图 1-14 所示。

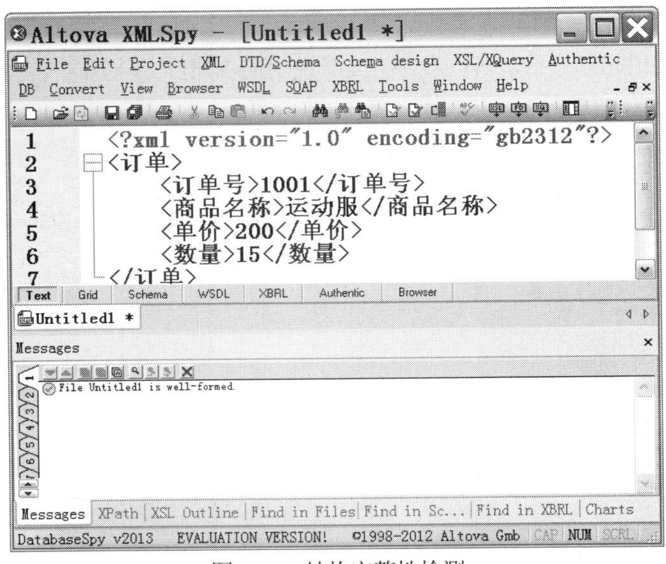

图 1-14　结构完整性检测

(2) 单击 OK 按钮，再单击右下方的 Browser 按钮，在 XML Spy 中的集成浏览界面进行显示，如图 1-15 所示。

图 1-15　在集成浏览界面中显示文档

4. 保存

在结构完整性检测和集成浏览显示均正常的情况下，单击 File | Save 命令，将其保存。

1.4.5　XML Spy 的视图格式

XML Spy 不仅提供了用于编辑和创建 XML 文档的功能，还提供了多个编辑视图以便选择，通过单击文档显示区域下面的不同标签，可以在不同的视图之间切换，如图 1-16 所示。

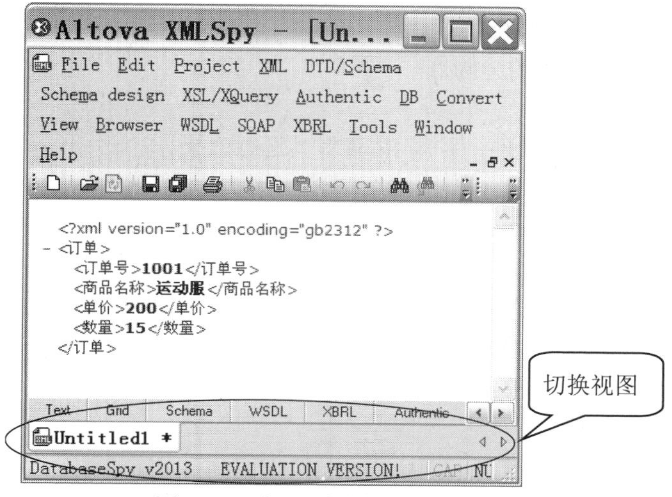

图 1-16　以 Text 视图显示 XML 文档

- Text：一种最基本的编辑视图。可以查看和修改文档的源代码，并以不同的颜色标注不同的元素。
- Grid：一种包含层次结构的编辑视图，它用一系列嵌套栅格展示了 XML 文档的逻辑结构。
- Schema/WSDL：仅在使用 XML 模式或 WSDL 文档时可用。
- Authentic：XMLSpy 特有的视图，它使用 StyleVision 样式表(stylesheet)来显示 XML。StyleVision 样式表是 XML 文件的一个图形化覆盖图。它包括控制、验证和图表等，让那些不习惯处理尖括号的人使用 XML 时更轻松。
- Browser：使用 Internet Explorer 来显示 XML 文档(需要 IE 5 或以上的版本)，支持 CSS 和 XSL。

1.5　本章小结

本章简要介绍了 XML 的发展历史和特点。起初，XML 的诞生旨在更好地进行数据交换。它基于 SGML 发展起来，是 SGML 的一个精简子集。另外，它也是一种元标记语言，具备自我解释性，可用于编写其他新的标记语言。本章首先讲解了标记语言的发展历史、XML 的发展历史和特点、XML 与 HTML 的区别，并对 XML 的应用现状和发展前景进行了简要描述。其次，本章介绍了 XML Spy 开发环境，并概述了如何在该环境下创建 XML 文档。

1.6 思考和练习

1. 如何理解 XML？XML 的特点是什么？
2. 和 XML 有关的技术有哪些？
3. 请分析 HTML 与 XML 的异同点。
4. XML 有哪些用途？
5. 编写一个简单的 XML 文件，并用 IE 查看其运行效果。

第2章 格式良好的XML文档

XML 文档使用的语法非常简单且具有自描述性。熟悉 HTML 的开发者会发现 XML 的语法和 HTML 非常相似。本章重点介绍格式良好的 XML 文档的定义规则和语法，只有掌握了 XML 文档的规则才能创建出格式良好的 XML 文档，并为进一步学习 XML 的深层知识打下坚实的基础。

本章的学习目标：

- 了解 XML 文档的分类
- 了解 XML 文档的结构
- 掌握 XML 声明的语法
- 掌握 XML 文档的处理指令和注释
- 掌握 XML 元素的语法
- 理解 XML 对特殊字符的处理
- 理解 XML 的命名空间

2.1 XML 文档的分类

XML 是一种简单易用的标记语言。虽然 XML 的语法相当简单，但 XML 文档作为一种结构化的文档，在呈现给 XML 处理程序时，为了保证 XML 处理程序能更好地进行处理，还是有一些必须遵守的规则。按照对 XML 文档规范的遵守程度，可将 XML 文档分为以下 3 种类型。

- 格式不良好(malformed)的 XML 文档：完全没有遵守 XML 文档基本规则的 XML 文档。
- 格式良好(well-formed)但无效的 XML 文档：符合 W3C 制定的基本语法规则，但没有使用 DTD 或 Schema 定义语义约束的 XML 文档；使用 DTD 或 Schema 定义了语义约束，但没有遵守 DTD 或 Schema 所定义的语义约束的 XML 文档。
- 有效(valid)的 XML 文档：一个格式良好的，并使用 DTD 或 Schema 定义了语义约束，而且也完全遵守 DTD 或 Schema 所定义的语义约束的 XML 文档。一个真正有用的 XML 文档，除了格式良好外，还必须是有效的。针对某些具体的问题，有时可能需要对 XML 文档组织数据的方式进行必要的限制，以便解析器能更好地解析其中的数据，有效的 XML 文档应符合这些限制条件。

2.1.1 格式不良好的 XML 文档

这种 XML 文档完全没有遵守 XML 文档规则，是最糟糕的 XML 文档，它甚至不是一个结构化的文档，因此不能正常转换为树结构。

下面的 XML 文档没有遵守 XML 的文档规则，因而是一个格式不良好的 XML 文档。

```
<?xml version="1.0"  encoding="gb2312"?>
<persons>
    <person>
        <name>小李
        <sex>male</sex>
        <birthday>1981.12.25</birthday>
    </person>
    <person>
        <name>小陈</name>
        <sex>female</sex>
        <birthday>1974.10.20</生日>
    </person>
</persons>
```

在上面的 XML 文档中，第一个<name>标记缺少结束标记，第二个<birthday>标记与后面的结束标记</生日>不匹配。因此，该文档是无效的 XML 文档，这种文档在浏览器中不能正常显示。图 2-1 所示是用 IE 浏览器浏览上述文档时的结果。

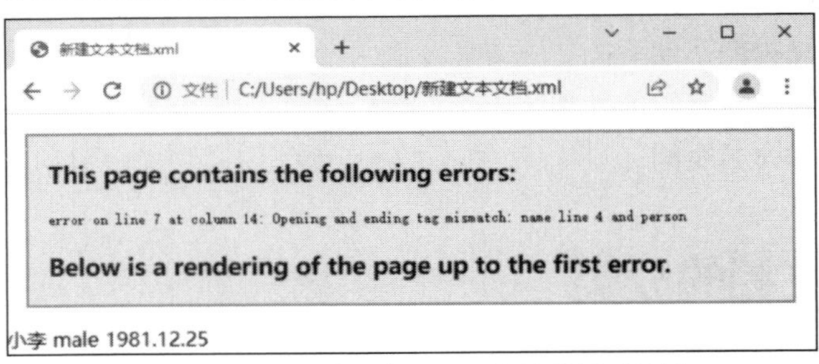

图 2-1 格式不良好的 XML 文档的显示结果

2.1.2 格式良好但无效的 XML 文档

对上面的 XML 文档进行修改，让其遵守基本的 XML 文档规则，修改后的 XML 文档代码如下所示。

```
<?xml version="1.0"  encoding="gb2312"?>
<persons>
    <person>
        <name>小李</name>
        <sex>male</sex>
        <birthday>1981.12.25</birthday>
    </person>
    <person>
        <name>小陈</name>
        <sex>female</sex>
```

```
        <birthday>1974.10.20</birthday>
    </person>
</persons>
```

这个文档就是一个格式良好但无效的 XML 文档。图 2-2 所示是上述文档在 IE 浏览器中的显示结果。

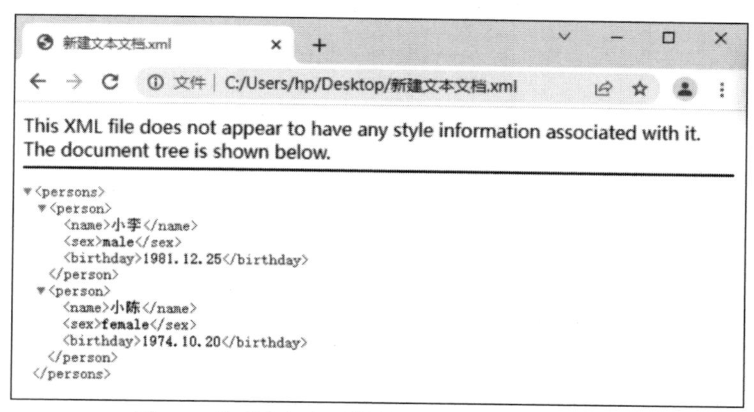

图 2-2　格式良好但无效的 XML 文档的显示结果

格式良好但无效的 XML 文档是结构化的文档，因此可以将其转换为树结构。如果为格式良好但无效的 XML 文档指定了 DTD 或 Schema 定义的语义约束，而且该文档也遵守该语义约束，那么该文档就变成了有效的 XML 文档。判定一个 XML 文档正确有效的标准如下：

- 文档必须是一个格式良好的文档。
- 文档遵守 XML 所有的语法规则并且有效。
- 文档遵守特定语义的规则，这些规则通常定义在 XML 或 DTD 规范中。

本章介绍如何定义格式良好的 XML 文档，有效的 XML 文档将在第 3 章和第 4 章中介绍。

2.2　XML 文档的整体结构

XML 文档由两部分组成，即文档序言和文档元素(或文档节点)。序言出现在 XML 文档的顶部，其中包含关于该文档的一些信息，类似于 HTML 文档的<head>部分。序言部分必须包含一个 XML 声明，还可以包含注释、处理指令或者 DTD。格式良好的 XML 文档必须有一个文档元素，用来包含其他内容，文档根元素可以包含多个嵌套的子元素。XML 文档的结构如图 2-3 所示。

本章将介绍如何定义格式良好的 XML 文档，总的来说，应遵守以下原则。

- XML 文档必须以一个 XML 声明开始。
- XML 文档有且只能有一个根元素。
- 开始标记和结束标记必须成对出现。
- 各元素之间正确地嵌套。
- XML 标记都是大小写敏感的。
- 属性值必须使用引号""。

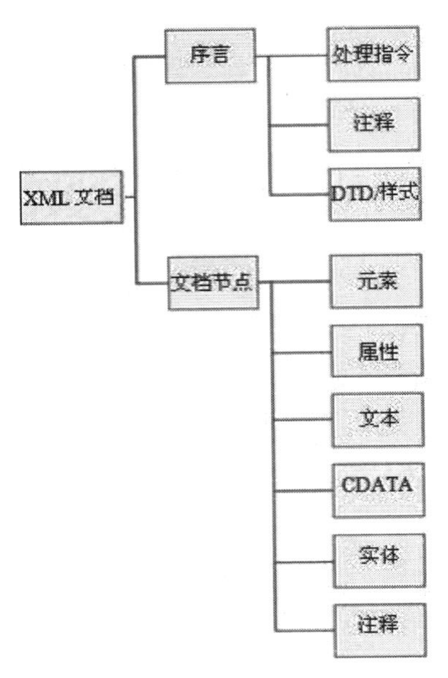

图 2-3 XML 文档的结构

下面通过具体的例子来详细说明。

【例 2-1】 一个格式良好的文档 example2_1.xml。

example2_1.xml 文件的源代码如下。

```
1   <?xml version ="1.0" encoding ="GB2312" standalone="yes" ?>
2   <?xml-stylesheet type="text/xsl" href="student.xsl" ?>
3   <!--以下是一个学生名单-->
4   <学生名单>
5       <学生 职务="班长">
6           <学号>2011081205</学号>
7           <姓名>李刚</姓名>
8           <班级>软件 0331</班级>
9       </学生>
10      <学生 职务="团支部书记">
11          <学号>2011081232</学号>
12          <姓名>杨洋</姓名>
13          <班级>软件 0332</班级>
14      </学生>
15  </学生名单>
```

注意：

为了便于说明，在此将每行代码前面加上了序号，实际编写文件时要去掉序号。

这是一个格式良好的 XML 文档，前 3 行是文档序言。其中，第 1 行是 XML 文档的声明；第 2 行是一条处理指令；第 3 行是一条注释语句。第 4～15 行是 XML 文档的主体部分，所使用的标记都是自定义的，其中最外面的标记<学生名单>和</学生名单>称为根元素。在 XML 文件中，必须包含根元素且根元素要唯一，其他元素都包含在根元素内，称为子元素。

2.3 XML 声明

XML 文档的第 1 行通常是 XML 声明，声明以<?xml 开始，以?>结束。<?xml：表示该文档是一个 XML 文档，即 XML 文档声明的开始。声明语句中主要包括 XML 版本信息，所使用的字符集以及是否为独立文档等信息。上面文档的第 1 行就是 XML 声明，其格式为：

```
<?xml version ="1.0" encoding ="GB2312" standalone="yes" ?>
```

> **注意：**
> ①声明中的 xml、version、encoding 和 standalone 必须小写。②<和? 之间、第 2 个? 和>之间以及第 1 个? 和 xml 之间不能有空格；第 2 个? 之前可以有一个或多个空格，也可以没有。这是 XML 语法严格性的一个体现。

2.3.1 XML 声明中的 version 属性

XML 声明中的属性 version 不可省略，表示 XML 使用的版本信息，用于指出该 XML 文件遵循哪个版本的 XML 规范，一个 XML 声明可以只包含版本属性。如果声明中还包含其他属性，则必须将版本属性排在其他属性之前。版本属性的值默认为 1.0。

如果一个 XML 文件省略了 XML 声明，各种 XML 解析器将默认该 XML 文件是有 XML 声明的，而且 XML 声明如下。

```
<?xml version="1.0" encoding="UTF-8" ?>
```

> **注意：**
> W3C 在 XML 规范中建议每个 XML 文件都应显式地写出 XML 声明。

2.3.2 XML 声明中的 encoding 属性

encoding 属性声明该 XML 文档采用的编码方式，XML 文档可选择多种字符集编码。该属性只可位于 version 属性之后，但可以省略，省略时表示采用默认的 UTF-8 编码方式。此外，常用的编码方式还有：简体中文的编码方式 GB2312，繁体中文的编码方式 BIG5，压缩的 UCS 编码 UTF-16 等。下面介绍几种编码方式。

- 如果 XML 使用 UTF-8 编码，那么标记的名字以及标记包含的文本内容中可以使用汉字、日文、英文等。这时 XML 文件必须选择 UTF-8 编码来保存，如图 2-4 所示。

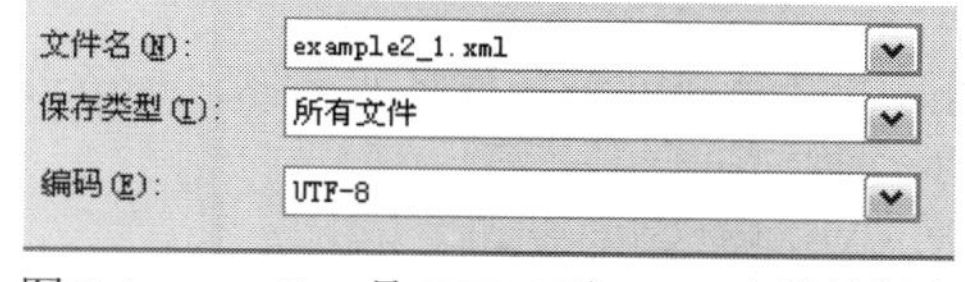

图 2-4　encoding 是 UTF-8 时 XML 文件的保存

- 如果在编写 XML 文件时只准备使用 ASCII 字符和汉字，可以将 encoding 属性的值设置为 GB2312。这时 XML 文件必须使用 ANSI 编码来保存，如图 2-5 所示。

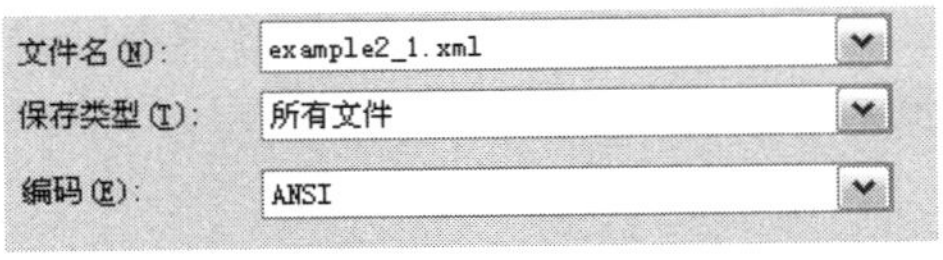

文件名(N): example2_1.xml
保存类型(T): 所有文件
编码(E): ANSI

图 2-5　encoding 是 GB2312 时 XML 文件的保存

- 如果在编写 XML 文件时只准备使用 ASCII 字符，可以将 encoding 属性的值设置为 ISO-8859-1。这时 XML 文件也必须使用 ANSI 编码来保存。

注意：
encoding 属性值不同，XML 文件保存时的编码要与之对应。

2.3.3　XML 声明中的 standalone 属性

standalone 属性为可选属性，用来说明 XML 文件是否独立，即是否与其他文件相关联，该属性值可以为 yes 或 no，默认值是 no。一个 XML 文件能够完全独立地被理解而不必读取其他文件，就是一个独立的 XML 文件。反之，如果一个 XML 文件不引用其他外部实体或数据源就不能进行句法分析，则该文件就不是一个独立的 XML 文件。若 standalone 属性值为 yes，表示该文档为独立文档，不依赖于其他文档；若值为 no，表示需要依赖外部文档，如 DTD 文档。

注意：
如果同时设置了 encoding 属性和 standalone 属性，则 standalone 属性要位于 encoding 属性之后。

2.4　XML 文档的处理指令和注释

文档的第 2 行和第 3 行分别是 XML 的处理指令和注释，处理指令和注释不是必需的，可以根据需要添加。

2.4.1　处理指令

XML 的处理指令简称 PI，其用途是给处理 XML 文档的应用程序提供信息，告诉处理程序该如何处理该文档。处理指令必须以<?作为开头，以?>作为结尾。其中，XML 声明语句是必需的处理指令。XML 处理指令的格式如下：

```
<?target?>或<?target instruction?>
```

target 为目标程序名，表示指令所指向应用程序的名称。instruction 是用来传送信息的指令。target 的命名需满足以下规则。

- 名称必须以字母、下画线或冒号开头。
- 名称可以包括字母、下画线、冒号、数字、横线和句号。

开发者可以定义任意的处理指令，但如果想让处理指令生效，则必须有合适的程序来解析该指令，并根据该指令进行处理。

文档的第 2 行就是一个常用的处理指令 xml-stylesheet，用于为 XML 文档导入样式表。

```
<?xml-stylesheet  type="text/xsl"  href="student.xsl" ?>
```

<?…?>表示处理指令。xml-stylesheet 表示该指令用于设定 XML 文档所使用的样式表文件，上述指令表示用样式表 student.xsl 来显示 XML 文档。type 属性用于选择样式，href 属性则表示样式表文件的路径。这个处理指令必须出现在序言部分，在根元素之前。

注意：

XML 声明虽然和 XML 处理指令很相似，但实际上 XML 声明是一种特殊的用法，并非处理指令。

2.4.2　注释

XML 文档中可以使用注释对语句进行某些提示或说明，以增加文档的可读性和清晰性。XML 解析器不会对注释做任何处理，注释中的内容在解析时会被忽略。带有适当注释语句的 XML 文档，不仅便于阅读与交流，更重要的是便于用户日后自己修改 XML 文档。注释对整个文档或文档的一部分内容进行了介绍，这样想在文档中找到所需的信息就十分方便。

注释的语法格式为：

```
<!-- 注释内容 -->
```

XML 文档中的注释和 HTML 文档中的完全一样，XML 中的注释要满足以下规则。

- 注释以<!--开始，以-->结束。
- 注释不可以出现在 XML 声明之前。
- 注释不能出现在标记中。
- 注释中不能出现连续的两个连字符，即--。
- 注释不能嵌套和重叠使用。

下面的注释是错误的，因为它的位置在 XML 声明之前。

```
<!-- 简单的 XML 文件 -->
<?xml  version="1.0"  encoding="UTF-8" ?>
<root>
    <speak> 你好 </speak>
</root>
```

注释不能出现在标记中，所以下面这种添加注释的方法也是错误的。

```
<Name <!--姓名-->>TOM</Name>
```

注意：

因为注释可以避过 XML 解析器的解析，当暂时不需要某段文档内容时，可以将其前后加上注释符，以后需要时去掉注释即可。使用该方法时，要避免注释内容的嵌套，即注释中不能再有注释部分。

2.5 XML 元素的基本规则

元素是 XML 文档的基本单元，XML 文档由一对对嵌套的元素所组成。XML 元素是以树状结构排列的。整个 XML 文档从根元素开始，根元素包含若干子元素，而每个子元素又可以包含若干子元素，从而组织成庞大的 XML 文档。

2.5.1 XML 元素的命名规则

与 HTML 不同，XML 没有预置任何元素，XML 允许开发者自定义元素。在 XML 中，基本没有什么保留字，所以可以随心所欲地为元素命名，但 XML 元素的命名必须遵守以下原则。

- 名称中可以包含字母、数字、下画线(_)、中画线(-)、冒号(:)和点号(.)。
- 名称必须以字母或下画线(_)开始；在支持中文字符编码的情况下，元素名可以以中文或下画线(_)开头；在指定其他编码字符集后，可使用字符集中的合法字符。
- 名称不能以 XML(或者 xml，Xml，xMl 等任意大小写组合)开始。
- 名称中不能包含空格。
- 名称中不能出现 XML 保留的标识符，如<、/、>等。
- 名称中尽可能不要使用冒号(:)，因为冒号是为“名称空间”(namespace)预留的。
- 尽量避免在名称中使用中画线(-)和点号(.)，因为有的软件不能正确识别。
- 名称中的英文字符是大小写敏感的。

以下都是不正确的命名。

```
<1 号  职务="班长">
```

这里的“1 号”使用了数字 1 作为名称的开始，所以是错误的。

```
<xml 文档>XML 元素的命名</xml 文档>
```

这里不能用 xml 作为元素名称的开始，所以是错误的。

2.5.2 根元素

XML 文档中的第 1 个元素就是根元素，它包含文档中所有文本和所有其他元素，像例 2-1 中的“<学生名单>”，就是该文档的根元素。

根元素具有以下特点。

- 每个 XML 文档必须有且只有一个根元素。
- 根元素是一个完全包括文档中其他所有元素的元素。
- 根元素的起始标记要放在所有其他元素的起始标记之前。
- 根元素的结束标记要放在所有其他元素的结束标记之后。

2.5.3 元素的构成

一个 XML 元素由一个开始标记、一个结束标记，以及夹在这两个标记之间的数据内容所组成。其基本形式如下。

```
<开始标记>数据内容</结束标记>
```

数据内容可以是子元素、文本、注释等。

XML 文档允许为 XML 元素指定属性，属性可以为 XML 元素提供更多的信息。属性是元素的可选组成部分，一个元素可以定义一个或多个属性，用来描述元素的一种或多种附加信息。属性放在开始标记中，带有属性的 XML 元素形式如下。

```
<开始标记 属性 1="属性值 1" 属性 2="属性值 2"……>数据内容</结束标记>
```

其中，属性是一个名称/值对，属性必须由名称和值组成。属性名由用户根据需要自定义，而属性值必须用双引号括起来，这一点与 HTML 有所区别。

元素和标记这两个词具有不同的含义。元素由开始标记、结束标记以及位于二者之间的所有内容组成。而标记由左尖括号“<”、右尖括号“>”以及位于二者之间的文本组成。如“<student name="李四"　age="18">这是一个学生的信息</student>”是一个元素，而<student>是一个标记。

开始标记以“<”开始，以“>”结束，两者之间是标记的名称和属性列表。开始标记的语法格式如下。

```
<标记名称　属性列表 > 或 <标记名称>
```

注意：

在“<”和标记名称之间不要有空格，“>”的前面可以有空格或回车。

结束标记以“</”开始，以“>”结束，两者之间为标记名称。该名称需要和开始标记相同，且要与开始标记成对出现。

注意：

“</”和标记名称之间不要有空格，“>”的前面可以有空格或回车。

例 2-1 中的第 4 行就是一个开始标记。

```
<学生名单>
```

第 15 行就是一个结束标记。

```
</学生名单>
```

HTML 中允许只给出一个开始标记而忽略结束标记，如
，但是在 XML 中不允许出现这种情况，即开始标记和结束标记必须成对出现。

如果元素中不包含任何数据内容，那么它就是一个空元素。空元素不可接收子元素，空元素的形式如下。

```
<标记名称　属性列表/> 或 <标记名称/>
```

以下是 3 个正确的空元素。

```
<张三　age="28"　sex="男" />
<water />
<姓名></姓名>
```

第 3 个元素也可以简写，如下。

```
<姓名/>
```

由于空元素不包含任何内容，因此在实际编写 XML 文件时，空元素主要用于抽象带有属性的数据，该数据本身并不需要用具体文本进行描述。例如，如果 XML 需要描述宽 12、长 20 的长方形，但不准备有任何关于长方形的文字描述，那么可以使用如下标记。

```
<长方形 width="12" length="20"/>
```

XML 解析器主要关心空元素中的属性，并可以解析出这些属性的值。

总的来说，元素可以是以下 4 种形式。

- 空元素：如<student/> 或<student></student>。
- 带属性的空元素：如<student name="李四" age="18"></student>或<student name="李四" age="18"/>。
- 带内容的元素：如<student>这是一个学生的信息</student>。
- 带内容和属性的元素：如<student name="李四">这是一个学生的信息</student>。

2.5.4 元素的嵌套

非空元素包含的内容中既可以有文本数据也可以有子元素。当需要用“整体-部分”关系来描述数据时，就可以使用非空元素和子元素。但是当一个元素中包含子元素时，有一个非常重要的要求——它们之间必须正确地嵌套。也就是说，如果一个元素从另一个元素内部开始，那么也必须在同一个元素内部结束。

假设有这样一本书，如下所示。

书名为:《XML 指南》

第一章标题为：XML 入门简介
　　　　　　　什么是 HTML
　　　　　　　什么是 XML

第二章标题为：XML 语法
　　　　　　　XML 元素必须有结束标记
　　　　　　　XML 元素必须正确地嵌套

用来描述这本书的 XML 文档如下。

```
<book>
<title>XML 指南</title>
<chapter>
XML 入门简介
    <para>什么是 HTML</para>
    <para>什么是 XML</para>
</chapter>
<chapter>
XML 语法
    <para>XML 元素必须有结束标记</para>
    <para>XML 元素必须正确地嵌套</para>
```

```
</chapter>
</book>
```

最外层的<book>元素是根元素，它里面包含<title>元素和<chapter>元素，分别用于描述书名和章节信息。<book>元素就是<title>元素和<chapter>元素的父元素，而<title>元素和<chapter>元素则是<book>元素的子元素。子元素是相对于父元素而言的，如果子元素中还嵌套有其他元素，那么它同时也是父元素。如<chapter>元素中包含<para>元素，所以它又是<para>元素的父元素。上面的代码可以转换为如图 2-6 所示的结构树。

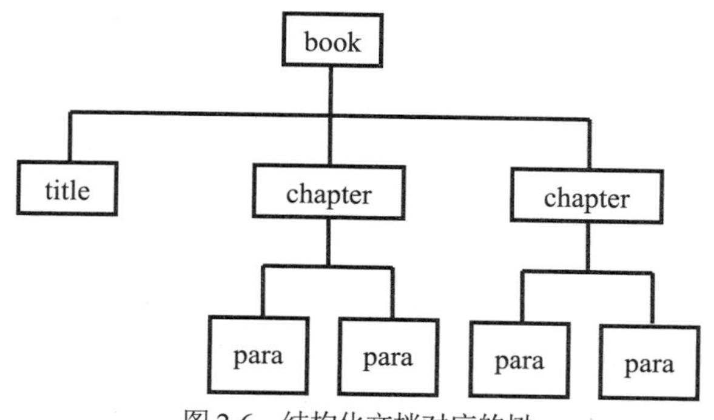

图 2-6　结构化文档对应的树

元素之间的嵌套规则总结如下。

- 父元素的起始标记必须在子元素的起始标记之前，父元素的结束标记必须在子元素的结束标记之后。元素间不可交叉嵌套。
- 子元素与子元素间是兄弟关系。
- 两个元素之间不能既是父子关系又是兄弟关系。
- 所有 XML 文档都是从根节点开始，在根节点下只包含一个根元素。一个 XML 文档有且只有一个根元素，其他元素要包含在根元素中。(根节点：代表整个文档；根元素：文档中唯一的顶层元素)

下面的 XML 文档是一个错误的 XML 文档，其中<author>标记和<email>标记出现了交叉。

```
<book>
    <author>
            <name>刘备</name>
            <email>liubei@163.com
        </author>
</email>
    <isbn>12345</isbn>
</book>
```

2.5.5　元素的属性

XML 元素在开始标记处可以使用元素属性，XML 中的属性也是由用户自定义的，属性可以为 XML 元素提供更多的信息，如下面的代码所示。

```
<author sex="female">玛丽</ author >
```

上面的author元素使用sex属性为该元素增加了额外信息。

定义属性时应注意以下几点。

- 属性的命名规则同元素的命名规则。
- 属性值必须用引号括起来。
- 属性只能包含在开始标记中。
- 特定的属性名称在同一元素中只能出现一次。
- 可以为一个元素定义多个属性，各个属性之间需要用空格分开。

属性可以描述元素的特征，但定义过多的属性会降低程序的可读性，如下面的代码所示。

```
<note day="12" month="11" year="99" to="Tove" from="Jani" heading="Reminder" body="Don't forget me this weekend!"> </note>
```

属性用于描述XML元素的额外信息，因此存储在属性中的数据也可以存储在子元素中。将上面的代码转换为子元素的表达方式，如下所示。

```
<messages>
    <note ID="501">
    <to> Tove</to>
    < from>Jani </from>
    < day>12</day>
    <year>99</year>
    <heading>Reminder</heading>
    <body> Don't forget me this weekend!</body>
    </note>
    <note ID="502">
    ……
    </note>
</messages>
```

一般地，与某个元素相关的属性可以用其子元素来表示；反过来，某个元素的一些子元素内容也可以转换为该元素的属性来表示。

若子元素的表达方式如下。

```
<Student >
  <id> 100</id>
  <Name>TOM</Name>
</Student>
```

则属性的表达方式如下。

```
<Student   ID="100">
  <Name>TOM</Name>
</Student>
```

属性相对于子元素来说具有一定的局限性，具体体现如下所示。

- 属性不能包含多个值(而子元素可以)。一个属性不能包含子属性，但子元素可以包含自己的子元素。故对于复杂的信息，要采用复合的子元素来说明。

- 若元素的开始标记中包含过多的属性，造成整个开始标记过长而降低程序的可读性，则可以考虑使用子元素代替属性。
- 属性不容易扩展，而子元素很容易扩展。
- 属性无法描述树状结构，而子元素可以。
- 属性值很难通过 DTD 验证。

如果将属性作为一个数据的容器使用，那么最终的结果是，文档将难以阅读和维护。应该尽量用子元素去描述数据，只在提供与数据无关的信息时才使用属性。属性不能体现数据的结构，只是数据的附加信息，不要因为属性的频繁使用而破坏了 XML 的数据结构。

总之，与元素关系紧密的数据常以属性的方式存储，而数据本身应该以子元素的形式存储。

2.6 实体引用和 CDATA 段

开始标记和结束标记之间的文本可以是任何 Unicode 字符，但如果文本中包含一些特殊字符，如尖括号“<”在 XML 文档中具有特殊含义，直接在 XML 元素中使用该字符将引起文档混乱。请看下面的文档。

```
<表达式>
    <比较符>1+1<3</比较符>
</表达式>
```

上述文档中“<比较符>”标记的内容是“1+1<3”，其中出现了特殊符号<，该符号不能直接显示在浏览器中。如图 2-7 所示是该文档在浏览器中的显示效果。

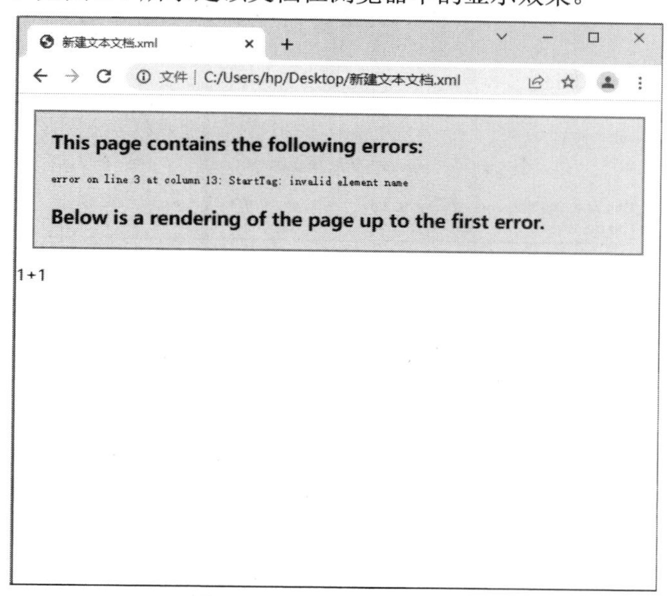

图 2-7　文本中包含特殊字符

有两种方法可以解决这个问题。

- 使用实体引用。

- 使用 CDATA 段。

2.6.1 实体引用

XML 有 5 种字符属于特殊字符，包括：左尖括号(<)、右尖括号(>)、与符号(&)、单引号(')和双引号(")。对于这些特殊字符，XML 有特殊用途。所以按照 W3C 制定的规范，文本数据中不可以含有这些特殊字符。

要想在文本数据中使用这些特殊字符，可以通过实体引用的方法。所谓实体，是指预先定义好的数据或数据集合，它可以方便地被引用到任何需要这些数据或数据集合的地方。对于上面 5 个特殊字符，XML 预置了 5 个实体引用，如表 2-1 所示。

表 2-1　XML 预置的实体引用

实体引用	所代表的符号	说明
<	<	用来显示小于(<)符号
>	>	用来显示大于(>)符号
&	&	用来显示 and(&)符号
"	"	用来显示英文双引号(")
'	'	用来显示英文单引号(')

因此，将上面的文档改为如下形式即可正确显示。

```
<表达式>
    <比较符>1+1&lt;3</比较符>
</表达式>
```

上面文档的浏览结果如图 2-8 所示。

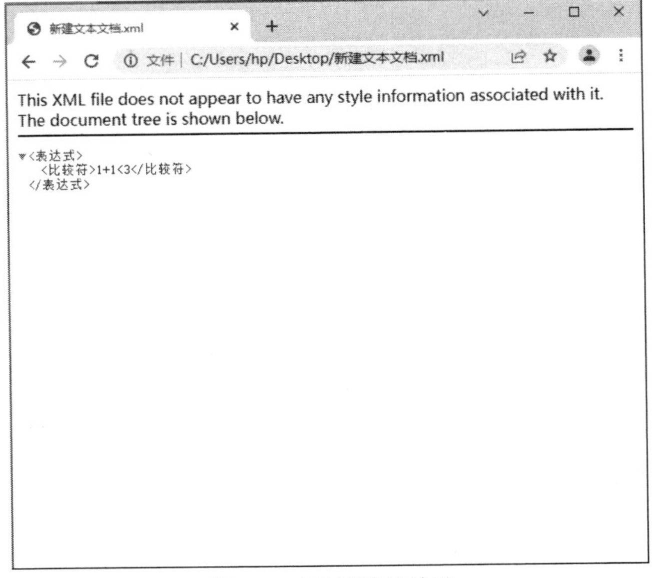

图 2-8　实体引用的效果

> **注意：**
> 实体引用的格式相当固定，总是以&开始，以;结束。不要忘记实体引用后面的英文分号。

2.6.2　CDATA 段

如果文本内容中包含大量的>、<、&、'及"等特殊符号，需要花费很大的力气进行转换，转换后的文本数据中会出现很多实体引用，导致文本的可读性变差，那么该怎样解决这个问题呢？在 XML 中，可以把这样的文本包含到 CDATA(Character Data)段中，包含在 CDATA 段中的文本不会被 XML 解析器解析，而是直接提供给应用程序，其语法格式如下。

```
<![CDATA[文本内容]]>
```

CDATA 段以“<![CDATA[”开始，以“]]>”结束，文本中可以包含“>”“<”“&”“'”及“"”等特殊符号，而不必进行转换。

下面的例子是对 CDATA 段的简单应用。

【例 2-2】 example2_2.xml 文件的源代码如下。

```
<?xml   version ="1.0"   encoding ="GB2312" ?>
<!--以下是一个使用 CDATA 段的例子-->
 <program>
     <script>
     <![CDATA[
               if(a<b) then max=b
          ]]>
      </script>
 </program>
```

使用 CDATA 段时要注意以下几点。

- CDATA 必须大写。
- “<![CDATA[”是一个整体，这些字符之间不允许出现空格。
- “]]>”是一个整体，这些字符之间也不允许出现空格。
- CDATA 段不能嵌套，即不能将一个 CDATA 段放到另一个 CDATA 段中。

通过以上内容的学习，读者现在应该可以定义一个格式良好的 XML 文档了。下面列举一个较完整的例子，以便对 XML 的基础知识融会贯通。

【例 2-3】 example2_3.xml 文件的源代码如下。

```
<?xml   version="1.0"   encoding="UTF-8"?>                    <!--XML 声明-->
<!--在这里可以使用外部声明-->
<班级  名称="31 班"  人数="50 人">                              <!--根元素开始标记及其属性声明-->
<!--班级包括班主任、班长和学生列表-->
  <班主任  姓名="秦老师">                                       <!--嵌套子元素-->
    <联系方式>
      <email>qls@163.com</email>
    </联系方式>
    <办公室><![CDATA[13 号楼<205>]]></办公室>                   <!--CDATA 段-->
  </班主任>
  <班长  姓名="路曼曼">
```

```
    <联系方式>
      <email>lmm@yahoo.com.cn</email>
    </联系方式>
  </班长>
  <!--学生列表包括班级所有学生的信息-->
  <学生列表>
    <一号 姓名="马小跳"/>
    <联系方式>
      <email>mxt@126.com</email>
    </联系方式>
  </学生列表>
</班级>                                              <!--根元素结束标记-->
<!--以上是关于班级的信息-->
```

2.7 名称空间

XML 最大的特点就是其扩展性，它允许用户自定义合适的标记，这个特点给了用户非常大的自由空间，但同时也出现了标记名称可能重复的问题。对于同名的标记，解析器在解析时很难分辨。为了区分这些标记，W3C 制定了名称空间的机制。当两个标记的名称相同时，它们可以通过隶属不同的名称空间来相互区分。

关于这个问题，可以设想这样一个场景。某学校开全体教师大会，主持人说："下面有请王刚老师发言！"台下同时站起几个人，这时主持人补充说："请法学院的王刚老师发言！"然后法学院的王刚就站出来了，此处主持人所补充的一个前提或者说一个范围是法学院，在这个范围内，王刚是唯一的，于是就可以根据该范围和名字确定一个人。简而言之，要确定一个人，仅有名字是不够的，还必须有一个确定的范围，这个范围就可以理解为名称空间。

由此可见，名称空间只是为 XML 元素指定一个范围而已。名称空间的本意是避免不同的组织中使用的相同的标记名称发生冲突。通过为 XML 元素和属性指定名称空间，可以更好地区分不同范围的元素和属性。

2.7.1 有前缀和无前缀名称空间

名称空间用来区分同名的标记，XML 的名称空间分为有前缀名称空间和无前缀名称空间。下面通过一个简单的例子来说明名称空间的用法。

```
<?xml  version="1.0" ?>
  <students>
      <张三>出生日期：1980.10.10</张三>
      <张三>出生日期：1981.11.12</张三>
  </students>
```

上面的文档中有两个"<张三>"标记，如果解析器只想解析出其中一个标记中的数据，就无法通过标记的名称来区分。因此，当两个标记的名称相同时，它们可以通过隶属不同的名称空间来相互区分。名称空间是使用以 xmlns 作为开头的属性来声明的。

声明有前缀的名称空间的语法如下。

```
xmlns:前缀＝名称空间的名字
```

例如：

```
xmlns:person="China.dalian"
```

声明了一个前缀为 person、名字为 China.dalian 的名称空间。
无前缀的名称空间的声明语法如下。

```
xmlns＝名称空间的名字
```

例如：

```
xmlns="www.yahoo.com"
```

声明了一个名字为 www.yahoo.com 的名称空间。

注意：
名称空间的前缀不能用 xml、xmlns，并且:与前缀之间不能有空格。

如果两个名称空间的名字相同，则称这两个名称空间相同。也就是说，对于有前缀的名称空间，如果前缀相同，名称空间的名字不同，它们也是不同的名称空间；前缀不同，名字相同，它们也是相同的名称空间。前缀的作用只是方便引用名称空间而已，不能用于区分名称空间是否相同。

下面是 3 个不同的名称空间。

```
xmlns:north="liaoning"
xmlns:north="Liaoning"
xmlns:center="beijing"
```

下面是两个相同的名称空间，名字都为 apple。

```
xmlns:hello="apple"
xmlns:ok="apple"
```

注意：
liaoning 和 Liaoning 是两个不同的名字，因为名字区分大小写。

2.7.2　在标记中声明名称空间

名称空间是通过在标记中声明来建立的，名称空间的声明必须放在开始标记里，而且必须放在开始标记中标记名称的后面。

```
<张三  xmlns:p1="liaoning">
       1986 年出生。
</张三>
```

如果一个标记中声明的是有前缀的名称空间，就必须通过在标记名称的前面添加名称空间的前缀和冒号来引用名称空间，表明此标记属于该名称空间。

```
<p1:张三 xmlns:p1 = "jilin">
        出生日期：1980.10.10
</p1:张三>
<p2:张三 xmlns:p2 ="liaoning">
        出生日期：1981.11.12
</p2:张三>
```

一个标记中可以声明多个名称空间，例如：

```
<students  xmlns:p1 = "jilin"  xmlns:p2 = "liaoning">
      <p1:张三>出生日期：1980.10.10</p1:张三>
      <p2:张三>出生日期：1981.11.12</p2:张三>
</students>
```

2.7.3 名称空间的作用域

名称空间的作用域就是该名称空间的作用范围。一个标记中如果使用了名称空间，那么该名称空间的作用域是该标记及其所有的子孙标记，除非其子孙标记又声明了名称空间。

下面这段代码中，标记“<张三>”及其子标记“<张小三>”都属于 Liaoning 这个名称空间。

```
<张三 xmlns ="Liaoning">
        1986 年出生，他有一个儿子叫张小三。
        <张小三>
            在小学读书
        <张小三>
 </张三>
```

下面的例 2-4 中，Liaoning 这个名称空间的作用域是第 3~8 行，Beijing 的作用域是第 9~14 行。

【例 2-4】 example2_4.xml 文件的源代码如下。

```
1    <?xml  version="1.0"  encoding="UTF-8" ?>
2    <people>
3       <p1:张三 xmlns:p1="Liaoning">
4              1986 年出生，他有一个儿子叫张小三。
5                 <p1:张小三>
6                       在小学读书
7                 </p1:张小三>
8        </p1:张三>
9        <p2:张三 xmlns:p2="Beijing">
10             1982 年出生，他有一个儿子叫张小三。
11                <p2:张小三>
12                      在初中读书
13                </p2:张小三>
14      </p2:张三>
15   </people>
```

2.8 本章小结

本章详细介绍了 XML 文档必需的基本语法，包括 XML 文档的结构及文档规则、XML 声明语句的写法、元素及属性的定义、字符和实体的引用、XML 中的名称空间的定义及使用等。其中最为重要的是 XML 的文档规则，因为只有符合 XML 文档规则的 XML 文档才是格式良好的 XML 文档，在编写 XML 文档时一定要特别注意这一点。

2.9 思考和练习

1. XML 声明中有哪些属性？都有什么作用？
2. 格式良好的 XML 文档应遵守哪些原则？
3. XML 元素的命名规则是什么？
4. XML 中有哪些特殊字符？在文本数据中如何使用这些字符？
5. 说明名称空间的作用及分类。
6. 下面的 XML 元素，哪些是正确的？

   A. <computer　/>　　B. <　computer　/>

   C. <computer> </Computer >　　D. <computer> <computer />
7. 下面的 XML 文件中有哪些错误？请进行改正并用 IE 验证。

```
<!--一个简单的 XML 文件-->
<?　xml version= "1.1 "　?>
<fruits>
        <fruit>
            <name>orange<price>
            </name>1.2</price>
</fruit>
<fruit>
<name>banana<price>
</name>1.8</price>
</fruit>
</Fruits>
```

8. 下面名称空间的使用正确吗？为什么？

```
<?xml version="1.0"　?>
<root>
<c1:car　xmlns:c1="china">
小型汽车，可以坐 4 个人。
</c1:car>
<c1:bus>
比小型汽车大，可以坐更多的人。
</c1:bus>
</root>
```

9. 创建一个格式良好的XML文档，存储学生的信息，包括学号、姓名、性别和联系方式等，其中性别用属性表示。在浏览器中查看其效果。

꧁ 第3章 ꧂

有效的XML文档——DTD

文档类型定义(Document Type Definition，DTD)是有效的 XML 文档的基础。用户可按照 XML 文档语法规则随意地创建自己的标记，向其中添加元素和属性等。但是如果每个人或每家公司都按照自己的意愿和爱好设计标记、添加元素及属性，那么对于同一问题设计出来的文档之间就可能存在很大的差异，不便于解析器解析其中的数据。因此需要一套机制通过设置特定的规则来控制 XML 文档结构。这套机制就称为文档类型定义，简称为 DTD。

本章的学习目标：

- 理解 DTD 的基本概念
- 掌握 DTD 元素类型及声明语法
- 掌握 DTD 属性类型及声明语法
- 理解 DTD 实体类型及声明语法
- 了解 DTD 文件现状

3.1 DTD 概述

DTD 是一套关于标记符的语法规则。它是 XML 1.0 版规范的一部分，是 XML 文件的验证机制，属于 XML 文件的一部分。DTD 文件是一个 ASCII 码文本文件，后缀名为.dtd。

DTD 是一种保证 XML 文档格式是否正确的方法，可通过比较 XML 文档和 DTD 文件来验证文档是否符合规范，元素和标签的使用是否正确。XML 文件为应用程序提供数据交换的格式，DTD 可以使 XML 文件成为数据交换标准。因为不同的公司只需要定义好标准 DTD，就能依据该 DTD 建立 XML 文件，并且进行验证，这样就可以轻松地建立标准和交换数据。

XML 文档通过树状结构来组织数据，它记录每个元素应该包含哪些子元素。但在 XML 中并未规定哪个元素是必需的，哪个元素一定要输入数据，也没有规定属性可以输入的数据样式。而 DTD 实际上是一套验证数据的语言，在 DTD 中详细描述了每个元素可以包含的子元素、元素的出现顺序、出现次数以及属性的相关设置等信息。通过这样一套验证机制，可以确保文档内部数据的正确性。由此可见，所谓文档类型定义的作用就是给予文档一种格式，使用户知道所使用的 XML 文档需包含哪些标记(tag)、属性(attribute)、实体(entity)。从这个意义上说，DTD 定义了置标语言、文档结构的语法和词汇表。因此，DTD 实际上定义了一个语法分析器。

3.2 DTD的基本结构

DTD使用形式语法来描述XML文档的逻辑结构和语法。实际上，可以将DTD看作是XML文档的模板。XML文档中的元素、属性、排列方式或内容等都必须符合DTD的规则。XML文档中的元素是根据实际应用来创建的，因此想要创建一个完整且具有较强适应性的DTD是非常困难的，因为各行业都有其自己的行业特点，所以具体的DTD文档通常在特定应用领域中使用，各行各业都有各自的DTD文档。

文档类型声明可以在该声明内部提供一个DTD，将它放入方括号[ ]中，也可以提供一个链接指向一个包含DTD的文件。因此，DTD分为外部DTD和内部DTD两种。外部DTD就是后缀为.dtd的文件，该文件可以被多个XML文档共享和调用。内部DTD是在XML文档中直接定义DTD，该DTD只能被当前XML文档使用。

DTD可以使用嵌套：一个DTD文件可以通过参数实体调用另一个DTD文件。DTD是叠加的，但内部DTD总是比外部DTD的优先级更高。

3.2.1 内部DTD

文档类型声明以“<!DOCTYPE”开始，以“]>”结束，通常将开始标记和结束标记放在不同的行。内部DTD文件头必须使用关键字，以告知解析器这个区段数据是DTD的声明内容。内部DTD是包含在XML文档内部的DTD，其基本语法格式如下。

```
<!DOCTYPE 根元素名称 [
<!ELEMENT 子元素名称 (#PCDATA)>
]>
```

其中，有几点说明如下。

- <!DOCTYPE：文档类型声明的起始定界符。
- 根元素名称：一个XML文档只有一个根元素。如果XML文档使用内部DTD，那么文档中的根元素名就在内部DTD中指定。
- <!ELEMENT 子元素名称 (#PCDATA)>：用来定义出现在文档中的元素。
-]>：文档类型声明的结束定界符。

【例3-1】带有内部DTD的XML文档如下。

```
<? xml version ="1.0" encoding="GB2312">
<!DOCTYPE book [
<!ELEMENT book (name)>
<!ELEMENT name (#PCDATA)>
]>
<book>
<name>《XML教程》</name>
</book>
```

将上述代码保存到XML文件中，在内部DTD的开始标记和结束标记之间编写DTD定义，从而使该XML文档与内部DTD关联。内部DTD不能被其他XML文档共享。

3.2.2　外部 DTD

XML 文档通过 URL 引用的独立 DTD 称为外部 DTD。外部 DTD 位于一个独立的文件中，该文件的扩展名为.dtd。外部 DTD 可以供多个 XML 文档使用。如果需要在 XML 文件中使用外部 DTD，那么必须在 XML 文档的文档类型定义部分通过 URL 引用外部 DTD。若要引用外部 DTD 文档，需要在 XML 文本中的 DOCTYPE 指令中使用关键字 SYSTEM 或 PUBLIC，语法格式声明如下。

```
<!DOCTYPE  根元素名称  SYSTEM   " DTD-URL ">
```

或

```
<!DOCTYPE 根元素名称   PUBLIC   "DTD-name"   "DTD-URL">
```

其中，有几点说明如下。

- !DOCTYPE：文档类型声明的起始定界符。
- 根元素名称：在外部 DTD 中定义的根元素。
- SYSTEM 关键字：指明该外部 DTD 是私有的，即由用户创建但没有公开发布，仅在个人或几个合作者之间使用。SYSTEM 关键字后只能跟有一个 URL。
- PUBLIC 关键字：指明该外部 DTD 文件是公有的，使用 PUBLIC 关键字的 DTD 都有一个逻辑名称 DTD-name，必须在调用时指明这个逻辑名称。通常，使用 PUBLIC 关键字表示 DTD 的使用范围相对广一些。
- DTD-URL：通过 URL 将外部 DTD 引用到 XML 文档中。

【例 3-2】外部引用 DTD 的方法如下。

先根据需求构思 XML 文档的格式，建立 DTD 文档。

```
<?xml  version ="1.0"  encoding="GB2312">
<!ELEMENT  book (name, publisher, company, author)>
<!ELEMENT  name (#PCDATA)>
<!ELEMENT  publisher (#PCDATA)>
<!ELEMENT  company (#PCDATA)>
<!ELEMENT  author(#PCDATA)>
```

将上述代码保存为 book.dtd 文档，引用该 DTD 文档的 XML 文档内容如下。

```
<?xml version="1.0"  encoding="GB2312">
<!DOCTYPE  book  SYSTEM  "book.dtd">
<book>
<name>《XML 教程》</name>
<publisher>清华大学出版社</publisher>
<company>郑州大学</company>
<author>慕橙</author>
</book>
```

3.2.3　DTD 的基本结构

DTD 的基本结构包括 XML 声明、元素声明、元素间的相互关系、属性声明、实体声明等，文档中所使用的元素、实体、元素的属性、元素与实体之间的关系等都是在 DTD 中定义的。DTD 的基本结构模板如下所示。

```
<!ELEMENT …>  <!--定义一个 XML 元素-->
<!ELEMENT …>
…
<!ATTLIST …>  <!--指定元素拥有的属性-->
<!ATTLIST …>
…
<!EMTITY…>     <!--定义一个实体-->
…
<!NOTATION…>  <!--定义一个符号-->
...
```

3.3 DTD 元素定义

3.3.1 元素定义

元素是 DTD 的重要组成部分。在 DTD 中，元素是通过 ELEMENT 标记声明的，该标记提供所有声明元素的名称和内容规范。元素的名称遵守 XML 对名称的限制。DTD 的元素声明包含元素标记、内含的子元素和元素内容数据，以及 XML 文件的元素架构。

元素声明的语法如下。

```
<!ELEMENT  元素名称  类别>
```

或者可以写为如下格式。

```
<!ELEMENT  元素名称  (元素内容)>
```

其中，有几点说明如下。

- 元素名称：表示 XML 的标记名。
- 类别：指明 XML 中此元素应该包含什么类型的数据。
- 元素内容：指明 XML 中此元素应该包含的内容。

3.3.2 元素类型

DTD 元素的声明不仅能够定义 XML 中文件的标签名，还能够定义元素之间的关系，如是否拥有子元素等。

如果一个元素有一个或多个子元素，就需要将子元素定义在括号中。在 DTD 中，是通过正则表达式规定子元素出现的顺序和次数。语法分析器将这些正则表达式与 XML 文档内部的数据模式相匹配，以判别一个文档是否是有效的 XML 文档。表 3-1 中列出了正则表达式中可能出现的元字符。表 3-2 列出了正则表达式的用法。

表 3-1　正则表达式中可能出现的元字符

符号	说明	符号	说明
+	必须出现一次以上	?	不出现或只出现一次
*	不出现或可出现多次	无符号	只能出现一次

表 3-2 用示例说明了正则表达式的用法。

表 3-2　正则表达式的用法

符号	用途	示例	说明
()	给元素分组	(文艺|小说|艺术|传记) (美食|育儿|生活|保健|家庭教育)	分为两组
|	在列出的对象中选一个，类似于或	(文艺|小说|艺术|传记)	在 4 种类型中选择一个
+	该对象至少出现一次，可以出现多次	(作者+)	表示作者必须出现，而且可以出现多个作者
*	该对象允许出现零次到任意多次	(译者*)	表示译者可以出现零次或多次
?	该对象最多只能出现一次，可以不出现	(版次？)	表示版次可以出现，也可以不出现，如果出现的话最多只能出现一次
,	对象按指定顺序出现	(作者，出版社，出版日期)	表示作者、出版社、出版日期必须出现且依次出现

1. 子元素声明

元素可以包含一系列的子元素，子元素内容用于指定某个元素可以包含哪些子元素以及它们的出现顺序。

声明子元素的方法如下。

authorlist 元素拥有子元素 author，且可能有一个或多个。

```
<!ELEMENT   authorlist   (author +)>
```

遵循上述 DTD 规定的 XML 文件应该按如下方式定义。

```
<authorlist>
    <author>李四</author>
    <author>张三</author>
</authorlist>
```

DTD 元素除了可以定义元素的子元素外，还能够定义元素内标记包含的数据内容。

2. 空元素

空元素表示在 XML 的标记中没有任何数据，不能包含子元素和文本，但可以有属性。空元素的存在不影响 XML 数据的正确性，可以存放属性提供的额外信息。

语法格式如下所示。

```
<!ELEMENT  元素名  EMPTY>
```

注意：
关键字 EMPTY 要大写，并且不能加括号。

声明空元素的表达式如下所示。

```
<!ELEMENT  br  EMPTY>
```

在 XML 中，下面的元素是合法的。

```
<br />
```

3. Unrestricted 元素

Unrestricted 元素表示在 XML 文档中可以包含任何在 DTD 中定义的元素内容。一般情况下，只把文档的根元素定义为此类型。这样设定后，元素出现的次数和顺序不受限制。

语法格式如下所示。

```
<!ELEMENT  元素名称  ANY>
```

声明 Unrestricted 元素的语法格式如下。

```
<!ELEMENT  animals  ANY>
```

注意：
过多地使用 ANY 会破坏文档结构的清晰性，所以在 DTD 中应慎用 ANY。

4. 简单元素

简单元素(或称纯文本元素)使用关键字#PCDATA 定义，此元素可以包含任何字符数据，但不能包含子元素。

语法格式如下所示。

```
<!ELEMENT 元素名称 (#PCDATA)>
```

声明简单元素的语法格式如下所示。

```
<!ELEMENT  bookname  (#PCDATA)>
```

上述 bookname 可以是空元素，也可以包含数据内容，但是一定不能包含子元素。如果在 XML 文档中定义子元素，则是非法的，可以参见下面的例子。

```
<bookname>
<author>张三</author>
<name>XML 教程</name>
</bookname>
```

以上代码在验证时会出错。

5. 混合元素类型

混合元素类型的定义如下所示。

```
<!ELEMENT 元素名 (#PCDATA|子元素 1|子元素 2|…|子元素 n)*>
```

声明混合元素的语法格式如下所示。

```
<!ELEMENT  book (#PCDATA|author|press)*>
```

相应的 XML 文档如下所示。

```
<?xml  version="1.0"  encoding="GB2312">
<!DOCTYPE  book [
<!ELEMENT  book (#PCDATA|bookname|author|press)*>
<!ELEMENT  bookname (#PCDATA)>
<!ELEMENT  author (#PCDATA)>
<!ELEMENT  press (#PCDATA)>
]>
<book>
<bookname>XML 教程</bookname>
</book>
```

3.4 DTD 属性说明

属性描述元素的额外信息，是对元素的修饰与补充。信息详细的 XML 文档都有一个特点，即元素通过属性来添加附加信息。一个有效的 XML 文档，必须在相应的 DTD 中明确地声明与文档中元素一起使用的所有属性，这些在 DTD 中所声明的属性名称和具体的属性值包含在元素的起始标记中。本节介绍如何在 DTD 中声明属性及属性的各种类型。

3.4.1 声明属性的语法

DTD 使用 ATTLIST 关键字来指定元素的属性。元素的属性声明由 ATTLIST 关键字、元素名称及属性定义 3 部分构成。属性声明的语法格式如下。

```
<!ATTLIST 元素名 属性名 属性类型 属性附加声明>
```

以下是对属性声明各部分的说明。

(1) <!ATTLIST：表示属性声明语言的开始。

(2) 元素名：属性所属的 XML 元素的名称。

(3) 属性名：XML 元素对应属性的名称。

每个 XML 元素的属性都需要使用<!ATTLIST>声明，一个属性声明可以同时声明元素的一个或多个属性，只需要使用空格分隔即可。其语法格式为：

```
<!ATTLIST 元素名 属性名 1 属性值 1 属性类型 属性 1 附加声明
                 属性名 2 属性值 2 属性类型 属性 2 附加声明>
```

3.4.2 属性的默认值

在 DTD 的属性声明语法结构中，每个 ATTLIST 声明除了有一个属性类型外，还需对属性的默认值附加声明。DTD 提供了 4 种对属性默认值的附加声明，如表 3-3 所示。

表 3-3 属性的默认值

名称	含义
#REQUIRED	必须赋值的属性，在 XML 文档中必须给出这个属性的属性值
#IMPLIED	属性值可有可无的属性，不要求在 XML 文档中给该属性赋值，而且也不必在 DTD 中为该属性提供默认值
#FIXED value	固定取值的属性。需要为一个特定的属性提供一个特定的默认值，并且不希望 XML 文档中另给出属性值来替代此默认值
Default value	事先定义了默认值的属性。需要在 DTD 中提供一个默认值，在 XML 文档中可以为该属性提供新的属性值，也可以不另外给出属性值

1. 在 DTD 中定义可选的属性(可有可无)

如果元素的属性可有可无，需要使用关键字#IMPLIED 来定义。

```
<! ATTLIST   author   tel   CDATA   #IMPLIED>
```

上述定义说明 author 元素的属性 tel 为可选项。下面的 XML 文档都是合法的。

```
<author   tel ="0371-67756231">
</author>
```

2. 在 DTD 中定义必选属性

如果一些元素必须具有属性，这时需要使用关键字#REQUIRED 来定义。

```
<! ATTLIST   person   ID   CDATA   #REQUIRED>
```

上述定义说明 person 元素的属性 ID 是必需的。下面的 XML 文档是合法的。

```
<person   ID ="a2011" />
```

而下面的 XML 文档却是非法的。

```
<person />
```

3. 在 DTD 中定义固定属性值

如果要规定一个固定的属性值，且这个属性值不能被用户修改，则需要使用关键字# FIXED 来定义。

```
<!ATTLIST   book   press   CDATA   #FIXED"云南大学出版社">
```

上述定义说明 book 的属性 press 是一个固定值，不能被用户修改。下面的 XML 文档是合法的。

```
<book  press ="云南大学出版社"/>
```

而下面的 XML 文档是非法的。

```
< book  press ="电子工业出版社" />
```

4. 在 DTD 中定义默认值

在 DTD 中定义属性默认值的语法如下所示。

```
<!ATTLIST  author  type  CDATA "personal">
```

上述的属性声明指出 author 元素的 type 属性拥有默认值 personal，XML 文档的 author 元素如果没有设定 type 属性，属性就使用这个默认值。

即使属性设定了默认值，上述的 type 属性仍然可以指定为其他值，如下面的示例所示。

```
<author  type ="cooperate"> … </author>
```

3.4.3　属性的类型

属性类型是属性声明中的必要组成部分，用于描述属性值以何种方式存在，也就是说，用于指定属性值中数据内容的形式。属性类型及其含义如表 3-4 所示。

表 3-4　属性的类型

类型	含义
CDATA	纯文本，由可显示字符组成的字符串
Enumerated	取值来自一组可接受的取值范围，在()内被指定
ID	以属性值的方式为文档中的某个元素定义唯一的标识，用于区分具有相同结构、相同属性的不同元素
IDREF	属性值引用已定义的 ID 值，方法是把某个元素的 Tn 标识值作为该属性的取值
ENTITY	取值为一个已定义的实体
ENTITIES	该属性包含多个外部实体，不同实体用空格隔开
NMTOKEN	表述属性值只能由字母、数字、下画线、句点(.)、冒号(:)、连字符(—)这些符号组成
NMTOKENS	表示属性值可以由多个 NMTOKEN 组成，每个 NMTOKEN 之间用空格隔开

1. CDATA 类型

一个 CDATA 类型的属性可以包含除<、>、&、"和单引号'的任何字符。前提条件是它必须满足规范格式的约束。

在 DTD 中定义 CDATA 类型属性的语法如下。

```
<! ATTLIST  book  sales  CDATA  #REQURED>
```

此定义说明 book 元素有一个 sales 属性是必须赋值的属性，该属性值可以是任何字符数据，在本例中可用此属性来描述该图书是否处于售出状态。

如果需要使用<、>、&、"和'这几个特殊字符，就要使用实体引用(<，>，&，"和')替代特殊字符。

若属性中需要使用单引号 '，则语法如下所示。

```
<? xml  version="1.0"  encoding="GB2312" ?>
<! DOCTYPE  student [
   <! ELEMENT  student (sex)>
   <! ATTLIST  student  name  CDATA  #REQUIRED>
   <! ELEMENT  sex  (#PCDATA)>
]>
<student  name ="tom&apos; s">
   < sex>20</sex>
</student>
```

在上述文件中定义了一个根元素 student，该元素的 name 属性值的类型为 CDATA。在该属性值中出现了单引号，因此使用了实体引用“'”来替代单引号。

2. ID 类型

ID属性值是具有唯一性的值，如身份证号码、学生学号都属于此类。如果在整个XML文件中需要类似数据表的主索引，就可以将属性设为ID属性类型。如果XML文档在元素属性的声明中定义了ID属性，则这个元素必须在文档中拥有唯一的标识符，只有这样的文档才能通过DTD的验证。

在 DTD 中定义 ID 类型属性的语法如下。

```
<! ATTLIST  student  sid  ID  #REQUIRED>
```

上述的属性声明指出 student 元素的 sid 属性为 ID 类型，该属性的值可以唯一地标识 student 元素。

3. Enumerated 类型

Enumerated 类型即枚举类型，枚举声明了属性的备选值列表，属性必须从该列表中选择一个值作为属性值。通过竖线(|)把备选值隔开。

在 DTD 中定义枚举类型属性的语法如下。

```
<! ATTLIST  学生  答题(正确|错误)  "正确">
```

本例中包含一个枚举类型的属性声明，元素“学生”的属性“答题”的属性值可以为“正确”或“错误”，而且默认值为“正确”。

4. IDREF 和 IDREFS

IDREF 类型是 ID 类型的引用类型，IDREFS 类型是多个 ID 类型的引用。IDREF 和 IDREFS 类型的属性值必须指向带有 ID 属性的元素。

IDREF 类型的属性必须受到与 ID 类型同样的约束，它们必须与文档中的某个 ID 属性具有相同的值。如果 IDREF 类型的属性值是一个不存在的 ID 值，则该 XML 文档会被验证为无效。

【例 3-3】在 DTD 中定义 IDREF 类型的属性，语法如下。

```
<? xml version ="1.0"   encoding = "GB2312" ?>
<! ELEMENT   BookOrder (Customer+ , book+)>
<! ELEMENT   Customer (name *)>
<! ELEMENT   name (#PCDATA)>
<! ELEMENT   book (publishing +)>
<! ELEMENT   publishing (#PCDATA)>
<! ATTLIST   Customer   oid   IDREF   #REQUIRED>
<! ATTLIST   book   bid   ID   #REQUIRED>
```

将上述 DTD 文件保存为 book.dtd，根据该 DTD 文件，所编制的有效的 XML 文档如下所示。

```
<?xml version ="1.0"   encoding="GB2312">
<!DOCTYPE   BookOrder   SYSTEM   "book.dtd">
<BookOrder>
<Customer   oid ="ISBN7-333-33333-3">
<name>Tom</name>
</Customer>
<Customer   oid ="ISBN7-333-33333-2">
<name>Lucy</name>
</Customer>
<book   bid ="ISBN7-333-33333-3">
<publishing>清华大学出版社</publishing>
</book>
<book   bid =" ISBN7-333-33333-2">
<publishing>北京大学出版社</publishing>
</book>
</BookOrder>
```

从该文档中可看到，Customer 元素有一个 oid 属性，其属性类型为 IDREF，而在 book 元素中定义了一个 bid 属性，其属性类型为 ID。即 Customer 元素中 oid 属性的值必须是 book 元素中 bid 属性的一个存在的值，是对 bid 的引用。

使用 IDREF 属性类型可以引用一个特定的 ID，但如果需要引用多个 ID，可以使用 IDREFS 属性类型，该属性值可以包含用空格分开的多个元素的引用。例 3-3 中，如果一个客户的一份订单中允许订购多本图书，就可以改写为 IDREFS 属性类型。

5. NMTOKEN 和 NMTOKENS 类型

NMTOKEN 属性类型类似于 CDATA 属性类型，但 NMTOKEN 是一个比 CDATA 类型更宽松的类型，它只要求该属性的属性值是一个合法的 XML 标识即可。也就是说，NMTOKEN 类型的属性值也是字符串数据，但 NMTOKEN 类型的属性值中允许出现的字符要多。NMTOKEN 类型的属性值中不能包含空格字符，可以由字母、数字、下画线、点号或连字符组成，可以使用数字、点号或连字符开头。

【例 3-4】在 DTD 中定义 NMTOKEN 类型的属性，语法如下。

```
<? xml version ="1.0"   encoding = "GB2312" ?>
<! ELEMENT  书籍列表 (计算机书籍*)>
```

```
<! ELEMENT 计算机书籍(书名,作者,价格,简要介绍)>
<! ELEMENT 书名 (#PCDATA)>
<! ELEMENT 作者 (#PCDATA)>
<! ELEMENT 价格 (#PCDATA)>
<! ELEMENT 简要介绍 (#PCDATA)>
<! ATTLIST 作者 地址 NMTOKEN  #REQUIRED>
```

将上述 dtd 文件保存为 book.dtd，根据该 dtd 文档，正确使用该 DTD 文件的 XML 文档如下所示。

```
<?xml version="1.0"  encoding="GB2312">
<!DOCTYPE 书籍列表 SYSTEM  "book.dtd">
<书籍列表>
<计算机书籍>
<书名>XML 教程</书名>
<作者 地址="郑州">李刚</作者>
<价格>63</价格>
<简要介绍>
该书主要介绍了 XML 的各种相关知识。
</简要介绍>
</计算机书籍>
</书籍列表>
```

NMTOKENS 类型的属性值是多个 NMTOKEN 类型的属性值的列表。NMTOKENS 类型的属性值与 NMTOKEN 类型的属性值的不同之处在于，NMTOKEN 类型的属性值中可以包含空格，用空格作为多个 NMTOKEN 值的分隔符。

6. ENTITY 和 ENTITIES

ENTITY 类型的属性包含在 DTD 的其他位置声明的未解析实体中，能够把外部二进制数据，即外部未解析的普通实体链接到 XML 文档。ENTITY 类型的属性值是在 DTD 中声明的未解析常规实体的名称，它与外部数据相连。

使用 ENTITY 类型的典型例子就是引入图像文件，图像文件不论哪种格式都是以二进制形式存储的。如果 XML 浏览器支持图像类型，就可以通过 DTD 声明一个 ENTITY 类型的图形元素的属性，而在 XML 文档中使用 ENTITY 类型的属性值包含图像。

在 DTD 中定义 ENTITY 类型的属性，语法格式如下。

```
<? xml version ="1.0"  encoding ="GB2312">
<! DOCTYPE  photos [
<! ELEMENT  photos (photo*)>
<! ELEMENT  photo  EMPTY>
<! ATTLIST  photo  source  ENTITY  #REQUIRED>
<! ENTITY  src  SYSTEM  "img.gif">
]>
<photos>
  <photo  source ="src" />
</photos>
```

ENTITIES 类型的属性是其他未解析实体的名称列表，实体名称之间用空格隔开，每个实体名称都引用一个外部的非 XML 数据源。

在 DTD 中定义 ENTITIES 类型的属性，语法格式如下。

```
<! ELEMENT 幻灯片 EMPTY>
<! ATTLIST 幻灯片 Sources   ENTITIES   #REQUIRED>
<! ENTITY   Pic1   SYSTEM   "a.JPG">
<! ENTITY   Pic2   SYSTEM   "b.JPG">
<! ENTITY   Pic3   SYSTEM   "c.JPG">
```

要将幻灯片元素嵌入 XML 文档中，需插入以下标记。

```
<幻灯片 Sources ="Pic1 Pic2 Pic3"/>
```

3.5 DTD 实体声明

XML 的实体机制允许将不同类型的数据并入 XML 文档中。在 XML 文档中，可以将经常使用的 XML 文本区段定义成实体，这样可以快速地将 XML 文本内容插入任何需要插入的地方。此外，也可以将外部文件定义成实体，然后将外部数据附加到 XML 文档。

3.5.1 实体的概念和分类

在 XML 中，实体一词具有广泛的含义，其基本含义是指与 XML 文档相关的下列任何形式的存储单元。

- 有效的 XML 文档本身。
- 外部的 DTD 子集。
- 定义成 DTD 中外部实体的外部文档。
- 在 DTD 中定义的，包含在引号中的字符。

定义实体能够提高代码的复用性，方便修改、维护 XML 文档。可以通过定义实体来使用某些可能会使 XML 解析器混淆的特殊符号，如小于符号(<)等。还可以减少字符输入量，如果某个字符串特别长，而且需要经常使用，则可以将其定义为实体。

在 DTD 文件中定义的实体，可以在与该 DTD 文件关联的 XML 文档中被引用。定义实体时，每个实体都有自己的名称，以及对应的需要定义的实体内容，通过实体名称引入实体内容后，解析器就可以用具体的实体内容替代文档中的实体名并显示在浏览器中。在实际应用中，XML 文档的数据及文本可以来自多个不同的文件。

实体可以通过 3 种方式进行分类。

1. 通用实体与参数实体

根据实体的用途可以将实体分为通用实体和参数实体。通用实体可以在 XML 文档和 DTD 文档中使用。参数实体只能用在 DTD 文件中，该类实体包含了可以被安插在 DTD 中的 XML 文档。

2. 内部实体与外部实体

根据实体内容与 DTD 的包含关系可以将实体分为内部实体和外部实体。内部实体是实体的内容已经包含在 DTD 文件中。外部实体的内容是通过 URI 来引用 DTD 以外的其他文件。所定义的实体内容并不涉及外部文档。

3. 可解析实体与不可解析实体

根据实体是否被解析可以将其分为可解析实体和不可解析实体。可解析实体就是可以被解析器解析的数据。不可解析实体就是解析器无法解析的数据，通常指二进制数据、图片文件等。XML 文档中不可引用不可解析实体。

一般情况下，可以将不同实体组合，生成更多种类实体。常用实体组合为：内部通用实体、外部通用实体、内部参数实体、外部参数实体等。

下面就通用实体与参数实体这一类别的分类方式，进行详细讲解。

3.5.2 通用实体

1. 内部通用实体

内部通用实体是在文档实体内部定义和使用的实体，其内容通常是一段文本字符。这种实体要在 DTD 中通过 DTD 语句定义，可以在 XML 文档中使用，也可以在 DTD 中使用。其定义的语法格式如下所示。

```
<! ENTITY entity_name   "entity_value">
```

其中，<! ENTITY>为关键字，必须大写，entity_name 为实体名称，entity_value 为实体所代替的文本内容。

引用内部通用实体的语法以&开始，以;结束，如下所示。

```
& entity_name;
```

定义及引用内部通用实体的具体方法，详见以下说明。

在 DTD 中定义如下语句。

```
<! ENTITY   java   "JAVA 教程">
<! ENTITY   jee   "JAVA   EE 教程">
```

本例的 DTD 中首先定义了 java 和 jee 两个实体，其中 java 代表“JAVA 教程”字符串，jee 代表“JAVA EE 教程”字符串。接下来就可以在 XML 文档中使用这两个实体。例如，在 XML 中使用&java;。

由于 DTD 中定义了 java 实体的值为“JAVA 教程”，因此用浏览器打开 XML 文档时，上述语句就会被“JAVA 教程”替代。

当在 DTD 中引用内部通用实体时，需注意以下几方面。

(1) 不能在元素及属性的声明中引用内部通用实体，例如，下面的语句是非法的。

```
<! ENTITY   pcd (#PCDATA)>
<! ELEMENT   title   &pcd>
```

(2) 在语句中不能出现循环，例如，下面的语句是非法的。

```
<! ENTITY    thepub    "北大&pub; ">
<! ELEMENT    pub    "出版社&thepub: ">
```

2. 外部通用实体

所谓外部通用实体是指在文档实体以外定义的，需要通过 URL 才能引用的实体。外部通用实体为独立的文件，可被多个文档所引用。正因为每个完整的 XML 文档都是一个合法的实体，所以 XML 通过对外部通用实体的引用，可以在一个 XML 文档中嵌入另一个 XML 文档，或者将多个文档组合成一个文档。其定义的语法格式如下。

```
<! ENTITY    entity_name    "URL">
```

其中，URL 为引用的外部实体的 URL 地址。引用外部通用实体与引用内部通用实体的方法一样。

```
& entity_name;
```

定义及引用外部通用实体的具体方法，详见以下说明。

如果开发者希望在每一页上都加上书名和版权信息，可以通过外部文档引用到主文档中，其外部文档的声明如下。

```
<? xml version ="1.0"    encoding="GB2312">
<作者>高性能计算实验室</作者>
<作品>XML 教程</作品>
```

将上述代码保存到一个 XML 文件中。假设该文档的 URL 为 http://www.zzu.edu.cn/xml，通过在 DTD 中添加以下声明，即可关联到该 XML 文件。

```
<! ENTITY    WN    SYSTEM    "http://www.zzu.edu.cn/xml">
```

3.5.3　参数实体

参数实体与通用实体存在如下区别。

(1) 在引用形式上，通用实体的引用为&entity_name;，而参数实体的引用为%entity_name;。

(2) 在引用范围上，通用实体可在 XML 文档中引用，也可在 DTD 中引用，而参数实体只可在 DTD 中引用。

1. 内部参数实体

内部参数实体是指在独立的 DTD 文档的内部定义和使用的实体，其内容仅能为 DTD 而非 XML 文档内容的书写文本。

定义内部参数实体的语法格式如下。

```
<! ENTITY    %    entity_name    "entity_value">
```

对于内部参数实体的定义及引用，其语法如下。

```
<! ENTITY   %   HeadingAlign   "left|center|right">
<!ELEMENT   message (Content, Align)+>
<!ELEMENT   Content(# PCDATA)>
<!ELEMENT   Align(%HeadingAlign;)>
```

本例第 1 行说明所创建的参数实体 HeadingAlign 用于保留描述对齐方式的字符串，可能的对齐方式包括 left、center 和 right。在进行了以上参数实体声明之后，便可在 DTD 中使用对齐元素 Align，此时就不需要编写相应的对齐方式选项 left|center|right，只需用%HeadingAlign;来代替即可。

2. 外部参数实体

外部参数实体是指在独立的 DTD 文档的外部定义和使用的实体，外部参数实体用于将多个独立的 DTD 文档组合成一个大的 DTD 文档。定义外部参数实体的语法格式如下。

```
<! ENTITY   %   entity_name   "URL">
```

3.6 DTD 现状和 Schema 的优势

3.6.1 DTD 现状

DTD 是验证 XML 文档有效性的方法之一，另一种用于规范文档数据格式和验证文档有效性的方法是 XML 模式定义，即 XML Schema，它是 DTD 的替代者。

一般情况下，使用 DTD 文件存在以下问题。

(1) DTD 作为 SGML DTD 的一个子集，具有独立的语法和格式，DTD 文件不符合 XML 文档的语法规则，因此 XML 文档开发人员必须使用这套不同的语法来验证文档的有效性，增加了开发人员的工作量。

(2) DTD 用于描述数据类型的方式过于简单，只提供了有限的数据类型，用户无法自定义类型。

(3) DTD 不支持域名机制。

(4) DTD 不支持名称空间。

(5) DTD 的扩展机制较弱。

3.6.2 Schema 的优势

XML Schema 的格式与 XML DTD 的格式有着非常明显的区别。XML Schema 事实上也是 XML 的一种应用，也就是说 XML Schema 的格式与 XML 的格式是完全相同的。这给 XML Schema 的使用带来了许多好处。

(1) 由于 XML Schema 本身也是一种 XML，因此许多的 XML 编辑工具、API 开发包、XML 语法解析器可以直接地应用到 XML Schema，不需要修改。

(2) 作为XML的一个应用，XML Schema 理所当然地继承了XML的自描述性和可扩展性，这使得 XML Schema 更具有可读性和灵活性。

(3) 由于格式完全与 XML 一样，因此 XML Schema 除了可以像 XML 一样的方式处理外，也可以按照所描述 XML 文档的方式存储，方便管理。

(4) XML Schema 与 XML 格式的一致性，使得以 XML 为数据交换的应用系统也可以方便地进行模式交换。

(5) XML 具有非常高的合法性要求，XML DTD 对 XML 的描述往往也被作为验证 XML 合法性的一个基础，但是 XML DTD 本身的合法性却缺少较好的验证机制，必须独立处理。XML Schema 则不同，它与 XML 有着同样的合法性验证机制。

(6) XML DTD 在对关系数据的描述方面明显存在着不足。例如，XML DTD 有限的数据类型根本无法完成对关系数据类型的一一映射，也无法实现大部分数据规则的描述。XML Schema 提供了更多的内置数据类型，并支持用户对数据类型的扩展，基本上满足了关系模式在数据描述上的需求。这一点可以作为 XML Schema 比 XML DTD 更适合描述关系数据的一个主要原因。

经过对比可以看出，XML Schema 作为一种强有力的标准，比 XML DTD 具有更强的表现力，可以满足更多不同领域的需求，它将逐渐取代 DTD。2001 年，XML Schema 成为 W3C 的标准。Servlet 标准也在 2.5 版本开始放弃使用 DTD，改用了 XML Schema。

3.7 本章小结

DTD 为格式良好的 XML 文档提供了严格而精确的规则。通过简单的标记声明，能够定义 XML 文档的结构以及它所允许使用的内容。本章首先介绍了 DTD 的基本结构。其次重点阐述了如何使用 DTD 为 XML 文档建立语义约束，包括如何在 DTD 中定义元素及元素类型。接着讲解了 DTD 所支持的各种属性类型。然后说明了如何在 DTD 中定义实体，包括定义通用实体、参数实体。最后总结了 DTD 的局限性及现状。

3.8 思考和练习

1. 在 XML 中如何引用 DTD 文件？
2. 什么是空元素？DTD 中如何定义空元素？
3. 说明控制子元素出现次数的声明语法。
4. 说明 DTD 中属性声明方法及属性默认值的含义。
5. 对一个有效的 XML 文件，标记中的属性一定要有 ATTLIST 属性约束列表来对其进行约束吗？
6. 若 XML 文件中没有标记的属性是 ID 类型，那么将某个属性的类型约束为 IDREF 类型是否合理？
7. 如果一个属性的类型是 NMTOKEN，下列哪个字符串可以是该属性的合法取值？

   (1) hello

(2) How are you

(3) _Good

(4) 2002-12-22

8. 简述 DTD 存在的问题。

9. 根据下面的外部 DTD，文档名为“外部 dtd.dtd”，编写一个简单的 XML 文件。

```
<? xml version = "1.0"    encoding ="GB2312" ?>
<! ELEMENT  成绩管理系统  (学生) *>
<! ELEMENT  学生(学号, 姓名, 性别, 选课, 成绩) >
<! ELEMENT  学号( #PCDATA) >
<! ELEMENT  姓名(# PCDATA) >
<! ELEMENT  性别(# PCDATA) >
<! ELEMENT  选课(# PCDATA) >
<! ELEMENT  成绩(# PCDATA)>
```

ꕥ 第4章 ꕤ

有效的XML文档——Schema

XML Schema 是用来描述和约束 XML 文档的一种 XML 语言。从功能上看，它和 DTD 非常类似，但是它比 DTD 更强大。XML Schema 负责定义和描述 XML 文档的结构和内容模式，不仅可以定义 XML 文档中元素之间的关系，还可以定义元素和属性的数据类型。XML Schema 具有强制文档内容和结构的能力，它是 XML 世界中一种重要且强大的新标准。

本章的学习目标：

- 理解 Schema 的含义和作用
- 掌握 Schema 的基本结构
- 理解简单类型和复杂类型的含义及约束规则，掌握类型定义
- 理解 Schema 的名称空间的概念
- 掌握两种验证 XML 有效性的方法

4.1 Schema 概述

虽然使用 DTD 可以验证 XML 文档的有效性，但是 DTD 存在下面这些缺陷。

(1) DTD 不是用 XML 语言编写的，需要不同的分析器技术。这增加了工具开发商的负担，削减了软件瘦身的可能性。此外，开发人员需要多学一门语言及其语法。而 XML Schema 是按标准 XML 文档类似的语法编写的，更容易掌握。

(2) DTD 不支持名称空间。随着计算日益以 XML 为中心，信息的相互联系变得日益普及与深入，名称空间作用也将凸现。

(3) DTD 在支持继承和子类方面存在局限性。由于面向对象技术的出现，对继承和子类的支持已成为软件技术领域的主流概念。

(4) DTD 没有数据类型的概念，无法对特定元素施加数据类型，对强制性结构化数据无计可施。例如，如何规定名为 Date 的数据必须包含有效值。

XML Schema 正是针对这些 DTD 存在的缺点而设计的，它完全使用 XML 作为描述手段，具有很强的描述能力、扩展能力和处理维护能力。XML Schema 如同 DTD 一样用于定义和描述 XML 文档的结构和内容模式。它可以定义 XML 文档中存在哪些元素和元素之间的关系，并且可以定义元素和属性的数据类型。

XML Schema 是 2001 年 5 月正式发布的 W3C 推荐标准，经过数年的大规模讨论和开发，

如今已成为全球公认的 XML 环境下首选的数据建模工具。与 DTD 相比，XML Schema 具有如下特征。

(1) 一致性：XML Schema 利用 XML 的基本语法规则来定义其文档结构，从而使 XML 的模式和实例定义达到统一；继承了 XML 的自描述性和可扩展性，使其更具有可读性和灵活性。

(2) 完备性：XML Schema 对 DTD 进行了扩充，引入了数据类型、名称空间，并且支持对其他 XML Schema 的引用，从而使其具备较强的模块性。

(3) 规范性和准确性：XML Schema 提供了更加规范和完备的机制来约束 XML 文档；XML Schema 的语义更加准确，可以完成一些 DTD 不能完成的定义，如对元素出现次数的约束等。

(4) 面向对象特征：XML Schema 中引入了许多成熟的面向对象机制(如继承性和多态性)，使得数据模式在应用中更加灵活。

(5) 扩展性：DTD 所描述的文档结构是非常严格的(closed)，没有经过显式声明的内容绝不允许出现在 XML 实例数据中；而 XML Schema 则提供了一些扩展机制(open)，允许在事先无法准确描述数据模式的情况下，在 XML 实例数据中根据需要添加相关的数据。

4.2 XML Schema 的基本结构

4.2.1 XML Schema 文档示例

XML Schema 文档是一种特殊的 XML 文档，要遵循 XML 的语法规则。它与普通的 XML 文档结构一样。但 XML Schema 是一个独立于 XML 文档的文本文件，扩展名为.xsd。XML Schema 文档的基本结构如下。

```
<? xml version="1.0"    encoding="GB2312" ?>
 <xsd:schema name="slschema"    xmlns:xsd="http://www.w3.org/2001/XMLSchema">
…
</xsd: schema>
```

上面代码中的第 1 行以 XML 声明开始，说明这是一个 XML 文件。

W3C 规定，一个 XML Schema 文档的根标记必须是 schema，名称空间必须是 http://www.w3.org/2001/XMLSchema。XML Schema文档中必须定义且只能定义一个schema根元素，根元素用于说明文档类型、模式的约束、XML模式名称空间的定义、版本信息等。

所有内容都添加在根标记<schema>中。xsd 是名称空间的前缀，可以任意定义，一般都设置为 xsd 或 xs。在<schema >声明中有两个属性：name 属性和 xmlns 属性。name 属性指定 schema 的名称，是可以省略的。xmlns 属性指定 schema 文档的名称空间。

下面通过一个具体的实例来展示 XML Schema 的基本结构。

【例 4-1】 描述学生信息的 XML 文档。

```
<?xml version="1.0"    encoding="GB2312"?>
<studentlist    xmlns:xsi="http://www.w3.org/2001/XMLSchema-instance"
xsi:noNamespaceSchemaLocation="4-1.xsd">
  <student    department="计算机系">
    <sno>2013001</sno>
```

```
        <sname>张三</sname>
        <courselist>
          <course>计算机基础</course>
          <course>数据库原理</course>
        </courselist>
        <age>21</age>
      </student>
      <student   department="数学系">
        <sno>2013007</sno>
        <sname>李四 </sname>
        <courselist>
          <course>高等数学</course>
          <course>数理统计</course>
        </courselist>
        <age>20</age>
      </student>
    </studentlist>
```

该 XML 文档所指定的 XML Schema 文档(4-1.xsd)如下。

```
<?xml version="1.0"   encoding="GB2312"?>
<xsd:schema   xmlns:xsd="http://www.w3.org/2001/XMLSchema" elementFormDefault="qualified">
  <xsd:element   name="studentlist">
    <xsd:complexType>
      <xsd:sequence>
<xsd:element   name="student"   type="studentType" maxOccurs="unbounded"/>
      </xsd:sequence>
    </xsd:complexType>
  </xsd:element>
<xsd:complexType   name="studentType">
    <xsd:sequence>
        <xsd:element   name="sno"   type="xsd:string"/>
        <xsd:element   name="sname"   type="xsd:string"/>
        <xsd:element   name="courselist"   type="courselistType"/>
        <xsd:element   name="age"   type="xsd:int"/>
    </xsd:sequence>
    <xsd:attribute   name="department"   use="required">
      <xsd:simpleType>
        <xsd:restriction   base="xsd:string">
        <xsd:enumeration   value="计算机系"/>
        <xsd:enumeration   value="数学系"/>
        </xsd:restriction>
      </xsd:simpleType>
    </xsd:attribute>
  </xsd:complexType>
<xsd:complexType   name="courselistType">
    <xsd:sequence   maxOccurs="8">
      <xsd:element   name="course"   type="xsd:string"/>
    </xsd:sequence>
  </xsd:complexType>
</xsd:schema>
```

XML 文档的第 2 行和第 3 行中，根元素 studentlist 用 xsi:noNamespaceSchemaLocation="4-1.xsd"来指定所使用的 XML Schema 文档为 4-1.xsd。

XML Schema 文档的第 1 行是 XML 声明，表明该文档是一个 XML 文档。接着定义 studentlist 元素，其包含多个 studentType 数据类型的子元素 student。然后定义复杂数据类型 studentType，其包含 string 类型的 sno、sname 元素，int 类型的 age 元素、courselistType 类型的 courselist 元素和 department 属性。其中，department 取值只能为“计算机系”和“数学系”其中之一。最后自定义的 courselistType 数据类型可以包含多个 string 类型的 course 元素。

4.2.2 XML Schema 的主要组件

1. 类型

XML Schema 的类型包括复杂类型和简单类型。

在 W3C 的 XML Schema 规范中，将元素分为两种类型：简单类型和复杂类型。

带有子元素或使用属性的元素在 XML Schema 中属于复杂类型，如下所示。

```
<student>
<sno>2013001</sno>
<sname>张三</sname>
</student>
```

不包含任何子元素和属性，只含有文本内容的元素在 XML Schema 中属于简单类型，如 <mobilephone>13613891234</mobilephone>。

关于类型的定义及使用将在 4.3 节详细介绍。

2. 元素声明

元素是 XML Schema 中最为重要的组成部分，一个 XML 文档中可能不包含任何属性或者文本数据，但是必须包含元素(至少包含一个根元素)。实际上，XML Schema 中的数据类型，主要是针对 XML 元素而言的，确切地讲，是针对各种元素的内容及其结构的。

XML Schema 的主要目的是约束 XML 文件中的标记，它用元素来约束 XML 中的标记。XML Schema 通过 element 元素声明来定义 XML 文档中的元素，具体语法格式如下。

```
<element  name="元素名称"  type="数据类型"  minOccurs="int"  maxOccurs="int"/>
```

上述语句声明了一个 XML 元素，定义了该元素的数据类型和出现次数。有几点说明如下。

- name 属性用于指明 XML 元素的名称。
- type 属性用于指明 XML 元素的数据类型，可以选取 XML 内置的数据类型或用户自定义的数据类型。
- minOccurs 属性用于指明 XML 元素的最少出现次数，最小值为 0，是可选属性。
- maxOccus 属性用于指明 XML 元素的最多出现次数，最小值为 1，最大值为 unbounded，表示无限次，是可选属性。

如果 XML 元素的数据类型为内置的数据类型，且该 XML 元素不含有其他子元素，则可以直接用上述语句进行声明。

元素声明示例如下。

```
<xsd:element   name="course"   type="xsd:string"/>
```

此例是例 4-1 中 course 元素的声明，上述代码声明了一个名为 course 的 XML 元素，类型为字符串型。

3. 属性声明

XML 文档中，可以在元素中加入多种属性以提供额外的信息。因此，在 XML Schema 中有一套关于元素声明属性的语法。但是，需要注意两点：第一，只有复杂类型的元素才能拥有属性，简单类型的元素没有属性；第二，元素可以有简单类型或复杂类型，而属性只能有简单类型。

属性声明的语法格式如下。

```
<element   name="element_name"   type="dataType">
<xsd:complexType   name="dataType">
<xsd:attribute name="attribute_name" type="simple_type" use="use_method" default="value"   fixed="value">
  </xsd:attribute>
</xsd:complexType>
```

其中有几点说明如下。

- element_name 指对应 XML 文件中元素的名称。
- attribute_name 指属性的名称。
- simple_type 指属性的数据类型，可以是内置的数据类型，也可以是由 simple_type 元素所定义的自定义数据类型。
- use_method 指明 XML 元素中属性的实际取值要求，可以是 optional、required、prohibited。其中，optional 表示该属性值可有可无，是默认值；required 表示该属性值必须存在，此属性值至少出现一次；prohibited 表示该属性值不可出现，用于在 restriction 元素中限制属性的使用。
- default 指属性的默认值。
- fixed 指如果属性存在，则其内容只能是由本属性指定的值，不可更改。

注意：
声明属性时，一定要设置属性名称(name)与属性类型(type)。

下面是一个属性声明示例：

```
<xsd:element   name="student"   type="studentType"   maxOccurs="unbounded"/>
  …
<xsd:complexType   name="studentType">
  …
  <xsd:attribute   name="department"   use="required">
    <xsd:simpleType>
      <xsd:restriction base="xsd:string">
        <xsd:enumeration   value="计算机系"/>
        <xsd:enumeration   value="数学系"/>
```

```
        </xsd:restriction>
      </xsd:simpleType>
    </xsd:attribute>
  </xsd:complexType>
```

此段代码是对 4-1.xml 文档中 student 元素的属性进行声明。student 是一个复杂类型的元素，拥有 sno、sname 等多个子元素和一个名为 department 的属性。属性 department 表示学生所属的院系，通过 attribute 元素来声明，用 use 指明 student 元素的 department 属性在 XML 文档中是必须出现的。该属性的数据类型为用户自定义的数据类型，该数据类型扩展自内置字符串数据类型，且其取值限定在枚举列表内容之一。即由此声明定义的 XML 文档中的 student 元素，其 department 属性的取值只能为“计算机系”和“数学系”中的一个。

4. 组定义

元素组是指把若干个元素组成一组，其声明格式如下。

```
<xsd:group  name="组名称" >
    <xsd: sequence>
        <xsd:element  name="element1"  type="datatype"/>
        <xsd:element  name="element2"  type="datatype"/>
        …
    </xsd: sequence>
</xsd:group>
```

需要注意的是，元素组必须是 schema 根元素的直接子元素。其他类型的元素若需将元素组作为子元素，必须通过引用的形式来实现。

【例 4-2】 组定义示例如下。

```
<?xml  version="1.0"  encoding="UTF-8"?>
<xsd:schema  xmlns:xsd="http://www.w3.org/2001/XMLSchema">
<xsd:group  name="hour">
  <xsd:sequence>
    <xsd:element  name="second"  type="xsd:string"/>
    <xsd:element  name="minute"  type="xsd:string"/>
      </xsd:sequence>
</xsd:group>
<xsd:element  name="day">
<xsd:complexType>
    <xsd:sequence>
      <xsd:group  ref="hour"/>
        </xsd:sequence>
  </xsd:complexType>
</xsd:element>
</xsd:schema>
```

上述代码定义了由元素 second 和 minute 组成的组 hour，元素 day 通过 ref 将该 hour 组元素引用为其子元素。

引用该 XML Schema 程序代码的 XML 文档如下。

```
<?xml version="1.0"  encoding="UTF-8"?>
```

```
<day  xmlns:xsi=" http://www.w3.org/2001/XMLSchema-instance "
  xsi:noNamespaceSchemaLocation="4-2.xsd">
  <second>60</second>
  <minute>60</minute>
</day>
```

5. 注释

为了便于阅读和理解 XML Schema 文档，需要添加注释语句以说明相关内容，XML Schema 支持使用<!-- -->注释方式。此外，还提供了另一个专门的<annotation/>元素来添加注释，通过此元素添加的注释具有更好的可读性，还可供其他应用程序读取。

<annotation/>元素含有两个子元素，如下所示。

- <documentation/>：该元素里主要存放适合阅读的信息。
- <appinfo/>：该元素里主要存放针对其他应用程序的信息。就实际应用场景来看，此元素较少使用。

另外，<annotation/>元素里可出现任意多个<documentation/>和<appinfo/>子元素，且没有任何顺序要求。

【例 4-3】注释的使用示例。

```
<?xml version="1.0" encoding="UTF-8"?>
<xs:schema xmlns:xs="http://www.w3.org/2001/XMLSchema">
<!-- 下面的注释用于说明 XML Schema 本身 -->
<xs:annotation>
  <xs:documentation>向 XML 阅读者提供信息</xs:documentation>
  <xs:appinfo>向其他应用程序提供信息</xs:appinfo>
</xs:annotation>
<xs:element name="books">
  <!-- 下面的注释用于说明 books 元素-->
  <xs:annotation>
    <xs:appinfo><![CDATA[Root Element:<books.../>]]></xs:appinfo>
    <xs:documentation>根元素 books</xs:documentation>
    <xs:documentation>books 根元素</xs:documentation>
    <xs:appinfo><![CDATA[<books.../>:Root Element]]></xs:appinfo>
  </xs:annotation>
</xs:element>
</xs:schema>
```

4.3 XML Schema 中的数据类型

4.3.1 简单类型

XML Schema 可以将 XML 文档中的元素声明为特定的类型，准许解析器检查文档的内容及其结构。XML Schema 定义了两种主要的数据类型：简单类型和复杂类型。这两种数据类型之间的主要区别是复杂类型可以像数据一样包含其他元素，而简单类型则只能包含数据。

XML Schema 的简单类型分为两种：一种是 XML Schema 内置的简单数据类型，共 40 多种，表 4-1 列举了常用的几种简单数据类型；另一种是用户自定义的简单数据类型。

表 4-1 常用的简单类型

简单类型	定义
string	字符串数据
boolean	二元类型的 True 或者 False
date	历法日期，格式是 CCYY-MM-DD
dateTime	历法日期和时间
time	24 小时格式的时间，可根据时区调节
decimal	任意精度和位数的十进制数
integer	整数
float	标准的 32 位浮点数

虽然 XML Schema 提供的 40 多种数据类型可以把数据分得很具体，但有时为了更好地满足需要，Schema 还提供了自定义数据类型。自定义数据类型是指以一个 XML Schema 类型为基础，添加一些限制条件，使之成为一个新的类型。自定义数据类型使用<simpleType>标记，通过这个标记可以给 XML Schema 提供的数据类型添加一些限制，从而构造出新的类型。

使用 simpleType 元素为 XML 文档中的元素和属性自定义数据类型的具体语法格式如下。

```
<xsd:simpleType   name="name">
        <xsd:restriction   base="xsd:datatypes">
                <xsd:facets_element   value="value" />
                ...
        </xsd:restriction>
</xsd:simpleType>
```

其中，有几点说明如下。

- name 属性用于指明用户定义的数据类型名称。
- restriction 子元素定义用户自定义元素(simpleType)使用的数据类型。
- base 属性指明自定义数据类型派生于哪个基本数据类型。
- facets_element 子元素用于描述自定义数据类型的约束规则，如长度、范围、枚举类型、联合类型等。

约束规则如表 4-2 所示。

表 4-2 自定义数据类型的约束规则

元素	说明
minInclusive	内容范围的最小值，且包含此值
maxInclusive	内容范围的最大值，且包含此值
minExclusive	内容范围的最小值，且不包含此值
maxExclusive	内容范围的最大值，且不包含此值

(续表)

元素	说明
length	元素内容的长度
minLength	元素内容的最小长度
maxLength	元素内容的最大长度
enumeration	枚举列表，元素内容从此列表内容中选择其中之一
list	允许用户输入多个数据，数据间用空白间隔
pattern	正规语法定义数据的组合类型
union	元素内可包含多种不同数据类型，但同时只能存在一种
totalDigits	限制有效数字的最大位数
fractionDigits	限制小数点后的位数

在自定义数据类型时，可根据需要使用上表所示的具体元素名称来表示约束规则，且每个元素都能用 value 属性来指定范围或长度等具体的细节限制。

【例 4-4】定义元素内容的取值范围。

```
<xsd:simpleType  name="score">
<xs:restriction  base="integer">
<xsd:minInclusive  value="0 "/>
<xsd: maxInclusive  value="100" />
</xsd:restriction>
</xsd:simpleType>
```

上述代码通过 minInclusive 和 maxInclusive 子元素限定了基于 integer 数据类型的 score 元素内容的取值范围(0≤score≤100)。

- <xsd:simpleType>表示声明一个自定义简单类型。
- <xsd:restriction　base="integer">说明新类型是一个基于 xsd:integer 类型的约束。
- <xsd: minInclusive　value="0"　/>中使用关键字 minInclusive 来限定最小值，最小值由 value 属性的值 0 指定。
- <xsd:maxInclusive　value="100" />中使用关键字 maxInclusive 来限定最大值，最大值由 value 属性的值 100 指定。

minExclusive 和 maxExclusive 的用法与此例相同，用于指定元素内容的最小和最大值且不包含此值，在此不再赘述。

【例 4-5】定义元素内容的长度范围。

```
<xsd:simpleType  name="PersonName">
    <xsd:restriction  base="xsd:string">
        <xsd:minLength  value="2" />
        <xsd:maxLength  value="4" />
    </xsd:restriction>
</xsd:simpleType>
```

上述代码通过 minLength 和 maxLength 关键字来限定基于 string 数据类型的 PersonName 元

素内容的长度范围为 2~4。

length 的用法与此例类似，在此不再赘述。

【例 4-6】list 列表类型的使用示例。

```
<?xml version="1.0"  encoding="UTF-8"?>
<xsd:schema  xmlns:xsd="http://www.w3.org/2001/XMLSchema">
<xsd:element  name="myint" >
  <xsd:simpleType>
    <xsd:list  itemType="xsd:int"/>
  </xsd:simpleyType>
</xsd:element>
</xsd:schema>
```

上述代码(4-6.xsd)通过 list 定义了基于 int 数据类型的元素 myint，允许用户输入多个数据，数据间需用空白间隔。

引用该 XML Schema 程序代码的 XML 文档如下。

```
<?xml version="1.0"  encoding="UTF-8"?>
  <myint  xmlns:xsi="http://www.w3.org/2001/XMLSchema-instance"
   xsi:noNamespaceSchemaLocation="4-6.xsd">
     1 2 3
</myint>
```

【例 4-7】enumeration 枚举类型的使用示例。

```
<xsd:simpleType>
<xsd:restriction  base="xsd:string">
<xsd:enumeration  value="计算机系" />
<xsd:enumeration  value="数学系"/>
</xsd:restriction>
</xsd:simpleType>
```

上述代码使用 simpleType 元素定义一个枚举数据类型，该自定义数据类型由基本数据类型 string 派生而来，通过其 restriction 子元素的 base 属性值来指明，自定义数据类型的取值是枚举列表所列值(计算机系、数学系)之一。

pattern 用于指定数据类型的值必须匹配指定的正则表达式。正则表达式符号见表 4-3。

表 4-3　正则表达式符号表

符号	说明	示例	匹配字符
?	定义字符可出现 0 次或 1 次	ab?	a、ab
*	定义字符可出现 0 次或多次	ab*	a、abb
+	定义字符可出现多次	ab+	ab、abb
{n}或{n,m}	定义字符可出现 n 或 n~m 次(n、m 为整数)	ab{3,4}	abbb
[字符]	定义可出现的字符范围	[a-z]	a、b…
|	表示选择关系	a|b	a 或 b
^	表示非的关系	[^0-9]	非数字
( )	匹配次数时，括号中的表达式可以作为整体被修饰	(ab){2}	abab

具体示例如下。

【例 4-8】pattern 模式匹配示例。

```
<? xml version="1.0"    encoding="GB2312" ?>
<xsd:schema name="slschema"    xmlns:xsd="http://www.w3.org/2001/XMLSchema">
<element name="phonenumber"    type="phoneType" />
<xsd:simpleType    name="phoneType">
   <xs:restriction base="xsd:string">
      <xsd:Length    value="11" />
      <xsd: pattern    value=" [0-9]* " />
      </xsd:restriction>
   </xsd:simpleType>
</xsd: schema>
```

上述代码(4-8.xsd)使用 element 声明了 XML 文档中名为 phonenumber 的简单元素，该元素具有自定义数据类型，通过 restriction 子元素来描述自定义数据类型的具体特征。其中，pattern 元素定义了手机号码，仅允许由数字 0~9 组成，且由 Length 来限制长度为 11。

引用该 XML Schema 程序代码的 XML 文档如下。

```
<? xml version="1.0"    encoding="GB2312" ?>
<phonenumber    xmlns:xsi="http://www.w3.org/2001/XMLSchema-instance"
 xsi:noNamespaceSchemaLocation="4-8.xsd">
12345678901
</ phonenumber >
```

【例 4-9】union 数据类型用法示例。

```
<?xml version="1.0"    encoding="UTF-8"?>
<xsd:schema    xmlns:xsd="http://www.w3.org/2001/XMLSchema">
<xsd:simpleType    name="myint1">
    <xsd:union>
            <xsd:simpleType><xsd:restriction    base="xsd:int"/></xsd:simpleType>
            <xsd:simpleType><xsd:restriction    base="xsd:string"/></xsd:simpleType>
     <!--从多个匿名数据类型联合派生出新的数据类型-->
    </xsd:union>
</xsd:simpleType>
<xsd:simpleType    name="myint2">
    <xsd:union    memberTypes="xsd:int xsd:string"/>
   <!--直接从已有的数据类型联合派生新的数据类型-->
 </xsd:simpleType>
<xsd:element    name="test">
<xsd:complexType>
<xsd:all>
   <xsd:element    name="myint"    type="myint1"/>
   <xsd:element    name="mystring"    type="myint2"/>
</xsd:all>
</xsd:complexType>
</xsd:element>
```

上述代码(4-9.xsd)用两种方式定义了 union 数据类型 myint1 和 myint2，二者都可以包含 int

或者 string 数据类型，但是只能使用其中一种。

引用该 XML Schema 的 XML 文档如下。

```
<?xml version="1.0"  encoding="UTF-8"?>
  <test  xmlns:xsi="http://www.w3.org/2001/XMLSchema-instance"
  xsi:noNamespaceSchemaLocation="4-11.xsd">
    <myint>123</myint>
    <mystring>abc</mystring>
  </test>
```

【例 4-10】fractionDigits 和 totalDigits 用法示例。

```
  <xsd:simpleType  name="priceType">
  <xsd:restriction  base="xsd:decimal">
    <xsd:fractionDigits  value="2"/>
     <xsd:totalDigits  value="5"/>
  </xsd:restriction>
</xsd:simpleType>
```

上述代码定义了 PriceType 数据类型，其有效数字位数为 5，且小数点后保留 2 位小数。

4.3.2 复杂类型

复杂类型元素是指含有子元素或属性的元素。在 XML Schema 中，用<complexType>标记来定义复杂类型元素。通过<complexType>可以指定元素与元素或元素与属性的从属关系。

语法格式如下。

```
<xsd:element  name="元素名称"  type="数据类型">
     <xsd:complexType  name="数据类型">
     <!--子元素描述部分-->
          <xsd:sequence>
       …
       </xsd:sequence>
     </xsd:complexType>
</xsd:element>
```

- "元素名称"用于指明复杂类型元素的名称。
- "数据类型"指自定义数据类型的名称。
- <sequence>子元素表示在其定义范围内的所有元素都必须按顺序出现。除了<sequence>子元素外，其他可选的子元素如表 4-4 所列，用于定义复杂类型所包含的内容模式。

表 4-4　复杂类型元素的子元素列表

complexType 元素的子元素	定义
all	其定义的 XML 子元素可以无顺序地出现一个或多个
sequence	其定义的 XML 子元素都必须按顺序出现
choice	其定义的 XML 子元素选择其中之一出现
any	其定义的任何 XML 子元素都必须出现
simpleContent	没有 XML 子元素，只有数据内容、属性

(续表)

complexType 元素的子元素	定义
complexContent	只有 XML 子元素或空元素
attribute	这种复杂类型只能包含命名属性

【例 4-11】定义复杂类型元素 scorelist，其中包含 eng、math、physics 三个 float 类型的子元素。

```
<xsd:element  name="scorelist"  type=" complexType1" />
<xsd:complexType  name=" complexType1">
  <xsd:sequence>
    <xsd:element  name="eng"  type="xsd:float"/>
    <xsd:element  name="math"  type="xsd:float" />
    <xsd:element  name="physics"  type="xsd:float" />
  </xsd:sequence>
</xsd:complexType>
```

这段代码定义了 4 个元素，其中元素 eng、math 和 physics 是 scorelist 的子元素。在元素<complexType>中，通过<squence>封装了一组元素，表示这些元素的出现有固定的顺序。

表 4-4 中 all、choice、any 与 squence 元素的用法类似，只是对子元素出现的限制不同。

【例 4-12】simpleContent 用法示例。

```
<xsd:complexType  name="fromSimpleType">
     <xsd:simpleContent>
          <xsd:extension  base="xsd:string">
      <xsd:atttribute  name="simpleAttribute"  type="xsd:string" />
          </xse:extension>
      </xsd:simpleContent>
</xsd:complexType>
```

上述代码定义了simpleContent类型的子元素，其中只含有string类型的属性simpleAttribute。

complexContent 的使用方法与此例类似，不同之处在于 complexContent 只含有子元素或者空元素。

4.4 XML Schema 的名称空间

4.4.1 名称重复

XML 作为一种允许用户自定义标记的元标记语言，很可能出现名称重复的情况，名称空间是一种避免名称冲突的方法。

例如，下面两个 XML 文档中均包含<table>元素。

下面这个文档描述表格信息，如下所示。

```
<table>
   <tr>
```

```
    <td>Apples</td>
    <td>Bananas</td>
    </tr>
</table>
```

下面这个文档描述有关桌子的信息，如下所示。

```
<table>
    <name> Coffee Table</name>
    <width>80</width>
    <length>120</length>
</table>
```

假如这两个 XML 文档一起使用，由于两个文档都包含带有不同内容和定义的<table>元素，就会发生命名冲突。XML 解析器无法确定如何处理这类冲突，这时就需要使用名称空间。

4.4.2 名称空间

W3C 颁布的名称空间标准中对名称空间的定义是：XML 名称空间提供了一套简单的方法，将 XML 文档和 URI 引用标记的名称相结合，来限定其中的元素和属性名。即名称空间给 XML 名称添加前缀，使其能够区分所属的领域，从而为元素和属性提供唯一的名称，其主要用于融合不同词汇集的 XML 文档。

名称空间表示名称的来源和使用范围。通过名称空间可以区分不同的 XML 应用。但具有相同名称的标识，可以把来自某种 XML 应用的相关元素和属性集合在一起，以方便软件识别和处理。

名称空间通过给标识名称加一个网址(URL)定位的方法来区别同名的标识。使用名称空间之前，必须先声明，名称空间的声明类似元素的声明。

名称空间一般用属性 xmlns 来声明，声明的语法如下。

```
<元素名  xmlns: prefix ="URL">
```

- xmlns：名称空间属性名，是声明名称空间必需的属性。
- prefix：指明名称空间的前缀名，它的值不能为 XML。在引用此名称空间中的名称时，需要在名称前加该前缀名。

声明时若前缀名省略，则声明的是默认的空间，引用默认名称空间中的元素和属性时可不加前缀名。

默认名称空间的声明语法格式如下。

```
<元素名 xmlns="URI">
```

- URI：统一资源标识符(Uniform Resource Identifier)是一个标识网络资源的字符串。最普通的 URI 应该是统一资源定位符(Uniform Resource Locator，URL)，URL 用于标识网络主机的地址。另一个不常用的 URI 是通用资源名称(Universal Resource Name，URN)，这是一个相对固定的地址。

4.4.3　使用名称空间

本节对 4.4.1 节中出现名称重复的例子运用名称空间来解决冲突。有两种实现方式，如下所示。

一种是使用前缀和名称空间来解决命名冲突问题，在元素的开始标签中添加前缀，再添加 xmlns 来表示元素的属性。

```
<h:table  xmlns:h="http://www.w3.org/TR/html4/">
    <h:tr>
    <h:td>Apples</h:td>
    <h:td>Bananas</h:td>
    </h:tr>
</h:table>

<f:table  xmlns:f="http://www.w3school.com.cn/furniture">
    <f:name>Coffee Table</f:name>
    <f:width>80</f:width>
    <f:length>120</f:length>
</f:table>
```

另一种是仅使用名称空间，没有前缀。

```
<table  xmlns="http://www.w3.org/TR/html4/">
    <tr>
      <td>Apples</td>
      <td>Bananas</td>
    </tr>
</table>
<table  xmlns="http://www.w3school.com.cn/furniture">
    <name>Coffee Table</name>
    <width>80</width>
    <length>120</length>
</table>
```

当 xmlns 用于名称空间被定义在元素的开始标签中时，所有带有相同前缀的子元素都会与同一个名称空间相关联。用于标识名称空间的地址不会被解析器用于查找信息，其唯一的作用是赋予名称空间一个唯一的名称。不过，很多公司常常会将名称空间用作指针来指向实际存在的网页，这个网页中包含关于名称空间的信息。

4.5　XML 有效性的验证

结构良好的 XML 文档指符合 XML 语法规范的 XML 文档。有效的 XML 文档是指通过了 DTD/Schema 的验证，具有良好结构的 XML 文档。

格式良好的 XML 文档要遵守以下语法规则。

- XML 文档必须有根元素。
- XML 文档必须有关闭标签。

- XML 标签对大小写敏感。
- XML 元素必须被正确地嵌套。
- XML 属性必须加引号。

一个格式良好的 XML 文档，不一定是一个有效的 XML 文档。只有符合下面的要求时，才是一个有效的 XML 文档。

- 必须遵守与之相关联的 DTD 中定义的规则。
- 必须遵守与之相关联的 XML Schema 中定义的规则。
- XML 文档的有效性验证方法有两种，一种是使用开发工具进行验证，另一种是编程进行验证。

4.5.1 使用开发工具进行验证

以 4-1.xml 文档为例，使用 XML Spy 2013 工具来验证该 XML 文档有效性的步骤为：编辑完 XML 文档后，选择标题栏中的 XML 选项卡，选择 Validate XML 选项来验证有效性，在 Messages 标题框中将显示验证结果。如图 4-1 所示是验证步骤，图 4-2 所示是验证结果。

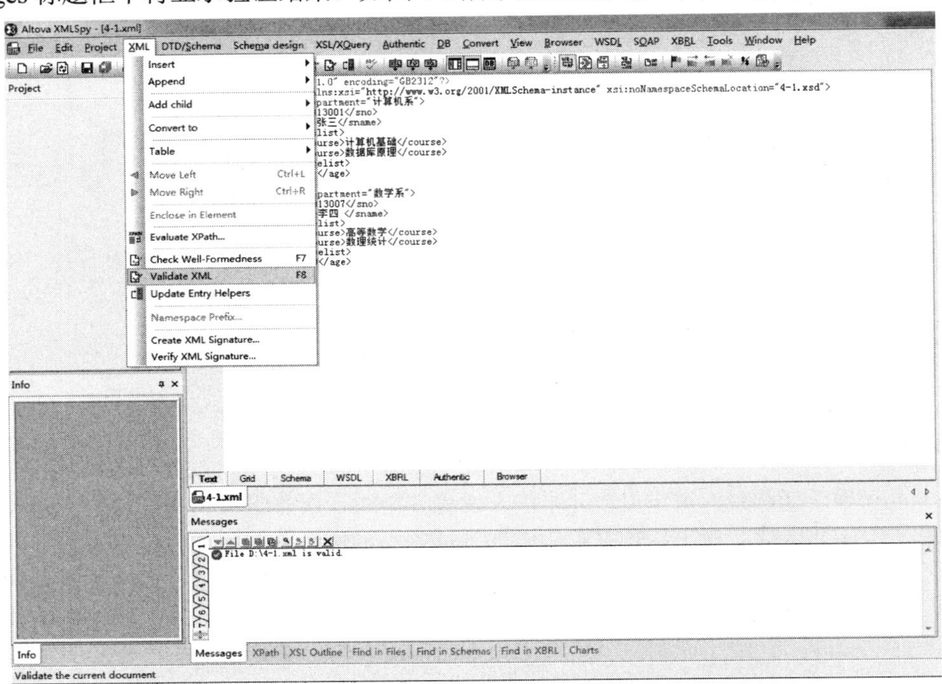

图 4-1 使用 XML Spy 2013 验证 XML 文档

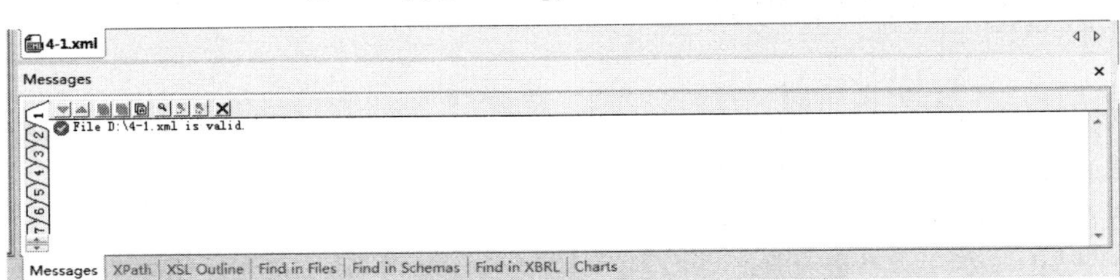

图 4-2 XML 文档有效性验证结果

4.5.2　编程进行验证

本节使用 Sun 公司 SDK 1.5 后续版本提供的 API 来验证一个 XML 文件是否遵守了对应 XML Schema 中定义的规则，从而判断该 XML 文件是否有效，验证步骤如下。

1. 获取一个 SchemaFactory 对象

使用 SchemaFactory 类的静态方法 static SchemaFactory newInstance(String schemaLanguage)获取一个 SchemaFactory 对象，该方法中参数 schemaLanguage 的值必须为 http://www.w3.org/2001/XMLSchema。

2. 创建 Schema 对象

使用上一步中获取的 SchemaFactory 对象调用 Schema newSchema(File schema)方法，返回一个 Schema 对象。

3. 得到验证器

使用步骤 2 中创建的 Schema 对象调用 Validator newValidator()方法，返回一个验证器。

4. 使用验证器

验证器调用 void setErrorHandler(ErrorHandler errorHandler)方法来设置负责报告错误的处理器，其中参数取值必须是实现 ErrorHandler 类的实例。将 DefaultHandler 类的子类的实例用作报告错误的处理器。然后调用 public void validate(Source source)方法验证 XML 文件是否遵守了 XML Schema 模式。

下面编程验证 4-1.xml 文件是否有效，具体代码如下。

```
TestXML.java
import java.io.File;
import javax.xml.transform.stream.StreamSource;
import javax.xml.validation.Schema;
import javax.xml.validation.SchemaFactory;
import javax.xml.validation.Validator;
public class TestXML {
    public static void main(String[] args){
      File xml=new File("4-1.xml");
      File xsd=new File("4-1.xsd");
      MyHandler handler= new MyHandler();
      try{
        SchemaFactory factory=SchemaFactory.newInstance("http://www.w3.org/2001/XMLSchema");
        Schema schema=factory.newSchema(xsd);
        Validator validator=schema.newValidator();
        validator.setErrorHandler(handler);
        validator.validate(new StreamSource(xml));
      }
      catch(Exception e){
        System.out.println(e);
      }
      if(handler.errorMessage==null)
        System.out.println("文件"+xml.getName()+"是有效的");
```

```
        else
            System.out.println("文件"+xml.getName()+"不是有效的");
    }
}
```

创建如下 MyHandler.java 文件。

```
class MyHandler extends DefaultHandler{
    String errorMessage=null;
    public void error(SAXParseException e) throws SAXException
    {
        errorMessage=e.getMessage();
        int row=e.getLineNumber();
        System.out.println("一般错误:"+errorMessage+"位于"+row+"行");
    }
    public void fatalError(SAXParseException e) throws SAXException
    {
        errorMessage=e.getMessage();
        int row=e.getLineNumber();
        System.out.println("致命错误:"+errorMessage+"位于"+row+"行");
    }
}
```

使用上述程序验证 4-1.xml 文件的结果是“文件 4-1.xml 是有效的”，如图 4-3 所示。

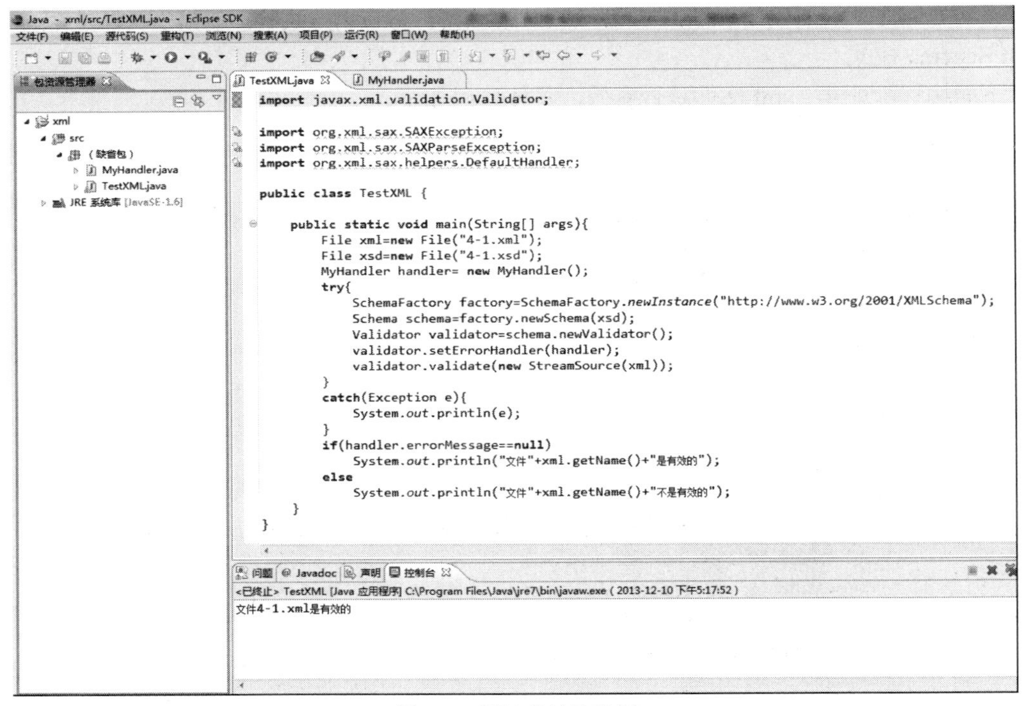

图 4-3　通过有效性验证

如果将 4-1.xml 中“张三”的年龄由 21 改为 21.5，那么将导致错误，因为年龄的数据类型为 integer 类型，结果如图 4-4 所示。

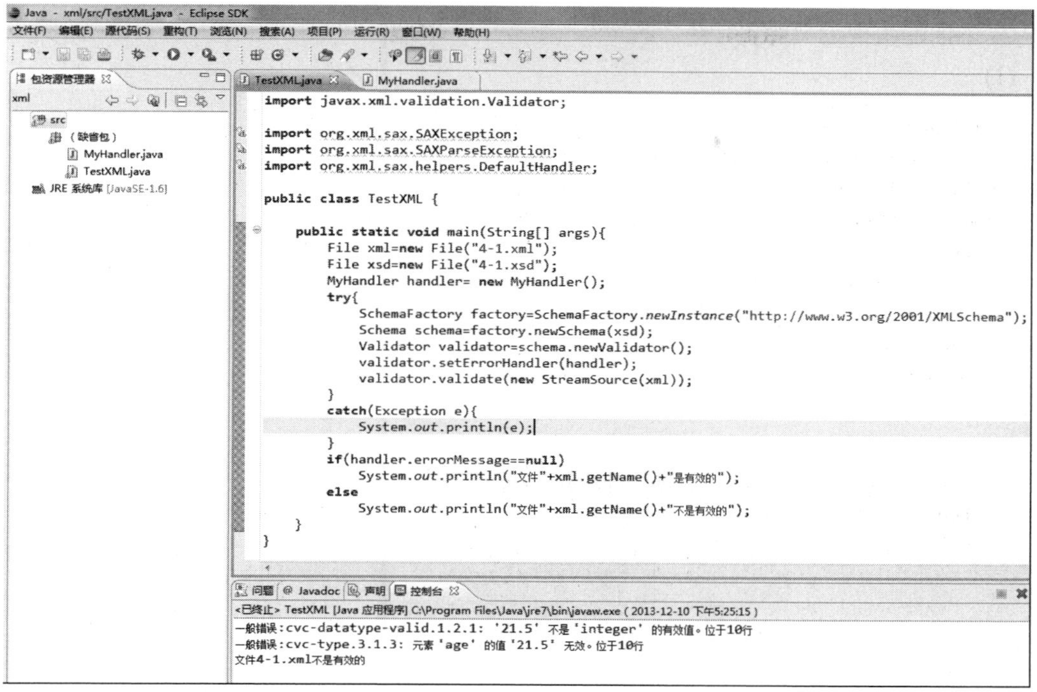

```java
import javax.xml.validation.Validator;

import org.xml.sax.SAXException;
import org.xml.sax.SAXParseException;
import org.xml.sax.helpers.DefaultHandler;

public class TestXML {

    public static void main(String[] args){
        File xml=new File("4-1.xml");
        File xsd=new File("4-1.xsd");
        MyHandler handler= new MyHandler();
        try{
            SchemaFactory factory=SchemaFactory.newInstance("http://www.w3.org/2001/XMLSchema");
            Schema schema=factory.newSchema(xsd);
            Validator validator=schema.newValidator();
            validator.setErrorHandler(handler);
            validator.validate(new StreamSource(xml));
        }
        catch(Exception e){
            System.out.println(e);
        }
        if(handler.errorMessage==null)
            System.out.println("文件"+xml.getName()+"是有效的");
        else
            System.out.println("文件"+xml.getName()+"不是有效的");
    }
}
```

```
<已终止> TestXML [Java 应用程序] C:\Program Files\Java\jre7\bin\javaw.exe ( 2013-12-10 下午5:25:15 )
一般错误:cvc-datatype-valid.1.2.1: '21.5' 不是 'integer' 的有效值。位于10行
一般错误:cvc-type.3.1.3: 元素 'age' 的值 '21.5' 无效。位于10行
文件4-1.xml不是有效的
```

图 4-4　验证出错

4.6　本章小结

本章全面介绍了 XML Schema。首先，对比 DTD 中存在的缺陷说明了 Schema 的特征；接着以一个 Schema 文档为例介绍了 Schema 的基本结构，详细分析了 Schema 中的简单类型和复杂类型，以及如何进行数据类型的定义、元素的定义和属性的定义；然后讲解了 Schema 名称空间的作用；最后说明了验证 XML 文档有效性的两种方法。

4.7　思考和练习

1. 相比 DTD，XML Schema 的优越性有哪些？
2. 在 XML 中如何引用 Schema 文档？
3. 试描述 XML Schema 文档的基本结构。
4. 说明复杂类型元素的声明语法。
5. 试述简单类型与复杂类型声明之间的区别。
6. 在 XML 中如何自定义类型？请举例说明。

7. 下面的两种定义方式有什么区别？

(1)

```
<xsd:element  name="element1"  type="complexType1"/>
<xsd:element  name="element2"  type="xsd:string"/>
<xsd:element  name="element3"  type="xsd:string"/>
< xsd:complexType  name="complexType1">
<xsd:sequence>
    <xsd:element  ref="element2"/>
    <xsd:element  ref="element3"/>
  </xsd:sequence>
</xsd:complexType>
```

(2)

```
<xsd:element  name="element1"  type="complexType1"/>
<xsd:complexType  name="complexType1">
  <xsd:sequence>
    <xsd:element  name="element2"  type="xsd:string"/>
    <xsd:element  name="element3"  type="xsd:string"/>
  </xsd:sequence>
</xsd:complexType>
```

8. 解释名称空间的作用。

9. 举一个命名冲突的例子，并使用名称空间来解决冲突。

10. 什么是有效的 XML 文档？

11. 下面是一个描述图书书目的 XML 文档，设计一个 Schema 文档，在 XML 文档中引用该文档，并进行有效性验证。

```
<?xml version="1.0"  encoding="GB2312"?>
<booklist >
    <book  classify="科学">
      <bno>2013001</bno>
      <title>数据库原理</title>
      <authorlist>
        <author>张明</author>
        <author>李明</author>
      </authorlist>
      <price>19.8</price>
    </book>
    <book  classify="文学">
      <bno>2013005</bno>
      <title>红楼梦</title>
      <authorlist>
        <author>曹雪芹</author>
        <author>高鄂</author>
      </authorlist>
      <price>28.9</price>
    </book>
</booklist>
```

12. 编写一个 Schema 文件，使下面的 XML 文件成为一个有效的 XML 文件。

```
<?xml version="1.0"  encoding="GB2312"?>
<books>
  <book>
    <name  isbn="1-23-45-678">XML Schema</name>
    <author  sex="male"  age="35">zhang</author>
    <price>45</price>
  </book>
  <book>
    <name  isbn="1-98-76-543">Java</name>
    <author  sex="female"  age="30">wang</author>
    <price>54.5</price>
  </book>
</books>
```

第5章

使用CSS显示XML文档

XML 关心的是数据的结构能否出色便利地描述数据。从前面章节的介绍中，读者不难发现，XML 文本侧重于数据内容的描述，它没有提供有关数据显示的信息。因此，在实际应用中，为了便于人们阅读和使用数据，常常需要将数据格式化后再显示，这个任务无法由 XML 标记语言完成。为此，W3C 为 XML 数据显示发布了两个建议规范：CSS(层叠样式表)和 XSL(可扩展样式语言)。当 XML 文件和 CSS 文件或 XSL 文件相关联后，浏览器将按照 CSS 文件或 XSL 文件给出的显示方式来显示 XML 文件中标记的文本内容。

本章的学习目标：

- 理解样式表的基本概念
- 掌握如何定义 CSS 样式
- 理解 CSS 选择符的概念
- 掌握 XML 文档调用 CSS 的方式
- 熟悉常用的 CSS 属性

5.1 样式表概述

XML 文档可以用浏览器来查看，但是在 XML 文档中使用的基本上是自定义的标记，因此浏览器是无法理解这些标记的。浏览器仅作为 XML 文档的解析器，只要 XML 文档是格式良好的，就会在浏览器中原封不动地显示出来。如果希望 XML 文档像 Web 页面那样显示，就必须添加一些额外的显示信息。这项功能就要由样式表来完成，它使得用户可以根据需要来定义数据的表现形式。

样式表是一种专门描述结构文档表现方式的文件，它既可以描述这些文档如何在屏幕上显示，也可以描述它们的打印效果甚至声音效果。样式表一般不包含在 XML 文档的内部，而是以独立文档的方式存在。这样可以更好地突出 XML 负责数据存储的优势：XML 仅仅保存数据逻辑，而样式表文件则负责显示逻辑，从而很好地将数据逻辑和显示逻辑分离开。

5.1.1 显示 XML 的两种常用样式表

与 HTML 不同，XML 注重内容而不注重形式。XML 文档本身不包含任何显示信息，要将文档内容显示给用户观看，必须借助于其他手段。W3C 给出了两种推荐的样式表标准：一种是常见的 CSS，另一种是 XSL。

就 CSS 而言，它并不是专门为 XML 设计的，它最初是为 HTML 文档设计的。一个 CSS 文档是一系列格式规则的集合，这些规则用于控制网页内容的外观：从精确的布局定位到特定的字体和样式，CSS 样式都表现得非常出色，甚至一些网页特效也可借助于 CSS 来实现。CSS 主要用于控制 HTML 文档的显示格式，当然也可用于控制 XML 文档的显示格式。

而 XSL 的功能要比 CSS 强大得多，也更复杂。它不仅可以定义 XML 文档的显示外观，还可以将 XML 文档转换成其他文档。

XSL 不像 CSS，仅能简单地定义布局定位、颜色控制和字体控制等，XSL 定义的是一份完整的转换规则：将一个 XML 文档彻底地转换成另一个格式文档，因为它具有对 XML 文档里所有数据的控制权。XSL 还内置了一些具有计算、排序功能的函数，甚至允许开发者开发自定义函数，因而可以对 XML 文档内的数据重新进行整理，并添加开发者所需的控制逻辑，然后再将其显示出来。

5.1.2 样式表的优势

对于样式表而言，不管是 CSS，还是 XSL，都具有如下优点。

1. 表达效果丰富

样式表支持文字和图像的精确定位、三维层技术以及交互操作等，对文档的表现力远远超过 HTML 中的标记。更重要的是，样式表的标准规范独立于其他结构文档的规范，当需要实现更丰富的表达效果时，仅需修改样式表规范即可，不必修改原始的数据文档内容。即通过定义不同的样式表可以使相同的数据呈现出不同的显示外观，实现 XML 数据的可重用性。

2. 可读性好

样式表对各种标记的显示进行集中定义，且定义方式直观易读。这使得它易学易用，可读性、可维护性都比较好。而结构化的数据文档也相对简洁、清晰，突出了对内容本身的描述功能。

3. 利于信息检索

虽然样式表可以实现非常复杂的显示效果，但其显示逻辑与数据逻辑是分离的，对显示细节的描述并不影响文档中数据的内在结构。因此，当使用网络搜索引擎对文档进行检索时，更容易检索到有用信息。

4. 文档体积小

在实际应用中，如果相同标记下的内容有相同的表现方式，使用传统的方法需要为每个标记分别定义显示格式，这会造成大量的重复定义。而在样式表中，对同一类标记只需进行一次格式定义即可，这大大减小了需要传输的文件的大小，可提高传输速度，节约带宽。

5.2 CSS 简介

5.2.1 CSS 的基本概念

CSS(Cascading Style Sheet，层叠样式表或级联样式表)是一种样式控制语言，其基本思想是为结构文档中的各个标记定义相对应的一组显示样式。CSS 最初是为弥补 HTML 的不足而出现的。后来，又应用在 XML 上，用来格式化 XML 数据内容。CSS 不仅可以静态地修饰网页，还可以配合各种脚本语言动态地对网页中的各元素进行格式化。

XML 和 HTML 所采用的 CSS 语法是相通的，都是通过一组特定的属性设置来规定某个元素内容的显示格式。可设置的元素显示属性包括：文字的字形、字体、大小和颜色，元素内容在页面中的位置、是否分段、对齐方式，是否添加边框、背景、下画线等。

创建专门的样式表文件，把控制元素显示格式的相关指令放在其中，使其与 XML 文档的数据内容分开，可以大大提高控制 XML 文档显示方式的灵活性，还可以使样式表本身更加容易维护。

简单地说，将 CSS 与 XML 结合具有以下 3 点好处。

- 实现数据与显示方式相分离，发挥 XML 的优势。
- 将显示样式统一于 CSS 中，便于对显示样式进行统一管理。
- CSS 语法结构简单，兼容性强，适用平台广泛。

相对于 XSL 技术而言，采用 CSS 技术来显示 XML 文档的做法还是有局限性的。

5.2.2 CSS 的历史

从 HTML 出现以来，样式就以各种形式存在，最初的 HTML 只包含很少的显示属性。随着 HTML 的不断发展，为了满足页面设计者的要求，HTML 添加了很多显示功能。但是随着这些功能的增加，HTML 变得越来越杂乱，而且 HTML 页面也越来越臃肿。于是 CSS 应运而生。CSS 是由 W3C 在 1996 年正式推出的，最初的版本是 CSS 1。1998 年 W3C 又正式推出了 CSS 2。CSS 2 基本涵盖 CSS 1，并增加了媒体类型、特性选择符、声音样式等功能，还对原有的一些功能进行了扩充。现在使用的是 CSS 2.1。CSS 3 被分成四十多个模块，现在还处于开发中。在 2001 年，W3C 就着手开始准备开发 CSS 第三版规范。虽然完整的、规范权威的 CSS 3 标准还没有尘埃落定，但是各主流浏览器已经开始支持其中的绝大部分特性。

5.2.3 CSS 的创建与应用

CSS 的创建与应用包含以下几个主要步骤。

(1) 建立 XML 文档。首先建立一个 XML 文档 product.xml，其代码如下。

```
<?xml version="1.0" encoding="gb2312"?>
<?xml-stylesheet type="text/css" href="product.css"?>
<productdata>
    <product prodid="p001" category="Toy">
        <productname> Toy Car</productname >
```

```
        <description>This is a toy for childern aged 4 and above</description >
      <price>65</price>
        <quantity>54</quantity>
    </product >
    <product prodid ="p002" category="Toy">
        <productname >Remote-Controlled Car</productname >
        <description >This is a toy for childern in the age group of 5-10</description >
        <price>150</price>
        <quantity>200</quantity>
    </product >
</productdata >
```

(2) 创建样式表文件。CSS 文件就是由若干样式规则构成的文本文件，该文本文件可以使用 ANSI 或 UTF-8 编码来保存，文件的扩展名是.css。可以使用“记事本”等文本编辑器来创建 CSS 文件。例如，可创建一个名为 product.css 的样式表文件，用来设置上述 product.xml 文档的显示格式。product.css 文件的代码如下。

```
productname
{   font-family:Arial;
    font-size:40pt;
    font-weight:bold;
    color:red;
    display:block;
    padding-top:6pt;
    padding-bottom:6pt
}
price,description,quantity
{   font-family:Arial;
    font-size:20pt;
    color:teal;
    display:block;
    padding-top:2pt;
    padding-bottom:2pt
}
```

(3) 链接样式表文件到 XML 文档。为了引用创建好的样式表文件来格式化 XML 文档的显示内容，必须将相应的样式表文件链接到这个 XML 文档中。对于上面的范例，实现该功能的是 product.xml 文档中的第二行代码。

```
<?xml-stylesheet type="text/css" href="product.css"?>
```

(4) 在浏览器中浏览 product.xml 文档的显示效果，如图 5-1 所示。

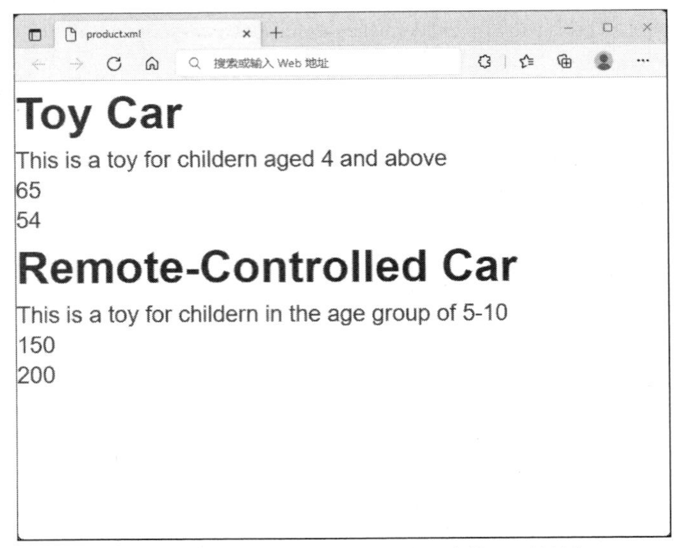

图 5-1　product.xml 文档在浏览器中的显示效果

5.3　CSS 基本语法

不管是 HTML 页面，还是 XML 页面，CSS 的控制方式是完全一样的，控制语法也基本相似。

5.3.1　定义样式

CSS 规则集(rule-set)由选择器和声明块组成，基本格式如下：

```
选择器
{
    属性 1：属性值 1；/*声明*/
    属性 2：属性值 2；
    ……
    属性 n：属性值 n；
}
```

其中选择器(selector)用来指定该规则所适用的元素，由一个或多个元素名或特定的标识构成；紧跟其后的是用花括号“{　}”括起来的若干对属性名(property)与相应的属性值(value)，每条声明都包含一个属性名和相应的属性值，以冒号分隔，用来对选择符所指定的元素设置具体的显示样式。

每个样式表文件都包含多个形如“选择符 {…} ”的样式定义，每个样式定义控制文档中部分元素的显示效果，最终形成整体的显示效果。

由此可见，定义 CSS 文件并不困难，但需要掌握以下两个语法。

- 如何定义选择符。
- CSS 支持哪些样式属性，每个样式属性支持哪些值。

5.3.2　对 XML 文档有效的 CSS 选择符

CSS 的选择符是被施加样式的对象，它可以是一个元素或一组共享相同格式的元素。选择符的类型有很多，常用的有以下几类。

1. 类型选择符(Type Selector)

类型选择符直接以元素、对象的名称作为选择符，这是最常见的选择符。例如，在上面的范例中，product.css 中有以下样式定义。

```
productname{
      font-family:Arial;
      font-size:20pt;
      font-weight:bold;
}
```

这里直接以元素名 productname 作为选择符，并设置其字体为 Arial，字体大小为 20pt 并加粗。

2. 类选择符(Class Selector)

类选择符选择所有 class 属性值等于 className 的元素，语法结构如下。

```
.className{property：value;}
```

示例如下所示。

```
.authorname { color: blue;}
```

若在 xml 文档的元素中设置其 class 属性为 authorname，就可设置字体颜色为蓝色，如下所示。

```
<author class= "authorname" >LI PING</author>
```

3. ID 选择符(ID Selector)

ID 选择符和类选择符的区别就是将.改为#，语法结构如下。

```
#idName{property：value;}
```

示例如下所示。

```
#bookname { color: red;}
```

若在 xml 文档的元素中设置其 id 属性为 bookname，就可将字体颜色设置为红色，如下所示。

```
<book id= "bookname" >JAVA</book>
```

注意：

id 和 class 的区别在于，id 属性的值在文件中是唯一的，它可以唯一地标识一个标记；而 class 属性的值不唯一，它可以标识一组标记。

4. 其他选择方式

如果想把一组属性用于多个元素，可以用逗号将选择符中的所有元素隔开。如 teacher 和 student 这两个元素都要设定为 10 像素的页边距。于是，可以将这两个规则按如下方式组合。

```
teacher, student {
    display:block;
    margin:10px;
}
```

5.4 XML 与 CSS 结合的方式

XML 文档调用 CSS 有 3 种形式：引用一个外部 CSS 文件、将 CSS 语句嵌入 XML 文档、同时应用内部 CSS 和外部 CSS。

5.4.1 调用外部样式表文件

调用外部样式表文件是指 XML 文件本身不含有样式信息，而是通过引用外部 CSS 文件来定义 XML 文件的表现形式。CSS 样式表文件是一个扩展名为.css 的文本文件，可以在 XML 文档的开头加入以下处理指令将指定的 CSS 样式表链接进来。其格式如下。

```
<?xml-stylesheet   type= "text/css"   href ="CSS 文件的 URI" ?>
```

其中，有以下几点说明：

- <?xml-styleshee 处理指令表示当前 XML 文档在显示时需要使用样式表。
- type="text/css"表示使用 CSS 类型的样式表。
- href=用来指定样式表文件的路径。

前面 5.2 节中的范例 product.xml 文档就是采用这种方式来调用样式表文件 product.css 的，注意这时必须要将 product.xml 和 product.css 放在同一目录中。

5.4.2 在 XML 文档内部定义 CSS 样式

在 XML 文档内部应用 CSS 是指将 CSS 样式直接嵌入 XML 文档内部。一般来说，不建议在 XML 文档内部定义 CSS 样式。因为这种方式需要在不同的 XML 文档中重复定义样式，而且要将大量 CSS 样式嵌套在 XML 文档中，这会导致 XML 文档过大。如果需要修改网站风格，必须依次打开每个页面重复修改，不利于软件工程化管理。

但在文档内部定义 CSS 样式也并非一无是处，如果想让某些 CSS 样式仅对某个页面有效，而不影响整个站点，则应选择使用内部 CSS 样式定义。

下面通过具体程序说明如何将 CSS 语句直接写在 XML 文档内部。

【例 5-1】example5_1.xml 文件的源代码如下所示。

```
<?xml version="1.0"?>
<?xml-stylesheet type="text/css" ?>
```

```
<persons xmlns:HTML="http://www.w3.org/Profiles/XHTML-transitional">
    <HTML:style>
        person{
            display:block;
            font-size:25pt;
            color:red;
        }
        </HTML:style>
        <person>
            <name>张三</name>
            <sex>male</sex>
            <age>25</age>
        </person>
        <person>
            <name>李娜</name>
            <sex>female</sex>
            <age>24</age>
        </person>
</persons>
```

这段程序调用了 HTML 的<style>标记，而 xmlns:HTML="http://www.w3.org/Profiles/XHTML-transitional"语句说明了该标记的出处。

另外，还有一种将CSS语句写在XML文档内部的方法，是在标记内使用style属性来定义样式。

【例5-2】 example5_2.xml文件的源代码如下。

```
<?xml version="1.0" encoding="utf-8" ?>
<?xml-stylesheet type="text/css"?>
<student>
    <name style="display:block;font-size:18pt;font-weight:bold"> 李小林
        <sex style="display:line;font-size:12pt;font-style:italic"> 男  </sex>
        <birthday style="display:line;font-size:10pt;font-weight:bold"> 1998 年 12 月 22 日 </birthday>
    </name>
    <name style="display:block;font-size:18pt;font-weight:bold"> 金锦巾
        <sex style="display:line;font-size:12pt;font-style:italic"> 女  </sex>
        <birthday style="display:line;font-size:10pt;font-weight:bold"> 1999 年 08 月 10 日 </birthday>
    </name>
</student>
```

5.4.3　使用混合方法指定样式

第3种方法是综合应用内部CSS样式和外部CSS样式。在这种情况下，如果两种样式之间发生冲突，则以内部CSS样式为准。例如，外部CSS文件中定义的字体大小为25pt，而内部CSS样式定义的字体大小为20pt，这时文字大小应为20pt。

5.4.4 使用多个样式表文件

一个样式表文件可以被多个 XML 文件调用，同样地，一个 XML 文件也可以同时调用多个样式表文件。例如，下面的例子中有两个 CSS 文件：01.css 和 02.css，其中，01.css 文件的代码如下。

```
name
    {
        display:block;
        font-size:18pt;
        font-weight:bold;
    }
```

02.css 文件的代码如下。

```
price
    {   display:line;
        font-size:16pt;
        font-style:italic
    }
    madeTime
    {   display:line;
        font-size:9pt;
        font-weight:bold
    }
```

下面的文档同时调用这两个 CSS 文件。

【例 5-3】example5_3.xml 文件的源代码如下所示。

```
<?xml  version="1.0"  encoding="gb2312" ?>
<?xml-stylesheet  type="text/css"  href="01.css"?>
<?xml-stylesheet  type="text/css"  href="02.css"?>
<goods>商品列表：
   <name>
      小米手机
      <price> 1999 元/部 </price>
      <madeTime> 2020.09.28 </madeTime>
   </name>
   <name>
      苹果 IPad
      <price> 5999 元/台 </price>
      <madeTime> 2020.10.10 </madeTime>
   </name>
</goods>
```

用 IE 浏览器打开 example5_3.xml，得到的结果如图 5-2 所示。

图 5-2　example5_3.xml 文档在浏览器中的显示效果

5.5 CSS 属性

CSS 的样式属性有很多，通过设置这些属性的值可以改变相应元素的显示方式。最常用的元素属性有字体属性、颜色属性、背景属性、文本属性、边框属性等，在本节中将分别进行介绍。

5.5.1　字体属性

字体属性(font)是最常用的 CSS 属性，选择正确的字体会对网站的用户体验产生巨大影响。通过设置字体属性的值可以改变字体的显示方式，包括字体的类型、风格、大小、拉伸等。下面详细介绍各个有关的属性。

- font-family 属性：该属性用于指定字体的类型，默认值是浏览器确定的字体，如果名称中有空格，属性值要用双引号括起来，请参见下面的例子。

```
font-family:Arial;
font-family:"Time New Roman";
```

- font-style 属性：该属性主要用于指定斜体文本，属性值可以是 normal(文字正常显示)、italic(文本以斜体显示)或 oblique(文本为倾斜，与斜体非常相似，但不常用)，请参见下面的例子。

```
font-style:italic;
```

- font-style:normal;font-variant 属性：该属性可以设置英文字体打印时的大小写状态，默认值为 normal(大小写无变化)，还有一个取值是 small-caps，表示显示时用大写字母代替小写字母。请参见下面的例子。

```
font-variant:small-caps;
```

- font-weight 属性：该属性的值用来设置字体的粗细程度，常用的属性值有 bold(加粗)和 normal(默认值：标准字体)，也可以用数字来表示字体的粗细程度。请参见下面的例子。

```
font-weight: bold;
font-weight: 600;
```

- font-size 属性：该属性的值用来设置字体的大小。请参见下面的例子。

```
font-size:12pt;
```

5.5.2 文本属性

CSS 中与文本样式有关的属性包括 6 种，如下所示。

- text-align 属性：该属性用来设置文本的对齐方式，取值可以为 left(文本左对齐)、right(文本右对齐)、center(文本居中)或 justify(文本两端对齐)。请参见下面的例子。

```
text-align:center;
```

  当 text-align 属性设置为“justify”后，将拉伸每一行，使每一行具有相同的宽度，并且左右边距是直的。

- text-indent 属性：该属性用来设置文本的首行缩进，单位是像素(px)或磅(pt)。请参见下面的例子。

```
text-indent:16pt;
```

- text-transform 属性：该属性用于指定是否将文本中的字母全部大写、全部小写或者首字母大写，对应的取值分别是 uppercase、lowercase 和 capitalize。请参见下面的例子。

```
text-transform:uppercase;
```

- text-decoration 属性：该属性用来设置是否给文本添加装饰，属性值可以取 none(不加任何画线)、underline(加下画线)、overline(加上画线)、line-through(加删除线)或 blink(使文字闪烁)。请参见下面的例子。

```
text-decoration:underline;
```

- vertical-align 属性：该属性用来设置文本的垂直对齐方式，属性的值可以为 baseline、sub、super、top、text-top、middle、bottom 或 text-bottom。请参见下面的例子。

```
vertical-align:baseline;
```

- line-height 属性：该属性用来设置文本的行间距，属性值是一个具体的数值。请参见下面的例子。

```
line-height:1.5;
```

5.5.3 颜色和背景属性

在 CSS 中，通过颜色属性 color 可以设置元素的前景色，设置元素的背景色需要使用

background-color 属性。表示颜色的方法，通常有以下两种。

1. 名称表示法

直接用颜色的英文名称来表示，常用的颜色有 black(黑色)、blue(蓝色)、gray(灰色)、green(绿色)、orange(橙色)、purple(紫色)、red(红色)、silver(银色)、white(白色)、yellow(黄色)。请参见下面的例子。

```
color:red;
background-color:blue;
```

2. “#RGB”表示法

其中，R、G、B 分别代表红、绿、蓝三原色，每种颜色的取值用两位十六进制数表示，即从 00 到 FF，共有 256 种不同的取值。数值越高代表颜色越浅，如#FFFFFF 代表白色，而#000000 代表黑色。

与背景有关的设置除了背景色外，还包括背景图像，相关的 CSS 属性有以下几种。

- background-image 属性：该属性用于定义背景图像，默认取值为 none。当要指定背景图像时，将属性值设置为图像的 URL 即可。请参见下面的例子。

```
background-image:URL("animal.jpg");
```

- background-repeat 属性：该属性用于指定背景图像是否通过重复出现来平铺背景，其取值可以为 repeat(设置背景图像完全填充被选择元素)、repeat-x(设置背景图像在水平方向上填充被选择元素)、repeat-y(设置背景图像在垂直方向上填充被选择元素)和 no-repeat(设置背景图像不进行平铺)。默认取值是 repeat。请参见下面的例子。

```
background-repeat: repeat-y;
```

- background-position 属性：在设置背景图像后，可以用 background-position 属性来指定背景图像的位置。取值可以是百分比，也可以是 top、center、bottom、left 和 right。请参见下面的例子。

```
body {
        background-image: url("logo.png");
        background-position: 100% center;
        background-repeat: no-repeat;
}
```

5.5.4 设置文本的显示方式

文本显示方式是指文本内容在浏览器中以何种形式显示。文本的显示方式有 4 种：块显示方式、行显示方式、列表显示方式和不显示，可通过 display 属性来设置。其取值分别如下。

- block：块显示方式，是指文本内容以块的方式来显示。块的大小取决于文本内容的大小，文本内容默认为左对齐。同时，还可以通过 position、width 和 height 属性设置块的位置和大小。请参见下面的例子。

```
discretion{
                display:block;
                background-color:silver;
                position:absolute;
                width:300px;
                height:60px;
}
```

- line：行显示方式，是指文本内容以行的方式来显示，各标记内容按先后顺序首尾相连。
- list-item：列表显示方式，是指文本内容在浏览器中以列表的方式显示。在列表显示方式中，可以通过 list-style-type 属性来指定项目符号的外观，可取的值有 disc(圆盘)、circle(圆圈)、square(方块)、decimal(十进制数)、lower-roman(小写的罗马数字)、upper-roman(大写的罗马数字)、lower-alpha(小写英文字母)及 upper-alpha(大写英文字母)等。请参见下面的例子。

```
price{
          display: list-item;
          list-style-type:circle;
}
```

- none：不显示元素的内容。

5.6 CSS 的显示规则

用浏览器打开 XML 文件时，浏览器将按照元素在 XML 文件中出现的“顺序”，并用该元素在 CSS 中对应的样式规则显示该元素包含的内容。如果元素在 CSS 中没有对应的样式规则，浏览器将使用默认的规则显示元素包含的内容。

通常情况下，在 CSS 中为某个元素所设置的显示格式属性会影响到该元素所包含的所有子元素，除非这些子元素重新设置了不同的格式属性。所以，如果没有为子元素设置特定的样式规则，子元素将会自动继承父元素的规则。

如果在样式表中没有为某个元素设置样式规则，也没有父元素的样式规则可以继承，则浏览器将使用自己默认设定的规则来显示。

下面通过具体的例子来说明。

【例 5-4】样式表文件 gongshi.css 的源代码如下。

```
math
{   display:block;
    font-size:12pt;
    font-style:italic;
    background-color:rgb(227,228,229);
}
chemistry
{   display:block;
    font-size:12pt;
    text-decoration:underline;
    background-color:cyan;
```

```
}
sup
{   display:line;
    font-size:8pt;
    font-style:italic;
    vertical-align:super;
}
low
{   display:line;
    font-size:8pt;
    vertical-align:bottom;
}
```

XML 文件 gongshi.xml 的源代码如下。

```
<?xml   version="1.0"   encoding="utf-8" ?>
<?xml-stylesheet   href="gongshi.css"   type="text/css" ?>
<root>
  <math>
     平方和公式:(A+B)<sup>2</sup>=A<sup>2</sup>+2AB+B<sup>2</sup>
  </math>
  <chemistry> 水的分子式: H<low>2</low>O</chemistry>
  <chemistry> 二氧化碳的分子式:CO<low>2</low></chemistry>
</root>
```

gongshi.xml 文件在浏览器中的显示效果如图 5-3 所示。

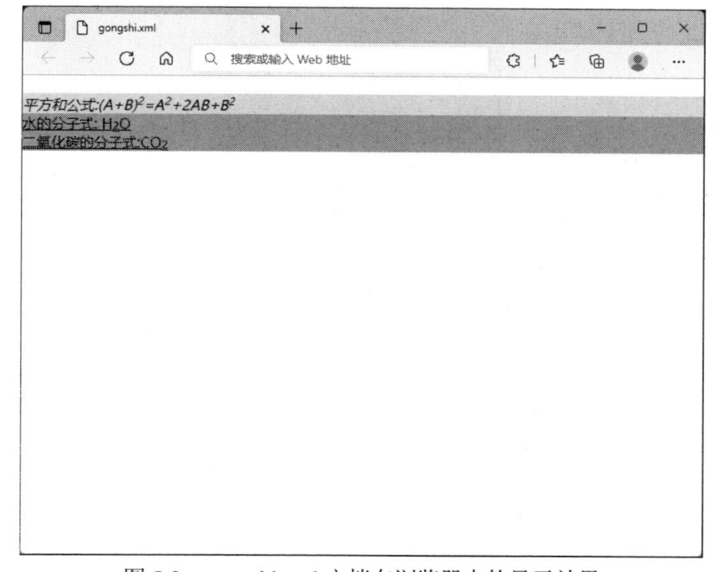

图 5-3　gongshi.xml 文档在浏览器中的显示效果

5.7　本章小结

XML 关于文档浏览的基本思想是将数据与数据的显示分别定义，XML 文档本身不涉及各种数据的具体显示方式，文档的显示是通过一个外部样式表来描述的。

本章在讲解完 XML 基本概念、DTD、XML Schema 的内容之后，把焦点聚集在如何使用 CSS 样式表来控制 XML 文档的显示。从样式表的概念和作用、CSS 的发展历史及功能简介等基础知识入手，先让读者对 CSS 的产生和功能有一个总体了解。接着介绍了 CSS 的基本结构、语法特点、CSS 选择符和常用的 CSS 属性等知识。最后，通过一个完整的示例演示了如何进行 XML 与 CSS 的综合运用。

5.8 思考和练习

1. 什么是样式表？
2. 显示 XML 文档常用哪两种样式表？
3. 使用 CSS 显示 XML 数据有哪些优点？
4. XML 文件如何调用 CSS 样式？
5. 如果有一个标签<student>，想让该标签中的内容显示为文本块，字体为楷体，大小是 22 磅，颜色为蓝色，背景是黄色。在 CSS 中应设置哪些属性，属性值应如何设置？
6. 请为下面的 XML 文档 doc01.xml 添加 CSS 样式，使其显示的效果如图 5-4 所示。

```
<?xml version="1.0" encoding="gb2312" ?>
<?xml-stylesheet type="text/css" href="doc01.css " ?>
<CATALOG>
<TITLE>五言绝句</TITLE>
<POETRY>
        <TITLE>静夜思</TITLE>
        <AUTHOR>李白</AUTHOR>
        <CONTENT>
         <VERSE>床前明月光，疑是地上霜。</VERSE>
         <VERSE>举头望明月，低头思故乡。</VERSE>
        </CONTENT>
</POETRY>
<POETRY>
         <TITLE>登鹳雀楼</TITLE>
         <AUTHOR>王之涣</AUTHOR>
         <CONTENT>
          <VERSE>白日依山尽，黄河入海流。</VERSE>
          <VERSE>欲穷千里目，更上一层楼。</VERSE>
         </CONTENT>
</POETRY>
<POETRY>
         <TITLE>相思</TITLE>
         <AUTHOR>王维</AUTHOR>
         <CONTENT>
          <VERSE>红豆生南国，春来发几枝。</VERSE>
          <VERSE>劝君多采撷，此物最相思。</VERSE>
         </CONTENT>
```

```
</POETRY>
</CATALOG>
```

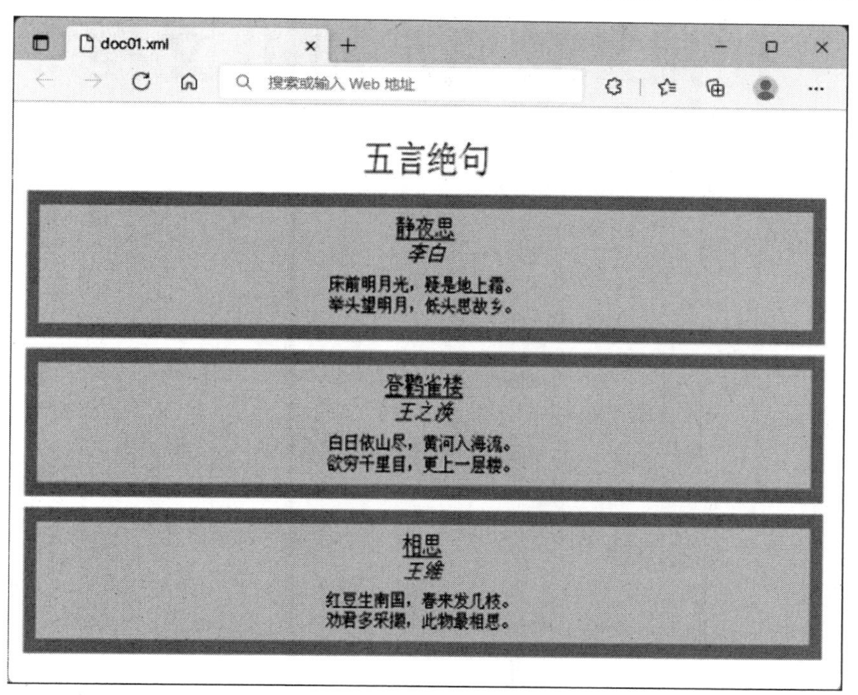

图 5-4　doc01.xml 文档在浏览器中的显示效果

꧁ 第6章 ꧂

使用XSL显示XML文档

前一章介绍了如何使用 CSS 来显示 XML 文档，但 XML+CSS 的组合并不能很好地作为视图技术。CSS 并不是专门为控制 XML 显示而设计的，在控制 XML 显示方面的功能比较有限，因此实际应用中往往选择 XSL 来控制 XML 文档的显示。XSL 与 CSS 不同：CSS 的作用是直接控制 XML 文档的可视化效果，而 XSL 则用于控制对 XML 文档的转换。

本章的学习目标：

- 了解 XSL 的概念及构成
- 掌握 XSL 文档的结构
- 熟悉使用 template 元素定义模板
- 熟悉使用 apply-templates 元素处理子节点的方法
- 了解 XSLT 的常用元素
- 了解 XSL 的模式语言

6.1 XSL 概述

6.1.1 CSS 的局限性及 XSL 的特点

前一章介绍了如何使用 CSS 技术来格式化 XML 文档。CSS 技术提供了丰富的样式属性，通过这些属性的设置可以使 XML 文档中的数据以美观的形式显示出来。但是，CSS 技术也有它的局限性，主要体现在以下方面。

- CSS 可以格式化 XML 文档，能够很好地控制输出的样式，如色彩、字体、大小等，但只能是文档的样式或外观。
- CSS 不能重新排序文档中的元素。
- CSS 不能判断和控制哪个元素被显示，哪个不被显示。
- CSS 不能统计元素中的数据。

XSL(eXtensible Stylesheet Language，可扩展样式语言)是目前用来设计 XML 文档显示样式的主要技术之一。与 CSS 不同的是，XSL 是遵循 XML 的规范来制定的，也就是说，XSL 文档本身符合 XML 的语法规定。在显示 XML 文档时，XSL 样式表要比 CSS 样式表复杂得多，功能也强大得多。XSL 样式表提供了对所有 XML 组件(包括元素、属性、注释和处理指令)的控制权，可以轻松排序和筛选 XML 文档中的数据，并允许修改或增删信息。

XSL 与 CSS 的不同之处包括以下几个方面。

- CSS 既可用于 HTML，也可用于 XML。但 XSL 是专门针对 XML 而设计的，它不能处理 HTML 文档。
- CSS 是一种静态的样式描述格式，XSL 是一种动态的样式描述格式，可以动态地创建输出样式。
- CSS 不遵从 XML 的语法规范；而 XSL 遵从 XML 的语法，本身也是一个 XML 文档。
- XSL 中 90%的样式规定在 CSS 中都有定义，但仍然有一些效果是 CSS 无法描述的，必须使用 XSL。这些功能包括文本的置换、根据文本内容决定显示方式、文档内容排序等，都是 XSL 所独有的。
- XSL 是一种转换的思想，它最终将一种不含显示信息的 XML 文档转换为另一种可用于输出的文档，这个文档既可暂存于内存中以供显示，也可保存为一个新的文档。而 CSS 则没有任何转换动作，只是针对结构文档的各个部分，定义相应的显示样式，再由浏览器依据这些样式显示文档，在整个过程中不会产生新的文档。
- CSS 不支持中文，而 XSL 支持中文。

XSL 和 CSS 的比较如表 6-1 所示。

表 6-1　XSL 和 CSS 的比较

CSS	XSL
使用简单	使用复杂
不能排序、添加或删除元素	可排序、添加或删除元素
不能访问文档除元素外的其他信息	能访问其他信息
使用内存比较少	使用较多内存和处理器
与 XML 语法不同	语法与 XML 相同

可以将 XSL 理解成如下一些语言。

- 一种将 XML 转换成其他类型文档的语言。
- 一种可以过滤和分类 XML 数据的语言。
- 一种可以对一个 XML 文档的部分进行寻址的语言。
- 一种可以基于数据值格式化 XML 数据的语言(如用红色显示负数)。
- 一种向不同设备输出 XML 数据的语言。

总的来说，CSS 只适合用于输出比较固定的最终文档。CSS 的优点是简洁，消耗系统资源少；而 XSL 功能强大，但要重新索引 XML 结构树，所以占用内存较多。因此，常将二者结合起来使用。在服务器端使用 XSL 来处理 XML 文档，在客户端则使用 CSS 来控制显示。

6.1.2　XSL 的构成

XSL 由 W3C 制定，于 1999 年 11 月 16 日正式发布 XSL 1.0 推荐版本。虽然使用 DOM、SAX、XMLPULL 等编程模型也可以处理 XML 文档，将其中的信息抽取出来并转换成其他格式的数据，但如果对每个任务都编制专门的程序，无疑是低效且枯燥的。XSL 则提供了将 XML

文档方便地转换成所需数据形式的新方法。在转换的过程中，XSL 通过路径的方式来定位数据，从而可以轻易地提取出特定的数据。此外，XSL 提供了循环、条件、选择等控制语句，从这方面讲，XSL 更接近于程序设计语言。总之，XSL 不仅可以实现 CSS 的所有功能，还可以实现 CSS 没有的功能。

XSL 技术由 3 部分组成，如下所示。

1. XSLT

XSLT(XSL Transformation，可扩展样式表语言转换)是一种转换 XML 文档结构的语言，是 XML 最重要的应用技术之一。它的主要作用是抽取 XML 文档中的信息并将其转换成另一种 XML 文档或者其他格式的数据(如 HTML、XHTML 文件)，并可控制转换后的显示外观。

2. XPath

XPath(XML 路径)是一种定义 XML 节点路径的语言，是 XSLT 的基础。XPath 可以识别、选择和匹配 XML 文档中的各组成部分，包括元素、属性和文本内容等，被 XSLT 用来对 XML 文档进行导航。XPath 在 3.0 版本之前是与 XSLT 同步开发的，它们的推荐标准一般也是一起公布的。例如，XPath 1.0 版于 1999 年 11 月 16 日同时发布、XPath 2.0 版于 2007 年 1 月 23 日同时发布。XPath 到了 3.0 版本就不再与 XSLT 同步开发。例如，XPath 3.0 版于 2014 年 4 月发布，XPath 3.1 于 2017 年 2 月发布，而 XSLT 3.0 于 2017 年 6 月才推出。此外，XPath 除了主要用于 XSLT 外，还可用于 XPointer、XLink 和 XQuery 等。

3. XSL-FO

XSL-FO(XSL-Formatted Object，XSL 格式化对象)是一种定义 XML 显示方式的语言。在使用 XSLT 完成文档转换后，XSL 还可以使用 XSL-FO 解释结果树、格式化转换得到的文档。XSL-FO 的一个主要应用就是将 XML 文档转换为 PDF 文档。

如果 XML 只是转换为 HTML 这种格式，使用 XSLT 即可。XSL-FO 定义了许多格式对象，如页面、表格等，但没有限定使用什么方式进行显示，可以转换为 PDF、SVG，甚至 GUI 控件。XSL-FO 文档以.fo、.fob 或.xml 为扩展名进行保存。

总的来说，XSLT 是一种转换 XML 的语言，着重于 XML 文档的转换；XPath 是一种用来访问 XML 文档不同部分或模式的语言，着重于从 XML 层次结构上访问节点；XSL-FO 着重于格式化对象。

在 XSL 的以上几部分中，XSL-FO 的应用依然比较有限。而 XSLT 则发展得相当成熟，应用也非常广泛，以至于现在所说的 XSL 通常都是指 XSLT。当然，XSLT 总是需要和 XPath 结合使用。

6.1.3 XSL 转换入门

XML 的重要意义不仅在于它容易被人们书写和阅读，更重要的是因为它从根本上解决了应用系统间的信息交换。XSL 的意义在于：它可以将 XML 的这种优点发挥到极致。为了使数据适合不同的应用程序，必须能够将一种数据格式转换为另一种数据格式，这些都是 XSL 的作用所在。例如，为了使数据便于人们阅读和理解，可以将数据转换成 HTML 文件或者 PDF 文件。

下面介绍 XSL 的工作流程。XML 文档在展开后是一种树状结构，称为“源树”，XSLT 处理器从这个树状结构读取信息，并根据 XSLT 样式表的指示对这个“源树”进行排序、复制、过滤、删除、选择、运算等操作后产生另外一个“结果树”，然后在“结果树”中加入一些新的显示控制信息，如表格、其他文字、图形以及一些有关显示格式的信息。

总的来说，使用 XSLT 样式表对 XML 文档进行转换的过程分为如下两步。

- 首先根据 XML 文档构造源树，然后根据 XSLT 样式表并通过 XSLT 处理器将源树转换为结果树。
- 生成结果树后，就可以根据 XSL-FO 对其进行解释，产生一种适合显示、打印或播放的格式。

XSL 的处理过程如图 6-1 所示。

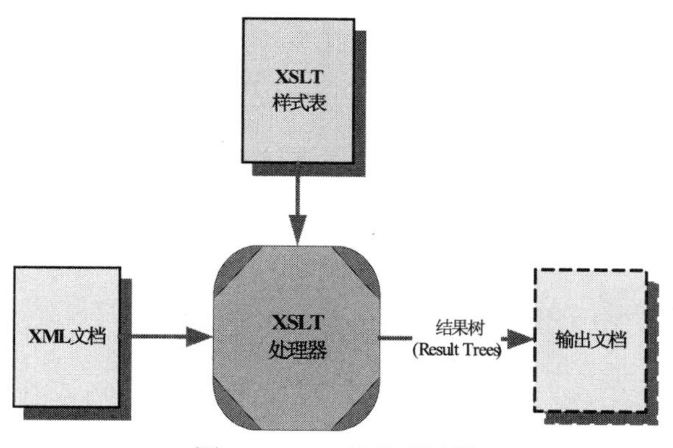

图 6-1　XSL 的处理过程

其中，XSLT 处理器处于核心位置，负责实现转换过程。首先，XML 文档被解析成 DOM 树存放在内存中，接着对文档进行分析，每一个 DOM 树中的节点都会与一个模式相比较。当二者匹配时，就会按照模板中定义的规则进行转换，否则继续往下匹配。如此循环，直至整个文档处理完毕。

XSLT 样式表的实质只是控制源 XML 文档到结果文档之间的转换关系，它本身并不能进行转换，必须要有 XSLT 处理器才可完成实际的转换工作。目前有大量的程序和工具支持 XSL 转换，最常见的有各种浏览器，如 IE、Firefox 等。除此之外，各种 XML 编辑器，如 XML Spy 也支持 XSL 转换。

6.2 XSL 文档结构

6.2.1 创建一个 XSL 实例

(1) 建立 XML 文档。首先建立一个 XML 文档 student.xml，其代码如下。

```
<?xml version="1.0" encoding="gb2312"?>
<?xml-stylesheet type="text/xsl" href=" student.xsl"?>
<roster>
  <student ID="20200001">
```

```
        <name>张峰</name>
        <sex>男</sex>
        <birthday>1998.9.12</birthday>
        <score>81</score>
        <skill>Java</skill>
        <skill>Oracle</skill>
        <skill>C Sharp</skill>
        <skill>SQL Server</skill>
    </student>
    <student ID="20200002">
        <name>王静</name>
        <sex>女</sex>
        <birthday>1999.1.12</birthday>
        <score>89</score>
        <skill>Visual Basic</skill>
        <skill>SQL Server</skill>
        <skill>ASP.NET</skill>
    </student>
    <student ID="20200003">
        <name>牛军</name>
        <sex>男</sex>
        <birthday>1998.9.9</birthday>
        <score>98</score>
        <skill>C Sharp</skill>
        <skill>SQL Server</skill>
        <skill>UML</skill>
    </student>
    <student ID="20200004">
        <name>杨苗</name>
        <sex>女</sex>
        <birthday>1997.5.16</birthday>
        <score>85</score>
        <skill>Visual C++</skill>
        <skill>SQL Server</skill>
        <skill>UML</skill>
    </student>
</roster>
```

(2) 为需要显示的 XML 文件编写相应的 XSL 文件。XSL 文件所采用的编码必须和对应的 XML 文件的编码一致，保存后的 XSL 文件的扩展名为.xsl。这里创建一个名为 student.xsl 的样式表文件，用来设置上述 student.xml 文档的显示样式。student.xsl 文件的代码如下。

```
<?xml version="1.0" encoding="gb2312"?>
<xsl:stylesheet version="1.0" xmlns:xsl="http://www.w3.org/1999/XSL/Transform">
    <xsl:template match="/">
        <html>
            <head>
                <title>电子商务班学生成绩单</title>
            </head>
            <body>
```

```
            <h2 align="center">学生成绩单</h2>
                <xsl:apply-templates select="roster"/>
            </body>
        </html>
    </xsl:template>
    <xsl:template match="roster">
        <table border="1" cellpadding="0" align="center">
         <tr><th>姓名</th><th>性别</th><th>生日</th><th>成绩</th></tr>
         <xsl:for-each select="student" >
            <tr>
                <td><xsl:value-of select="name"/></td>
                <td><xsl:value-of select="sex"/></td>
                <td><xsl:value-of select="birthday"/>    </td>
                <td><xsl:value-of select="score"/></td>
            </tr>
   </xsl:for-each>
  </table>
   </xsl:template>
  </xsl:stylesheet>
```

(3) 链接样式表文件到 XML 文档。XML 文件关联 XSL 文件的方法类似于关联 CSS 文件的方法，区别就是 type 属性的取值不同。对于上面的范例，即是 student.xml 文档中的第二行代码。如果 XML 文件关联了多个 XSL 文件，那么浏览器只显示第一个关联的 XSL 文件。

```
<?xml-stylesheet type="text/xsl" href=" student.xsl"?>
```

(4) IE 浏览器会自动将 XML 文件和相关联的 XSL 文件转换成一个 HTML 文件，并显示出来。在浏览器中浏览 student.xml 文档的效果如图 6-2 所示。

图 6-2　student.xml 文档在浏览器中的效果

6.2.2 XSL 入门

XSL 样式表文档的内容完全符合 XML 的语法规定，因而可以将其看成是一种特殊的 XML 文档。

一个 XSL 文件的基本结构如下。

```
<?xml version="1.0" encoding="gb2312"?>
<xsl:stylesheet version="1.0" xmlns:xsl="http://www.w3.org/1999/XSL/Transform">
<xsl:template match="/">
```

内容描述如下所示。

```
</xsl:template>
</xsl:stylesheet>
```

其中，基本结构的第二行代码定义了 XSL 的根元素，该根元素对所有的 XSL 都是完全一样的，XSL 可以使用如下两个根元素：

- <stylesheet…/>
- <transform…/>

上面两个根元素的作用和用法完全一样，可以相互替代。习惯上，一般使用<stylesheet…/>元素作为 XSL 的根元素。该根元素通常可以接受如下两个属性：

- id：指定该根元素的唯一标识，通常没有太大的作用，不必指定。
- version：指定该 XSL 文档的版本。目前 XSL 有两个版本，XSL 1.0 和 XSL 2.0，本章主要介绍 XSL 1.0。

XSL 处理器会将 XML 文档当作一棵结构化的树进行处理。值得指出的是，XSL 所认为的根节点和 XML 根节点不同：XSL 所认为的根节点是 XML 文档本身，而 XML 文档的根节点则是 XSL 所认为根节点的子节点之一。因此，在 XSL 看来，上面的 student.xml 文档可以转化为如图 6-3 所示的结构树。

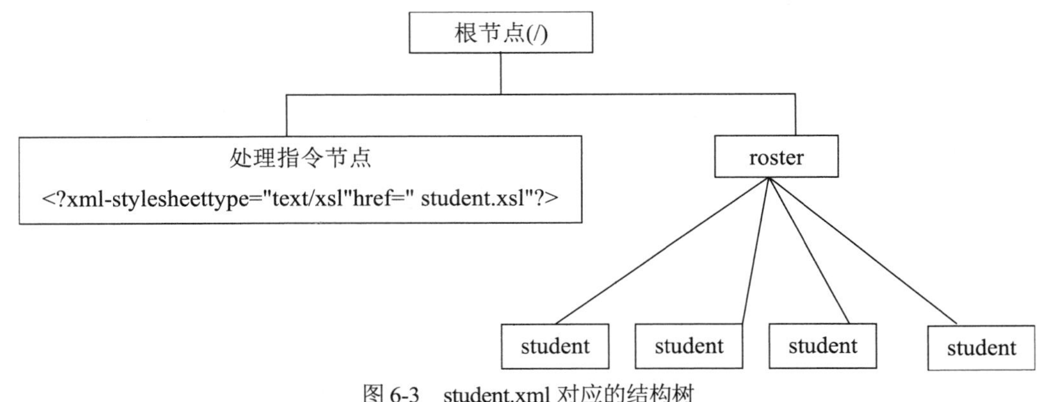

图 6-3　student.xml 对应的结构树

注意：

一个 XML 文档除了包含 XML 根元素外，还包含其他内容：处理指令，以及 XML 根节点之前的注释等，这些内容都不在 XML 根元素内。如果 XSL 直接使用 XML 的根元素作为根元素，总是根据节点的父子关系来访问 XML 文档的内容，则该 XSL 将无法访问 XML 文档的处理指令和根元素之外的注释等。但如果 XSL 直接将 XML 文档作为根元素，并将处理指令、根元素之外的注释和 XML 根元素等都当成 XML 文档的子元素处理，那就可以访问 XML 文档里包含的所有内容了。

6.3 XSL 模板

模板是 XSLT 中非常重要的概念。XSLT 文件就是由一个一个的模板组成的，任何一个 XSLT 文件都至少包含一个模板。模板可以被拼装组合，也可以单独成块，不同的模板控制不同的输出格式。

XSLT 模板有两种类型：一种作为模板规则(template rule)，匹配指定的 XML 节点；另一种作为命名模板(named template)，可被 call-template 元素显式地调用。模板规则必须有 match 属性，该属性为 XPath 表达式，指定该模板可以匹配哪些 XML 节点。命名模板必须有 name 属性，以被 call-template 元素调用。

6.3.1 使用<template>元素定义模板

模板以<template>元素声明，包含一系列 XSL 指令，控制 XSL 转换流程并指定 XSL 转换的输出内容。由<template>元素定义的模板规则是 XSL 样式表的最重要部分。每个模板规则都是一个<template>元素，这些规则将特定的输出与特定的输入相关联。

定义模板的方法如下。

```
<xsl:template  match=" "  name=" "  priority=" "  mode=" ">
<!-- 模板内容 -->
</ xsl:template >
```

各个属性的含义如下。

- match 属性：表示模板的匹配模式，该属性为 XPath 表达式，是必选属性。一个模板可以匹配一个标记，也可以匹配多个标记，各个标记用“|”符号隔开。
- name 属性：为模板定义名称，一个 XSL 文件不能包含同名模板。
- priority 属性：定义模板的优先级。
- mode 属性：为模板指定模式。

其中，name 属性、priority 属性和 mode 属性用来区别匹配同一标记的不同模板，它们不是常用的属性。

假设开发者要处理一个包含个人信息的 XML 文档，其使用 person 元素来存放某个人的信息，用 name 子元素存放某个人的姓名。使用 xsl:template 元素进行模板匹配的示例如下。

下面的语句说明该模板匹配所有的 name 元素。

```
<xsl:template  match="name">
</xsl:template>
```

下面的语句说明该模板匹配所有的 name 元素和所有的 person 元素。

```
<xsl:template  match="(person|name)">
</xsl:template>
```

下面的语句说明该模板匹配所有父节点为 person 元素的 name 元素。

```
<xsl:template  match="(person//name)">
</xsl:template>
```

下面的语句说明该模板匹配根节点。

```
<xsl:template  match="/">
</xsl:template>
```

通过上述示例可以看出，match 属性的属性值就是一个 XPath 表达式，用于匹配 XML 文档的指定节点。

<template>元素所定义的模板处理是非常简单的：它只是进行简单的替换而已。但是，如果 XSL 仅仅是进行这种简单的替换，那么所有 XML 文档被一个 XSL 转换后将得到完全相同的结果。如果这样，那 XSL 就没有存在的意义了，因此<template>元素定义的模板内容中可以包含动态的内容，如上一节例子中的< apply-templates>元素和<value-of>元素，这些元素都会随着源 XML 文档的改变而变化。

6.3.2 使用<apply-templates>元素处理子节点

与<template>元素总是作为<stylesheet>的子元素不同，<apply-templates>元素用于通知 XSLT 使用模板转换子节点，因此该元素总是作为模板内容使用。

使用<apply-templates>元素的方法如下。

```
<xsl:apply-templates  select=" "  mode=" ">
```

其他表示方法如下。

```
</xsl:apply-templates>
```

各个属性的含义如下。

- select 属性：指定一个 XPath 表达式，是可选属性。用于指定<apply-templates>元素只处理该指定表达式代表的子节点。如果没有指定 select 属性，<apply-templates>元素将依次处理当前节点集内的每个子节点。
- mode 属性：用来区分 XSL 文件中为相同标记定义的多个处理方法的模板，也是可选属性。

<apply-templates>元素只是通知 XSL 转换当前节点集的所有子节点，而实际转换则依赖于<template>元素所定义的模板。

下面通过具体的例子说明模板的定义和使用。有关于书籍信息的 XML 文档 book.xml，其代码如下。

```
<?xml version="1.0" encoding="UTF-8"?>
<?xml-stylesheet type="text/xsl" href="book.xslt"?>
<计算机书籍>
  <书名>ASP.NET 动态网站开发教程</书名>
  <作者>胡静</作者>
  <价格>30</价格>
  <简要介绍>
    该书详细介绍了如何使用 ASP.NET 开发动态网站
  </简要介绍>
</计算机书籍>
```

下面是 book.xslt 文件的代码。

```
<?xml version="1.0" encoding="UTF-8"?>
<xsl:stylesheet version="1.0" xmlns:xsl="http://www.w3.org/1999/XSL/Transform">
  <!-- 定义匹配文档根节点的模板 -->
  <xsl:template match="/">                                                    ①
     <html>
      <head>
        <title>我的图书</title>
      </head>
      <body>
        <h2>我的图书</h2>
        <!-- 对文档根节点的子节点应用模板规则 -->
        <xsl:apply-templates/>                                                ②
      </body>
     </html>
  </xsl:template>
     <!-- 定义匹配“计算机书籍”节点的模板 -->
  <xsl:template match="计算机书籍">
     <table style="border:1px solid #555555;background-color:#dedede;">
      <tbody>
        <tr>
          <th>书名：</th>
          <td><xsl:value-of select="书名"/></td>
        </tr>
        <tr>
          <th>作者：</th>
          <td><xsl:value-of select="作者"/></td>
        </tr>
        <tr>
          <th>价格：</th>
          <td><xsl:value-of select="价格"/></td>
        </tr>
        <tr>
          <th>简要介绍：</th>
          <td><xsl:value-of select="简要介绍"/></td>
        </tr>
      </tbody>
     </table>
```

```
    </xsl:template>
</xsl:stylesheet>
```

当把 book.xslt 样式表应用于 book.xml 时，将进行以下处理。

(1) book.xslt 文件中的①号代码处定义了第一个模板规则：该模板匹配整个文档节点，得到如下代码。

```
<!--使用第一个模板替换 XML 文档 -->
<html>
        <head>
          <title>我的图书</title>
        </head>
        <body>
          <h2>我的图书</h2>
          <!-- 对文档根节点的子节点应用模板规则得到的代码将插入这里 -->
        </body>
      </html>
```

(2) ②号代码处的<apply-templates>使格式化引擎处理子节点。

首先，将根节点的第一个子节点(styleshee 指令)与模板规则相比较，此子节点与任何一个模板规则都不匹配，所以不产生任何输出。

然后，将根节点的第二个子节点(根元素<计算机书籍>)与模板规则相比较，此子节点与第二个模板规则相匹配。接下来就用对应的模板内容逐项代替该节点集中每个子节点。转换后得到的文档如下。

```
    <!--使用第一个模板代替 XML 文档 -->
<html>
        <head>
          <title>我的图书</title>
        </head>
        <body>
          <h2>我的图书</h2>
          <!--使用第二个模板代替“计算机书籍”元素 -->
                    <table style="border:1px solid #555555;background-color:#dedede;">
            <tbody>
             <tr>
            <th>书名：</th>
            <td><xsl:value-of select="书名"/></td>
             </tr>
             <tr>
            <th>作者：</th>
            <td><xsl:value-of select="作者"/></td>
             </tr>
             <tr>
            <th>价格：</th>
            <td><xsl:value-of select="价格"/></td>
             </tr>
             <tr>
            <th>简要介绍：</th>
```

```
            <td><xsl:value-of select="简要介绍"/></td>
          </tr>
        </tbody>
      </table>
    </body>
  </html>
```

book.xml 文档在浏览器中的显示效果如图 6-4 所示。

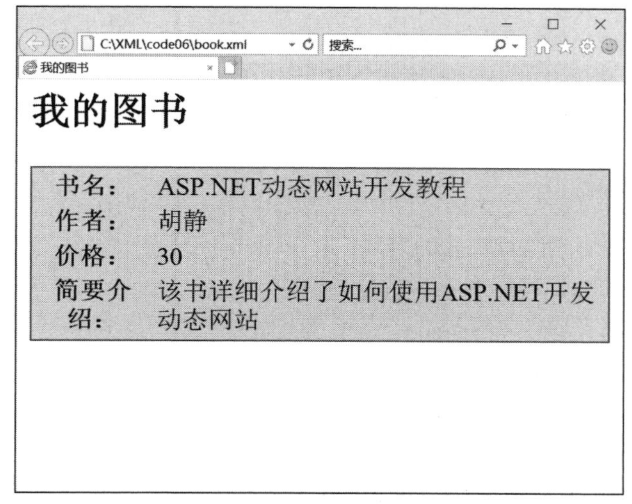

图 6-4　book.xml 文档在浏览器中的显示效果

6.3.3　XSL 的默认模板规则

XSLT 文件由一系列的<template>元素定义的模板组成，如果某个模板没有任何动态的内容(即没有其他 XSLT 元素)，则该模板所匹配的 XML 节点将被直接替换成它所包含的内容。

如果定义 XSLT 模板规则时没有为某个节点定义模板规则，那 XSLT 是不是就会忽略对该节点的转换呢？答案是否定的，XSLT 内置了几个通用的模板定义，如果开发者没有对某个节点定义模板规则，XSLT 内置的模板规则就会起作用。

XSLT 内置了以下几条默认的模板规则。

- 第一条模板规则可以匹配所有元素节点和根节点，代码如下。

```
<xsl:template  match="*|/">
        <xsl:apply-templates/>
</xsl:template>
```

这条模板规则非常简单，它通知 XSLT 处理器依次处理当前节点集所包含的每个子节点。由于 XSLT 已经内置了这条模板规则，因此如果不必对某个节点进行特殊处理，而只是希望 XSLT 依次处理它所包含的每个子节点，那么该节点就不必定义任何模板规则，使用这个内置的模板规则即可。但如果开发者为某个元素节点或根节点指定了自己的模板规则，那么这条内置的模板规则就将失效——因为开发者定义的模板规则总是具有更高的优先级。

- 第二条模板规则也可以匹配所有的元素节点和根节点，只不过这条模板规则指定了 mode 属性，代码如下。

```
<xsl:template  match="*|/"  mode="m">
            <xsl:apply-template mode="m"/>
</xsl:template>
```

上面模板规则中的 mode 属性的值 m，相当于一个通配符，可以匹配任何 mode 属性值。

● 第三条模板规则可以匹配所有文本节点和属性节点，代码如下。

```
<xsl:template  match="text( )|@*">
    <xsl:value-of  select="."/>
</xsl:template>
```

这条转换规则非常简单，总是直接输出文本节点和属性节点的文本内容。

6.3.4 使用命名模板

命名模板是一种提高代码复用性的方式：如果 XSL 样式表中有多个相同的模板定义，就可以将这部分模板片段抽取出来定义成一个命名模板。

将某个模板片段定义成命名模板后，样式表文档就可以在多个地方重用这个模板片段了。命名模板还能提高 XSL 样式表的可维护性：如果以后要修改这部分样式定义，只要直接修改命名模板定义即可，不必在每个模板定义中逐项修改。

使用命名模板需遵循以下两个步骤。

(1) 定义命名模板。定义<xsl:template>元素时可以指定一个 name 属性，其值就是该命名模板的名称。为<xsl:template>元素指定了 name 属性后，通常就不必再指定 match 属性。

(2) 通过<xsl:call-template>元素使用命名模板。使用<xsl:call-template>元素时可指定一个 name 属性，表明需要调用哪个命名模板。

6.4 XSLT 的元素

在 XSLT 中还提供了一些用来执行特定功能的元素，使用这些元素可以对 XML 文档中的元素进行选择、排序、循环、控制等操作。从这方面看，XSLT 和 CSS 有本质上的区别。也正是由于这些控制元素，使 XSLT 可以实现 CSS 不能实现的功能。需要注意的是，XSLT 的元素必须位于 http://www.w3.org/1999/XSL/Transform 名称空间下。

6.4.1 使用 xsl:value-of 获得节点值

xsl:value-of 用来取出 XML 文件中被选择的元素或属性的内容，这个过程和数据库中的查询过程非常类似。其具体语法定义如下。

```
<xsl:value-of  select=" "/>
```

该元素用来获取指定节点的值并将其输出，其 select 属性是必填属性，用来设置匹配模式，匹配模式基本上就是一个 XPath 表达式。该表达式对应的内容将被转换成字符串并输出。

如果要显示属性的值，必须在属性名之前添加@符号作为前缀。在使用时还需要注意

xsl:value-of 元素是一个空元素，在结束前应有/。

下面通过实例讲解 xsl:value-of 元素的使用。

【例 6-1】 example6-1.xml 文件的源代码如下。

```
<?xml version="1.0" encoding="GB2312"?>
<?xml-stylesheet href=" example6-1.xsl" type="text/xsl"?>
  <唐诗 id="067">
     <五言绝句>
        <标题>春晓</标题>
        <作者>
           <姓名>孟浩然</姓名>
           <字号> 浩然 </字号>
        </作者>
        <内容>
           春眠不觉晓，处处闻啼鸟。
           夜来风雨声，花落知多少。
       </内容>
     </五言绝句>
</唐诗>
```

如果使用 xsl:value-of 元素来转换包含子元素的节点，它会采用深度优先的法则(第一个子节点、每个孙子节点、下一个子节点……)，将每个文本节点所包含的字符串依次累加成一个字符串后返回，如以下的 XSLT 文档 example6-1.xml。

```
<?xml version="1.0" encoding="GB2312"?>
<xsl:stylesheet version="1.0" xmlns:xsl="http://www.w3.org/1999/XSL/Transform" >
    <xsl:template match="/">
        <!--使用 value-of 转换包含子元素的唐诗元素-->
        <xsl:value-of   select="唐诗"/>
    </xsl:template>
</xsl:stylesheet>
```

上面的 XSLT 文档直接使用 xsl:value-of 元素来转换唐诗元素，因此会按深度优先的法则来处理每个子元素，得到的结果如图 6-5 所示。

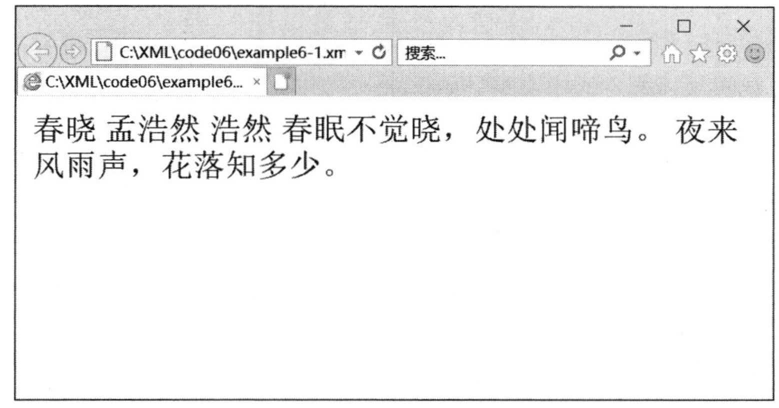

图 6-5　example6-1.xml 文档在浏览器中的显示效果

例 6-2 演示了如何使用 xsl:value-of 元素获得属性值。

【例 6-2】example6-2.xsl 文件的源代码如下。

```
<?xml version="1.0" encoding="GB2312"?>
<xsl:stylesheet version="1.0" xmlns:xsl="http://www.w3.org/1999/XSL/Transform" >
    <xsl:template match="/">
      <!--转换唐诗元素的 id 属性-->
      <xsl:value-of   select="唐诗/@id"/>
    </xsl:template>
</xsl:stylesheet>
```

上面的 XSLT 文档直接使用 xsl:value-of 元素来转换唐诗元素的 id 属性，因此会直接输出该 id 属性的值，得到的结果如图 6-6 所示。

图 6-6　example6-2.xml 文档在浏览器中的显示效果

6.4.2　使用 xsl:for-each 处理多个元素

前面介绍的 xsl:value-of 元素只能用于获取指定节点的内容。如果有多个节点可供选择，xsl:value-of 元素只能获得第一个节点中的内容。若想循环选择多条数据，一般使用 xsl:for-each 元素。

xsl:for-each 元素允许循环处理被选择的节点，具体语法定义如下。

```
<xsl: for-each   select=" ">
```

模板内容如下。

```
</xsl: for-each >
```

xsl:for-each 元素必须指定一个 select 属性，其值是一个 XPath 表达式，表达一个节点集。xsl:for-each 元素将依次迭代节点集内的每个节点，其中正在被迭代处理的节点会变成当前节点。

XSLT 会使用 xsl:for-each 元素里包含的模板定义来转换每个被迭代处理的节点。

例 6-3 演示了 xsl:for-each 元素的使用方法。

【例 6-3】example6-3.xml 文件的源代码如下。

```
<?xml version="1.0"?>
<?xml-stylesheet type="text/xsl" href="example6-3.xsl"?>
```

```
<person>
    <student >
        <name>Adela</name>
        <age>18</age>
    </student >
    <student>
        <name>Tiger</name>
        <age>20</age>
    </student >
    <student>
        <name>Marer</name>
        <age>22</age>
    </student>
    <student>
        <name>Sara</name>
        <age>21</age>
    </student>
</person >
```

这是一个包含学生信息的 XML 文档，如果对其应用如下的样式表文件 example6-3.xsl。

```
<?xml version="1.0" encoding="UTF-8"?>
<xsl:stylesheet version="1.0" xmlns:xsl="http://www.w3.org/1999/XSL/Transform" >
<xsl:template match="person">
<xsl:value-of select="./student"/>
</xsl:template>
</xsl:stylesheet>
```

则 XML 文档的显示结果如图 6-7 所示。

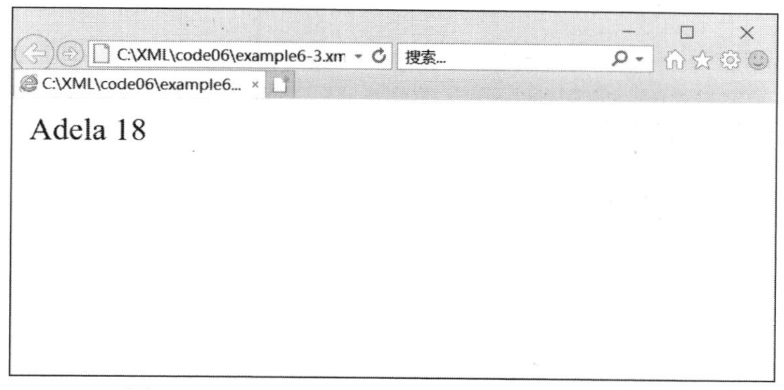

图 6-7　example6-3.xml 文档在浏览器中的显示效果

从图中可以看出只显示了第一个 student 元素的内容，这是因为 xsl:value-of 元素只能选择第一个元素。若要显示所有学生的信息，有两种方法。

第一种方法是修改上面的 XSL 文档，将其代码改为如下形式。

```
<?xml version="1.0" encoding="UTF-8"?>
  <xsl:stylesheet version="1.0" xmlns:xsl="http://www.w3.org/1999/XSL/Transform" >
  <xsl:template match="person">
    <xsl:apply-templates select="student"/>
```

```
</xsl:template>
<xsl:template match="student">
  <xsl:value-of select="."/>
  <br/>
</xsl:template>
</xsl:stylesheet>
```

从上面的代码中可以看出，这个 XSL 文档中定义了两个模板，第二个模板中的 select="." 告诉格式化程序获取 student 元素及其子元素的值。

将此文件保存为 student2.xsl，然后将此 XSL 文档与上面的 example6-3.xml 文件相关联，即修改 example6-3.xml 文档中第二行代码的 href 属性为 href="student2.xsl"。则 example6-3.xml 在浏览器中的显示效果如图 6-8 所示。

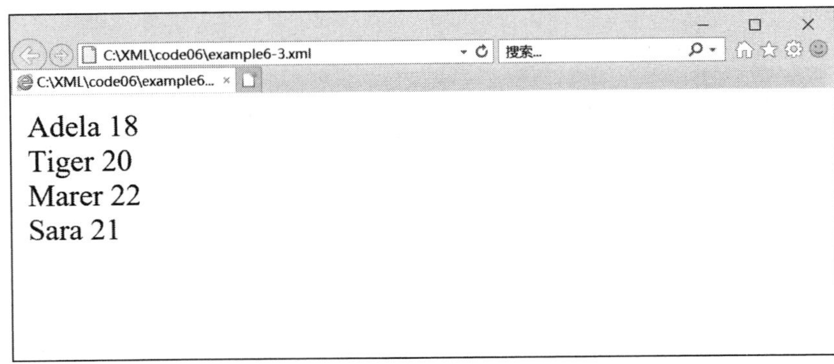

图 6-8　example6-3.xml 在浏览器中的显示效果

第二种方法是使用 xsl: for-each 元素依次处理由其 select 属性选择的每个元素，并且不需要任何附加的模板。

```
<?xml version="1.0" encoding="UTF-8"?>
<xsl:stylesheet version="1.0" xmlns:xsl="http://www.w3.org/1999/XSL/Transform" >
  <xsl:template match="person">
    <xsl:for-each select="student">
      <xsl:value-of select="."/>
      <br/>
    </xsl:for-each>
  </xsl:template>
</xsl:stylesheet>
```

将此文件保存为 student3.xsl，然后将此 XSL 文档与上面的 example6-3.xml 文件相关联，即修改 example6-3.xml 文档中第二行代码的 href 属性为 href="student3.xsl"。可以看到文档在浏览器中的显示效果和图 6-8 完全一致。

6.4.3　使用 xsl:sort 对输出元素排序

xsl:sort 元素可以使得输出元素按不同于输入文档中的顺序进行排序。xsl:sort 元素一般作为 xsl:apply-templates 或 xsl:for-each 的子元素出现。其具体语法定义如下。

```
<xsl:sort  select=" "  order=" "  data-type=" "  case-order=" " />
```

- select 属性用于指定一个 XPath 表达式，该表达式所表示的节点将作为排序关键字。
- order 属性指定是用“升序”(属性值为 ascending)还是“降序”(属性值为 descending)进行排序。

data-type 属性指定字符串的数据类型，只能接受以下 3 个属性值。

- text：指定排序关键字应按照字母顺序排序。
- number：指定排序关键字应转换为数字，然后根据数值进行排序。
- QName：展开为扩展名称，标识该数据类型。

case-order：当 data-type 属性值为 text 时，该属性指定大写字母应该在小写字母之前还是之后。其属性值可以为 upper-first(大写字母排在前面)和 lower-first(小写字母排在前面)。

在 xsl:apply-templates 和 xsl:for-each 元素里可以使用多个 xsl:sort 元素，其输出内容首先按第一个 xsl:sort 元素的 select 属性进行排序，然后按第二个 xsl:sort 元素的 select 属性进行排序，以此类推。

下面通过实例来详细介绍 xsl:sort 元素的使用方法。

【例 6-4】对 example6-3.xml 文件中的学生信息按照<age>子元素的值进行降序排序，给出的 XSL 文件为 student4.xsl，其代码如下。

```
<?xml version="1.0" encoding="UTF-8"?>
<xsl:stylesheet version="1.0" >
  <xsl:template match="person">
    <xsl:for-each select="student">
      <xsl:sort select="age" order="descending"/>
      <xsl:value-of select="."/>
      <br/>
    </xsl:for-each>
  </xsl:template>
</xsl:stylesheet>
```

用此 XSL 文件在浏览器中浏览 example6-3.xml 文件时可以看到学生信息会按年龄降序排序。XML 文档的显示效果如图 6-9 所示。

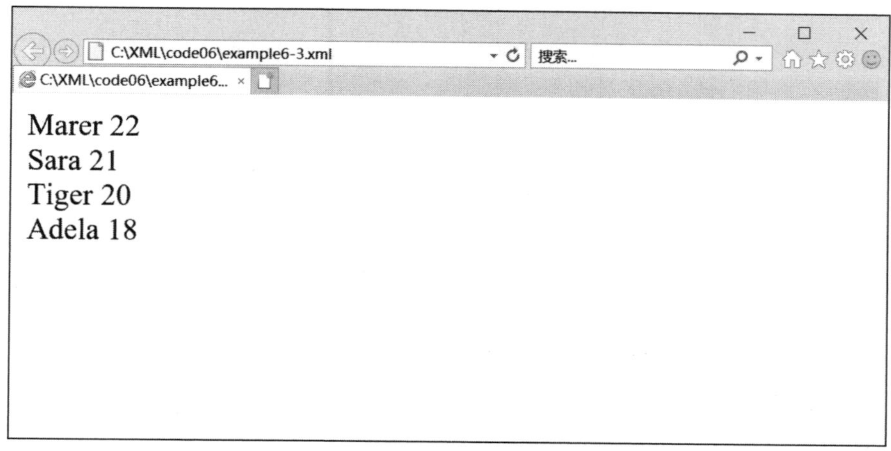

图 6-9　用 student4.xsl 浏览 example6-3.xml 的显示效果

6.4.4 用于选择的元素 xsl:if 和 xsl:choose

XSL 中用于做选择操作的元素有两个：xsl:if 元素和 xsl:choose 元素。xsl:if 元素可以指定一个条件，如果条件成立，则执行 if 包含的指令。而 xsl:choose 元素根据输入文档中存在的模式，从几个可能的 XML 段中挑选一个。

下面分别讲解这两个元素的用法。

xsl:if 元素类似程序设计语言中的 if 条件语句，允许设定节点满足某个条件时，被模板处理。其具体语法定义如下。

```
<xsl: if   test=" ">
```

输出内容可表示为如下格式。

```
</xsl: if>
```

test 属性的值是一个布尔表达式，当 test 属性指定的布尔表达式为 true 时，计算并输出 xsl:if 元素包含的模板内容，否则不会计算并输出该元素包含的模板内容，test 属性是必选属性。

【例 6-5】如果只想输出 example6-3.xml 文件中年龄大于 20 岁的学生的信息，就可以使用 xsl:if 元素进行选择，给出的 XSL 文件为 student5.xsl，其代码如下。

```
<?xml version="1.0" encoding="UTF-8"?>
<xsl:stylesheet version="1.0" xmlns:xsl="http://www.w3.org/1999/XSL/Transform" >
<xsl:template match="person">
  <xsl:for-each select="student">
    <xsl:if test="age>20">
      <xsl:value-of select="."/>
      <br/>
    </xsl:if>
  </xsl:for-each>
</xsl:template>
</xsl:stylesheet>
```

xsl:if 元素只能判断满足某个条件时如何处理，而不满足的情况则无法处理。也就是说，在 XSL 中没有 if-else 结构，xsl:choose 元素则可以实现多选一的功能，类似于其他程序语言中的 switch-case 语句。其具体语法定义如下。

```
<xsl:choose>
<xsl:when test=" ">
  输出内容
</xsl:when>
<xsl:when test=" ">
  输出内容
</xsl:when>
……
<xsl:otherwise >
  输出内容
</xsl:otherwise >
</xsl:choose>
```

xsl:when 元素和 xsl:otherwise 元素必须放在 xsl:choose 元素中。每个 xsl:choose 元素中可以包含多个 xsl:when 子元素，但最多只能包含一个 xsl: otherwise 子元素。xsl:when 元素和 xsl:otherwise 元素都是通过 test 属性指定一个布尔表达式作为判断条件。

例 6-6 说明 xsl:choose 元素的用法。

【例 6-6】下面是一个关于书籍信息的 XML 文件 example6-4.xml，其代码如下。

```
<?xml version="1.0" encoding="UTF-8"?>
<?xml-stylesheet type="text/xsl" href="choose.xslt"?>
<!-- XML 文档根元素之前的注释 -->
<book>
    <computerbook isbn="123444">
  <name>
      <main>ASP.NET 动态网站开发教程</main>
    <sub>全面掌握 ASP.NET 开发动态网站的方法</sub>
    </name>
  <price>30.00</price>
  </computerbook>
  <computerbook isbn="123555">
  <name>
      <main>XML 基础教程</main>
    <sub>全面掌握 XML 的用法</sub>
    </name>
  <price>50.00</price>
  </computerbook>
</book>
```

与之对应的 XSL 文件 choose.xslt 的代码如下。

```
<?xml version="1.0" encoding="UTF-8"?>
<xsl:stylesheet version="1.0" xmlns:xsl="http://www.w3.org/1999/XSL/Transform">
  <!-- 定义匹配文档根节点的模板 -->
  <xsl:template match="/">
    <html>
      <head>
        <title>计算机图书</title>
      </head>
      <body>
        <h2>计算机图书</h2>
        <!-- 对文档根节点的子节点应用模板规则 -->
        <xsl:apply-templates/>
      </body>
    </html>
  </xsl:template>
  <xsl:template match="computerbook">
    <ul>
    <li>ISBN：<xsl:value-of select="@isbn"/></li>
    <li><xsl:apply-templates select="name/main"/></li>
    <li><xsl:apply-templates select="name/sub"/></li>
    <li>价格：
      <xsl:choose>
```

```
            <xsl:when test="price &lt; 35">
            书很便宜，直接在网上订购一本算了。
            </xsl:when>
            <xsl:when test="price &lt; 50">
            稍微有点超出我的预算，先在网上看看该书的试读章节。适合就买。
            </xsl:when>
            <xsl:otherwise>
            价格有点贵，要去书店仔细看看再做决定
            </xsl:otherwise>
          </xsl:choose>
        </li>
        </ul>
    </xsl:template>
</xsl:stylesheet>
```

上面的 XSL 文档中的布尔表达式“price < 50”里的“<”是一个实体引用，XSL 文档也是 XML 文档，因此一样可以使用 XML 里的实体引用。

在浏览器中浏览 example6-4.xml 文件的效果如图 6-10 所示，可以看到在“价格：”后面会根据不同的图书价格输出不同的信息。

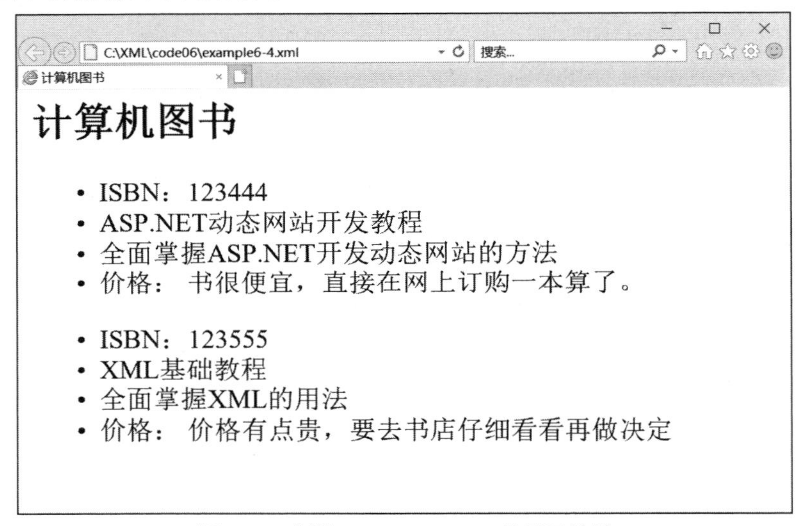

图 6-10　浏览 example6-4.xml 的显示效果

6.5　XSL 的模式语言

XSL 是一种基于模式匹配的语言，它会查找匹配特定条件的标记节点，然后再对其应用相应的规则。本节就介绍 XSL 如何定位到 XML 文件中满足特定条件的标记。

6.5.1　相对路径和绝对路径

文件路径有相对路径和绝对路径之分。绝对路径总是以磁盘的根路径开始，在任何位置总是指向相同的文件夹或文件。而相对路径是一个相对位置的描述，表示从当前位置出发，通过这个相对路径，就可以找到特定的数据。因此相对路径需要依赖于当前路径(或者称为基路径)。例如，计算机文件系统中路径 C:\WINNT\system32\notepad.exe 就是一个绝对路径。而 myweb\default.aspx 就是一个相对路径，但该路径具体指向哪个文件却无法确定，因为它会随着基路径的改变而改变。如果当前路径为 C:\aspnet，那么该相对路径就指向 C:\aspnet\myweb\default.aspx 文件；如果当前路径为 G:\test，那么该相对路径就指向 G:\test\myweb\default.aspx 文件。

用 XSL 格式化 XML 文档时，总是先定位到 XML 文档的根。文件的根用“/”表示，所以绝对路径以/开头，向后依次为各级子标记，各级标记用“/”隔开，代表父子节点关系。

假设一个 XML 文档的根标记是 message，person 标记是 message 标记的子标记，name 标记是 person 标记的子标记。则下面的路径就是一个绝对路径。

```
/message/person/name
```

相对路径都不以/开始，..表示上一级标记。例如，假设当前位置是/message/person/name，则路径 lxfs/tel 就表示相对于当前位置下的 tel 标记。代表的绝对路径是/message/person/name/lxfs/tel。

定义 XPath 路径表达式时，大多数时候都是在使用相对路径的 XPath 表达式，在这种情况下，务必要注意 XPath 的基路径。

6.5.2 匹配节点的模式

前面介绍的 xsl:template 元素的 match 属性支持复杂的语法，允许人们精确地表达想要选择哪个节点。另外，还有 xsl:apply-templates 元素、xsl:value-of 元素、xsl:for-each 元素和 xsl:sort 元素的 select 属性也要选择需要的节点。下面讨论匹配和选择节点的各种模式。

1. 使用//字符匹配子节点

有的时候，尤其是使用不规则的层次时，更容易的方法就是越过中间节点、只选择给定类型的所有元素，而不管这些元素是不是直系子、孙、重孙或其他所有的元素。双斜杠(//)引用任意级别的后代元素。

下面用一个具体的实例来说明这种定位方法。

【例 6-7】下面是一个关于学生信息的 XML 文件 example6-5.xml，其代码如下。

```
<?xml version="1.0" encoding="gb2312" ?>
<?xml-stylesheet type="text/xsl" href="01.xsl" ?>
<message>
  <student id="1234">
    <name>Amy</name>
    <sex>female</sex>
    <lxfs>
      <tel>1234567</tel>
    </lxfs>
  </student>
  <student>
    <name>Tom</name>
```

```
        <sex>male</sex>
        <age>23</age>
        <lxfs>
            <email>tom@163.com</email>
        </lxfs>
    </student>
    <student >
        <name>Sonia</name>
        <sex>female</sex>
        <age>25</age>
        <tel>7654321</tel>
    </student>
</message>
```

如果要显示出该 XML 文件中所有 tel 元素的内容，则 XSL 文件 01.xsl 的代码如下。

```
<?xml version="1.0" encoding="gb2312" ?>
<xsl:stylesheet version="1.0" xmlns:xsl="http://www.w3.org/1999/XSL/Transform">
  <xsl:template match="/">
  <html>
  <body>
    <center>
    <table border="1" width="300" >
    <tr>
      <td align="center">tel</td>
    </tr>
    <!--此处采用//匹配所有的 tel 元素-->
    <xsl:for-each select="message//tel">
    <tr>
      <td align="center"><xsl:value-of select="." /></td>
    </tr>
    </xsl:for-each>
    </table>
    </center>
  </body>
  </html>
  </xsl:template>
</xsl:stylesheet>
```

在上面的例子中，有如下语句。

```
<xsl:for-each select="message//tel">
```

该语句表示 message 元素的子孙标记中所有的 tel 元素都满足条件，不管它们是何种层次关系，所以在浏览器中查看输出结果时可以看到两对 tel 元素的内容都会被输出。具体结果如图 6-11 所示。

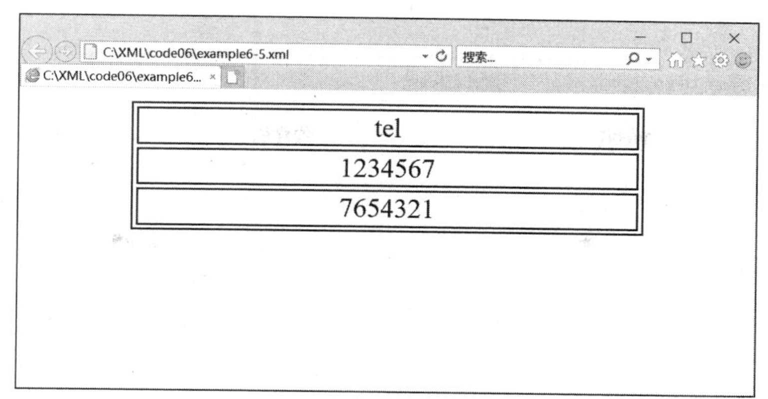

图 6-11　用 01.xsl 浏览 example6-5.xml 的显示效果

2. 通配符*

通配符*表示任意名称的标记，它可以匹配任意标记。如下面的代码所示。

```
<xsl:value-of select="lxfs/*">
```

该语句表示匹配元素 lxfs 的任意子元素，上面的 XML 文件 example6-5.xml 中的 tel 元素和 email 元素都是 lxfs 的子元素。所以，它们的内容都会被输出。

注意：

通配符*可以代替任意名称的标记，一个*只能代替一级标记，如果是多级标记，可以采用 message/*/*/tel 的形式，表示的路径可以是 message/student/lxfs/tel 等。

3. 匹配元素的内容

前面介绍的匹配都是按元素的名称进行匹配的，有时则需要按元素的内容进行匹配。

例如，在上面的 XML 文件 example6-5.xml 中，想要找到 name 元素为 Tom 的学生信息，则可以使用下面的代码。

```
<xsl:for-each select="message/student[name='Tom']">
```

该语句表示的查询条件为“message 元素的子元素 student 下 name 为 Tom”的学生记录。

如果要选出 name 不为 Tom 的学生记录，则应将查询条件改为如下表达式。

```
<xsl:for-each select="message/student[name!='Tom']">
```

在一些查询语句中需要使用关系运算符，包括：=、!=、<、<=、>和>=。在 XSL 中，这些符号都有特殊的编码，如表 6-2 所示。

表 6-2　XSL 中的关系运算符及其特殊编码

关系运算符	特殊编码	说明
=	eq	相等(区分大小写)
	ieq	相等(不区分大小写)
!=	ne	不等(区分大小写)
	ine	不等(不区分大小写)

(续表)

关系运算符	特殊编码	说明
<	lt	小于(区分大小写)
	ilt	小于(不区分大小写)
<=	le	小于或等于(区分大小写)
	ile	小于或等于(不区分大小写)
>	gt	大于(区分大小写)
	igt	大于(不区分大小写)
>=	ge	大于或等于(区分大小写)
	ige	大于或等于(不区分大小写)

所以，上面的查询语句可以改为以下语句。

```
<xsl:for-each select="message/student[name$ne$'Tom']">
```

注意：

为了避免在程序中出现错误，建议在使用关系运算符时，尽量使用 XSL 提供的特殊编码，而不要使用数学符号。

4. 匹配元素的属性及子元素

有时候需要把一些特定的样式应用于某一特定的元素中，而不改变该类型的所有其他元素。这时就可以通过元素的属性进行定位，即根据元素属性的不同来选出具有某些特征的元素。下面通过具体的例子来说明如何根据属性来定位元素。

【例 6-8】假设要选出 example6-5.xml 中所有 student 元素具有 id 属性的学生信息，则对应的 XSL 文件 02.xsl 的代码如下。

```
<?xml version="1.0" encoding="gb2312" ?>
<xsl:stylesheet version="1.0" xmlns:xsl="http://www.w3.org/1999/XSL/Transform">
  <xsl:template match="/">
  <html>
  <body>
    <center>
    <table border="1" width="300" >
    <tr>
      <td align="center">name</td>
      <td align="center">sex</td>
      <td align="center">lxfs</td>
    </tr>
    <xsl:for-each select="message/student[@id]">
    <tr>
      <td align="center"><xsl:value-of select="name" /></td>
      <td align="center"><xsl:value-of select="sex" /></td>
      <td align="center"><xsl:value-of select="lxfs" /></td>
    </tr>
```

```
        </xsl:for-each>
        </table>
        </center>
    </body>
    </html>
    </xsl:template>
</xsl:stylesheet>
```

上面的 XSL 文件中有如下语句。

```
<xsl:for-each select="message/student[@id]">
```

该语句表示查找具有 id 属性且父元素为 message 的 student 元素。符号@称为属性指示符，表示该符号后面是一个属性名称。在 example6-5.xml 中，满足该条件的学生记录只有一条，所以得到如图 6-12 所示的结果。

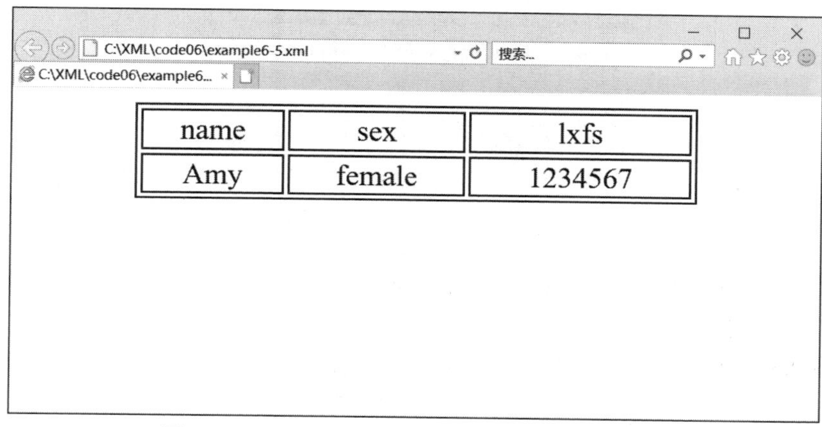

图 6-12　用 02.xsl 浏览 example6-5.xml 的显示效果

此外，@符号还可用于指定属性满足某些条件，如下面的代码所示。

```
<xsl:for-each select="message/student[@id$eq$'2']">
```

该语句的功能是找出 message 元素的子元素中 id 属性值为 2 的 student 元素。

6.6 使用 XMLSpy 管理 XSL 操作

使用 XMLSpy 编辑器可以非常方便地编写 XSL 样式表文档，它可以动态地完成错误提示，而且支持 XSLT 1.0 和 XSLT 2.0 转换，功能非常丰富。

使用 XMLSpy 2014 编辑 XSLT 样式表可以按以下步骤进行。

(1) 单击 XMLSpy 编辑器 File 菜单下的 New…菜单项，弹出如图 6-13 所示的对话框。

(2) 在列表中选择 XSLT Stylesheet v1.0 可以创建 XSLT 1.0 样式表，选择 XSLT Stylesheet v2.0 可以创建 XSLT 2.0 样式表，根据需要进行选择，然后单击 OK 按钮，弹出如图 6-14 所示的对话框。

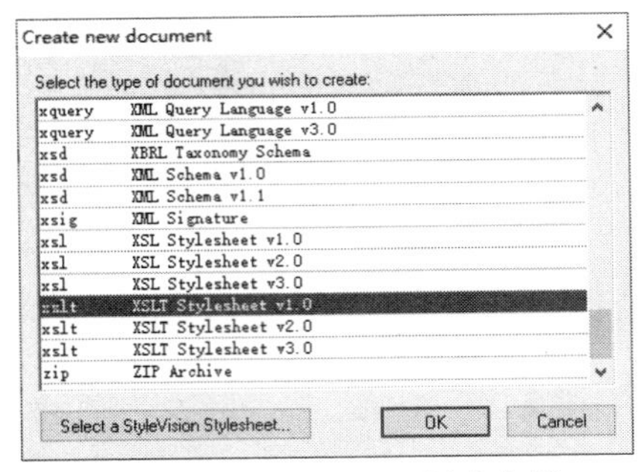

图 6-13 用 XMLSpy 新建文档

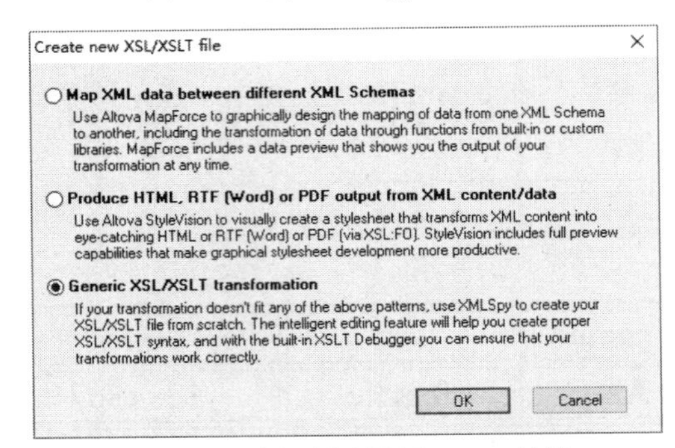

图 6-14 选择创建通用 XSLT 转换

(3) 选中第 3 个单选按钮 Generic XSL/XSLT transformation，该选项用于创建通用 XSLT 样式表。选中后单击 OK 按钮，进入 XSLT 样式表编辑窗口。

成功编辑 XSLT 样式表后，还可用 XMLSpy 为 XML 分配 XSLT 样式表。为 XML 分配 XSLT 样式表的步骤如下。

(1) 进入需要分配 XSLT 样式表的 XML 文档的编辑界面。

(2) 单击 XMLSpy 编辑器的 XSL/XQuery 菜单下的 Assign XSL...菜单项。

(3) 此时 XMLSpy 将弹出如图 6-15 所示的确认框。

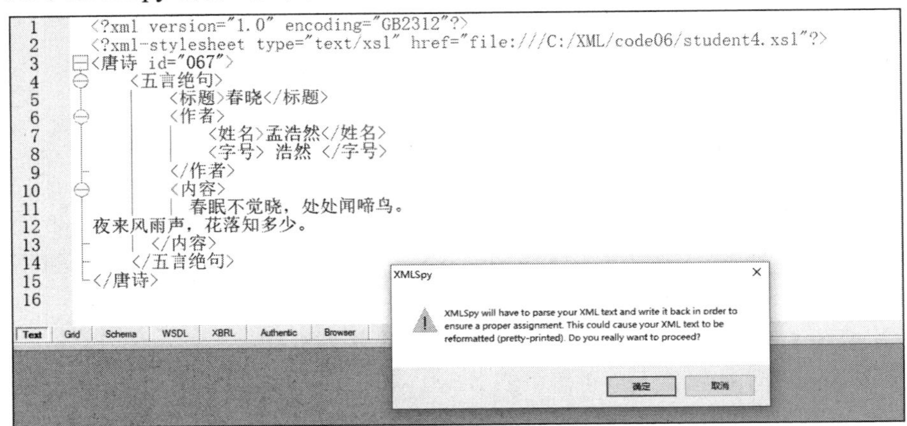

图 6-15 确认框

(4) 该确认框提示用户，如果需要分配 XSLT 样式表，XMLSpy 将会对 XML 文档进行重新格式化，并询问用户是否需要继续操作。如果希望 XMLSpy 为 XML 文档分配样式表，则单击

“确定”按钮，然后弹出图 6-16 所示的对话框。

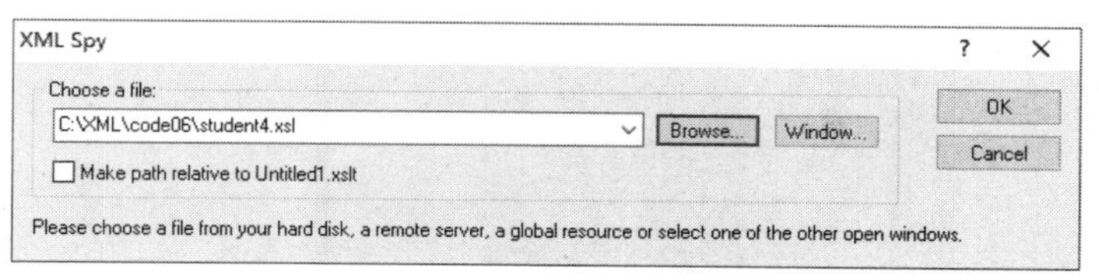

图 6-16　选择 XSLT 样式表

(5) 单击 Browse...按钮，在打开的对话框中选择样式表文件，然后单击 OK 按钮，就可以看到 XMLSpy 已将指定的样式表分配给当前的 XML 文档。

6.7 本章小结

本章首先介绍了 XSL 的概念，并对 XSL 的三个组成部分 XSLT、XPath 和 XSL-FO 分别进行了介绍。其中，重点介绍了 XSLT 部分，即如何通过 XSLT 来控制 XML 文档的显示。之后详细介绍了 XSLT 中的各种转换元素，如 xsl:template、xsl:apply-templates、xsl:value-of、xsl:for-each、xsl:if 和 xsl:choose 等，这些元素既是定义 XSLT 样式表的基础，又是需要重点掌握的内容。最后介绍了 XSL 的模式语言，熟练掌握相关符号可以快速准确地匹配到 XML 中的节点。

6.8 思考和练习

1. XSL 由哪几部分构成？
2. XSL 与 CSS 有哪些区别？
3. 请解释 XSLT 显示 XML 内容的基本原理。
4. 试描述 XSL 文件的基本结构。
5. 假设有如下的 XML 文件 xinxi.xml。

```
<?xml version="1.0"   encoding="gb2312" ?>
<person>
<student>
<name id="1">张三</name>
<lxfs>
<tel>
<home>1111111</home>
<office>2222222</office>
</tel>
<email>zhangsan1@aa.bb</email>
</lxfs>
</student >
<student >
<name id="2">张三</name>
```

```
<lxfs>
<tel>3333333</tel>
<email>zhangsan2@aa.bb</email>
</lxfs>
</student >
<student >
<name id="3">李四</name>
<tel>4444444</tel>
<email>lisi@aa.bb</email>
</student >
</person >
```

(1) 执行下面的语句会得到什么结果？

```
<xsl:for-each select="person/student">
<xsl:value-of select="*/*" />
</xsl:for-each>
```

(2) 执行下面的语句会得到什么结果？

```
<xsl:for-each select="root/persion">
    <xsl:value-of select="./name[@id$gt$'1'][value()$ne$' 李四']" />
</xsl:for-each>
```

(3) 编写一个模板，使之定位到 tel 标记，该 tel 标记具有如下特征：具有父标记 lxfs 且含有子标记 home。

6. 请写出以下 XML 文件 doc01.xml 经过 XSL 文件变换后得到的 HTML 文件的代码。

```
<?xml version="1.0" encoding="gb2312"?>
<?xml-stylesheet type="text/xsl" href="doc01.xsl"?>
<doc>
        <title>文件标题</title>
        <chapter>
            <title>章节标题</title>
            <section>
                <title>小节标题</title>
                <para>这是一个段落。</para>
                <note>这是一个注释。</note>
            </section>
            <section>
                <title>另一小节标题</title>
                <para>这里是<emph>另一段</emph>内容。</para>
                <note>这是另外一个注释。</note>
            </section>
        </chapter>
</doc>
```

XSL 文件 doc01.xsl 的代码如下：

```
<?xml version="1.0"?>
<xsl:stylesheet version="1.0" xmlns:xsl="http://www.w3.org/1999/XSL/Transform">
    <xsl:template match="doc">
```

```
        <html>
            <head>
                <title><xsl:value-of select="title"/></title>
            </head>
            <body>
                <xsl:apply-templates/>
            </body>
        </html>
</xsl:template>
<xsl:template match="doc/title">
        <h1><xsl:apply-templates/></h1>
</xsl:template>
<xsl:template match="chapter/title">
        <h2><xsl:apply-templates/></h2>
</xsl:template>
<xsl:template match="section/title">
        <h3><xsl:apply-templates/></h3>
</xsl:template>
<xsl:template match="para">
        <p><xsl:apply-templates/></p>
</xsl:template>
<xsl:template match="note">
        <p class="note"><b>NOTE:</b><xsl:apply-templates/></p>
</xsl:template>
<xsl:template match="emph">
        <em><xsl:apply-templates/></em>
</xsl:template>
</xsl:stylesheet>
```

7. 有以下 XML 文档，请根据要求，编写对应的 XSL 样式表文件。

```
<?xml version="1.0" encoding="gb2312"?>
<Orders>
        <Order orderID="1234" orderDate="2014-1-20">
        <name>调味品</name>
        <number>140</number>
        <city>北京</city>
        <postcode>100000</postcode>
    </Order>
    <Order orderID="2345" orderDate="2013-12-10">
        <name>饮料</name>
        <number>1000</number>
        <city>郑州</city>
        <postcode>450000</postcode>
    </Order>
</Orders>
```

要求：以表格形式显示 XML 文档中存储的数据，并且只显示 orderID 为 1234 的订单信息。

ꩀ 第7章 ꩀ

XML解析器——DOM

在程序中，经常需要对 XML 文档进行解析，以检索、修改、删除或重新组织其中的内容。例如，将应用程序运行所需的一些配置信息以 XML 的格式保存到文件中，在程序启动时读取 XML 文件，从中提取有用的信息，此时需要对 XML 文档进行解析。XML 处理都是从解析开始的，无论是用高层编程语言(如 XSLT)还是低层编程语言(如 Java)，第一步都要读入 XML 文件、解码结构和检索信息，这就是解析。

一个 XML 解析器是一段可以读入文档并解析其结构的代码。XML 解析器是 XML 和应用程序之间存在的一个软件组织，主要起桥梁作用，帮助应用程序从 XML 中提取所需要的数据。解析器的主要功能是检查 XML 文件是否有结构上的错误，剥离 XML 文件中的标记，读出正确的内容，并交给下一步应用程序处理。本章将详细介绍一种常用的 XML 解析器——DOM(文档对象模型)。

本章的学习目标：

- 了解 DOM 的基本概念
- 掌握 DOM 的结构
- 熟悉 DOM 的节点类型
- 掌握 DOM 基本接口及其应用方法
- 熟悉 DOM 的使用

7.1 DOM 概述

DOM 是 Document Object Model 的缩写，即文档对象模型，是 W3C 组织推荐的处理 XML 的标准接口。它定义了文档的逻辑结构、对象和属性，以及访问、操纵文档的方法或接口。它是一个使程序能够动态访问和更新文档的内容、结构以及样式的平台和语言中立的接口。DOM 中的对象允许开发者从文档中读取、搜索、修改、增加和删除数据，它们为文档导航提供了标准的功能定义，并且操纵 XML 文档的内容和结构。DOM 提供的对象和方法可以和任何编程语言(Java、C++、VB)一起使用，也可以与 VBScript、JavaScript 脚本语言一起使用。

实际上，文档对象模型的概念及应用早于 XML。在当下流行的浏览器中，都有一个 DOM。它把浏览器的窗口、相关的文档内容作为一个对象进行操作，以对象为句柄来设置和修改浏览器的相关配置。例如，在 Java 语言中，可通过其中的 window 或 document 对象来关闭和显示

HTML 文档的窗口。浏览器的种类有很多，各个浏览器所支持的文档模型可能互不兼容，每种浏览器对一个功能的实现都有自己的方式和相关的对象，这就造成了混乱。为了解决通过 Web 访问和操作文档结构的问题，W3C 提出了一个标准化的方法，即现在的 W3C 规范。

DOM 是用与平台和语言无关的方式表示 XML 文档的官方 W3C 标准。可以将 DOM 看作一个平台或语言中的界面，它允许程序和脚本动态地访问和更新文档的内容、结构、脚本程序。在此，DOM 只是一种对某种功能和结构的声明，用于告诉其他对象这种功能和结构具有什么样的概念和定义，也告诉其他对象如果遵循该定义，可以完成什么样的功能。如果某种编程语言遵循它定义的一系列功能和结构，即实现了它的声明，遵循了它的条件，那么使用该语言所编写的程序就可以对文档进行相关操作，如读取、修改、删除、添加和搜索文档的内容。

简单来说，可以将 DOM 看作一组 API(Application Program Interface)，即应用程序接口，它把 HTML 文档、XML 文档等看成一个个文档对象，在接口中存放的是对这些文档操作的属性和方法的定义。如果编程语言实现了这些属性和方法，就可以对文档对象中的数据进行存取，并且利用程序对数据进行进一步的处理。DOM 技术最初并不用于 XML 文档，对于 HTML 文档来说，早已使用 DOM 来读取其中的数据了。

DOM 提供了一组标准界面来描述 HTML 及 XML 文件的标准对象并访问、操作这类文件。基于面向对象的思维，可以把 HTML 文档或 XML 文档看成是一个对象，一个 XML 文档对象又可以包含其他对象，如节点对象。对 XML 文档对象的操作实际上是对该对象的节点对象的操作，即可以对节点对象进行修改等操作。在 DOM 中有相应的对象对应实际的 XML 文档的对象，那么可以这样来理解 DOM，在 DOM 规范中提供了一组对象以实现对文档结构的访问。

总的来说，DOM 是 XML 文档的编程接口，它定义了如何在程序中访问和操作 XML 文档，是一种与平台和语言无关的接口，通过提供一组对象实现对 XML 文档结构的访问和操作。

7.2 DOM 的结构

DOM 是层次化的节点或信息片段的集合。这种层次化的结构允许开发人员在树中寻找特定信息。分析该结构时通常需要加载整个文档和构造层次结构，然后才能开始工作。由于它是基于信息层次的，因而被认为是基于树或基于对象的。

DOM 规范的核心就是树模型，对于要解析的 XML 文档，解析器会把 XML 文档加载到内存中，在内存中为 XML 文件建立逻辑形式的树。从本质上来说，DOM 就是 XML 文档的结构化视图，它将一个 XML 文档看作一棵文档树，其中的每个节点代表一个可以与其进行交互的对象，树的节点是一个个的对象，这样，通过操作这棵树和这些对象就可以完成对 XML 文档的操作。DOM 为处理文档的所有方面提供了一个完美的概念框架。

可以将 DOM 看作节点的集合，在一个 XML 文档中可以包含不同的标记，所以在内存中体现出来的节点也要具有不同的类型。每个节点充当的角色可能不一样，XML 文档中的每个元素都是一个节点。

DOM 规定如下：

- 整个文档是一个文档节点；
- 每个 XML 标记是一个元素节点；

- 包含在 XML 元素中的文本是文本节点；
- 每个 XML 属性是一个属性节点；
- 注释属于注释节点。

一个文档树中的所有节点彼此都有层级关系，XML 文档中的每个元素、属性、文本等都代表着树中的一个节点。树起始于文档节点，并由此继续伸出枝条，直到处于这棵树最低层级的所有文本节点为止。一棵节点树可以将一个 XML 文档展示为一个节点集以及它们之间的连接。在一棵节点树中，最顶端的节点被称为根节点，并且在一棵节点树中有且只有一个根元素。除根之外，每个节点都拥有父节点。一个节点可以有无限的子节点，叶节点无子节点，同级节点指拥有相同父节点的节点。

在 DOM 树中，一切操作都是关于节点的。在 7.3 节介绍节点类型之前，必须要掌握什么是节点以及节点之间的关系。

【例 7-1】创建一个 XML 文档，将文档加载到内存中形成树的模型。

该 XML 文档的代码如下。

```
<?xml version="1.0"   encoding="GB2312"?>
<DocumentElement>
<tree>
    <NAME>XML 简明教程</NAME>
    <AUTHOR>CR</AUTHOR>
    <PRICE>￥48.00</PRICE>
<PRESS>清华大学出版社</PRESS>
</tree>
</DocumentElement >
```

将上述代码保存为 tree.xml 文档，双击该文档，会显示如图 7-1 所示的页面。

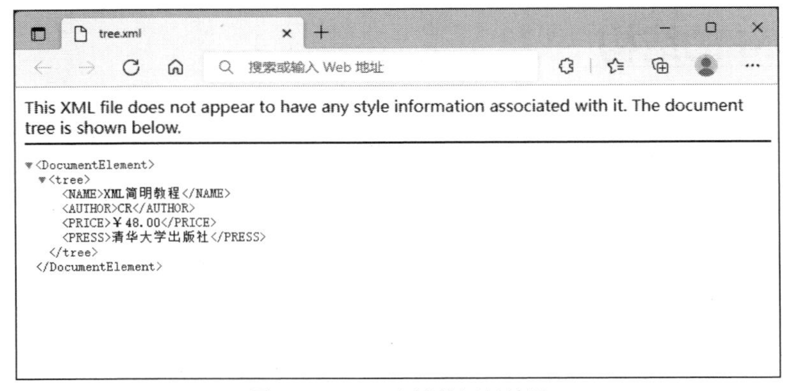

图 7-1　XML 文档的运行结果

在上述 XML 文档中，根元素为<DocumentElement>元素标记，该标记下包含一个<tree>元素标记。<tree>元素标记中包含<NAME>、<AUTHOR>、<PRICE>和<PRESS>4 个元素标记。如果使用基于 DOM 的解析器加载该 XML 文档，上述每个元素的标记、标记内容都会成为树模型的节点。

如图 7-2 所示，列出了一个 tree 节点。其中，标记和标记内容都是作为单独的树节点存在的。XML 文档声明和<DocumentElement>节点是作为第一层节点存在的，<tree>节点是作为第二层树节点存在的，以此类推。

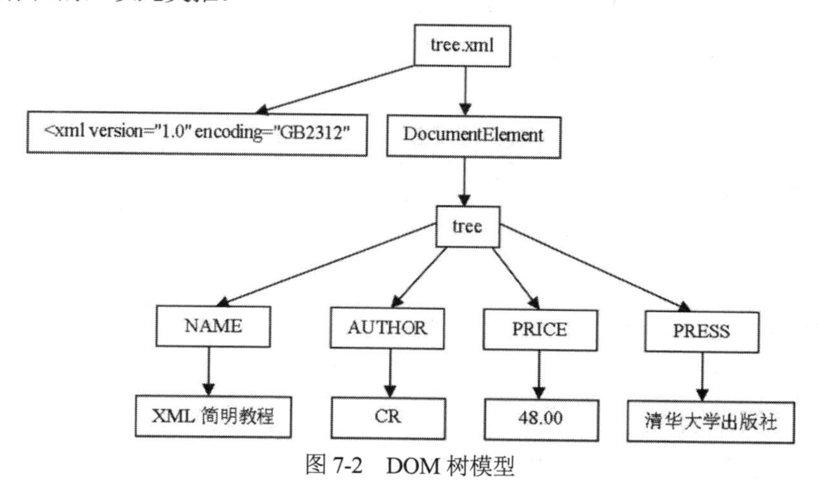

图 7-2　DOM 树模型

DOM 在处理 XML 文档时，是以树模型为基础来进行的。每次形成文档树之前，都要把 XML 文档加载到内存中进行操作，使其和其他程序进行交互。如果一个 XML 文档过于庞大，就不可能被加载到内存中。DOM 在操作 XML 文档时会受到计算机硬件的影响。

7.3 节点类型

DOM 本质上是节点的集合。由于一个文档中可能包含不同类型的信息，因此需要定义不同类型的节点。XML 中最常见的节点类型是文档节点、元素节点、文本节点和属性节点，它们在 DOM API 中对应的接口是 Document、Element、Text 和 Attr。

1. 文档节点

文档节点是文档树的根节点，也是文档中其他所有节点的父节点。需要注意的是，文档节点并不是 XML 文档的根元素。因为在 XML 文档中，处理指令、注释等内容可以出现在根元素以外，所以在构造 DOM 树时，根元素并不适合作为根节点。于是就有了文档节点，而根元素则作为文档节点的子节点，可以说整个文档就是一个文档节点。在 DOM API 中，文档节点是通过 Document 接口来表示的。在 Document 接口中，定义的一些常用方法详见 7.4.2 节。

2. 元素节点

元素节点是组成文档树的重要部分，它表示 XML 文档中的元素，每个 XML 元素就是一个元素节点。通常情况下，元素拥有子元素、文本节点或两者的组合。元素节点也是唯一能够拥有属性的节点类型。在 DOM API 中，元素节点通过 Element 接口来表示。在 Element 接口中，定义的一些常用方法详见 7.4.5 节。

3. 文本节点

文本节点是只包含文本内容(在 XML 中称为字符数据)的节点，它可以由更多信息组成，也可以只包含空白。在文档树中，元素和属性的文本内容都是由文本节点来表示的。在 DOM API 中，文本节点是由 Text 接口来表示的。

4. 属性节点

属性节点代表元素中的属性。在 DOM API 中，属性节点是通过 Attr 接口来表示的。因为属性实际上是附属于元素的，所以属性节点不是元素的子节点。因而在 DOM 中，属性节点没有被作为文档树的一部分，而是被看作包含它的元素节点的一部分，它并不作为单独的一个节点在文档树中出现。

5. 其他节点

其他不常用的节点类型及其在 DOM API 中对应的接口如表 7-1 所示。

表 7-1　其他不常用的节点类型及其在 DOM API 中对应的接口

节点类型	DOM 中的接口	说明
注释	Comment	Comment 接口继承自 CharacterData 接口，表示注释的内容
处理指令	ProcessingInstruction	ProcessingInstruction 接口表示 XML 文档中的处理指令
文档类型	DocumentType	每个 Document 都有一个 doctype 属性，其值或是 null，或者是 DocumentType 对象。DocumentType 节点是只读的
CDATA 段	CDATASection	CDATASection 接口继承自 Text 接口，表示 XML 文档中的 CDATA 段
文档片段	DocumentFragment	文档片段是“最小的”Document 对象，且它可以不是格式良好的
实体	Entity	Entity 接口表示在 XML 文档中已解析的或未解析的实体
实体引用	EntityReference	EntityReference 接口可用于表示 DOM 树中的实体引用
记号	Notation	Notation 接口表示在 DTD 中声明的记号

7.4 DOM 基本接口

DOM 是一组 API 接口，其中存放着不同的未实例化对象，它们对应着 XML 文档中不同类型的节点和数据。不管 XML 文档有多简单或者多复杂，在加载到内存中时都会转化成一棵对象节点树。该节点树中存在不同类型的节点，如属性形成的节点、元素标记形成的节点、注释形成的节点、标记内容形成的节点。节点树生成之后，就可以通过 DOM 接口访问、修改、添加、删除、创建树中的节点和内容。在 DOM 接口规范中包含多个接口。常用的接口有 Node、Document、NamedNodeMap、Nodelist、Element、Text、CDATASection 和 Attr。其中 Document 接口是对文档进行操作的入口，它继承自 Node 接口。Node 接口是其他大多数接口的父类接口，如 Document、Element、Attribute、Text 和 Comment 等接口都继承自 Node 接口。Nodelist 接口是一个节点的集合，它包含某个节点的所有子节点。NamedNodeMap 接口也是一个节点的集合，通过该接口可以建立节点名和节点之间的一一映射关系，这样利用节点名就可以直接访问特定的节点。

7.4.1 Node 接口

Node 接口是整个文档对象模型的主要数据类型，它表示该文档树中的单个节点。从该接口派生出更多的具体接口。当实现 Node 接口的所有对象公开处理子节点的方法时，实现 Node 接口的所有对象并不都是子节点。Node 接口在整个 DOM 树中具有举足轻重的地位，DOM 接口中有很大一部分接口继承自 Node 接口，如 Element、Attr 和 CDATASection 等接口都继承自 Node 接口。在 DOM 树中，Node 接口代表树中的一个节点。Node 接口提供了访问 DOM 树中元素内容与信息的途径，并支持对 DOM 树中的元素进行遍历。

然而在实际应用中，很少直接使用 Node 对象，通常都是使用 Element、Attr 和 Text 等 Node 对象的子对象来操作文档。在 Node 接口中定义了对节点进行操作的方法，需要注意的是，虽然在 Node 接口中定义了对其子节点进行存取的方法，但是有一些 Node 对象的子对象，如 Text 对象(表示元素或属性的文本内容)，并不存在子节点。

7.4.2 Document 接口

Document 接口表示整个 HTML 或 XML 文档。从概念上讲，它是文档的根，并提供对文档数据的基本访问接口。由于元素、文本节点、注释和处理指令等都不能脱离文档的上下文关系而独立存在，因此 Document 接口提供了创建其他节点对象的方法。通过该方法创建的节点对象都有一个 ownerDocument 属性，用来表明当前节点是由其所创建的以及该节点与 Document 接口之间的关系。Document 接口被实现为一个 Document 节点对象，该对象可以包含几个节点。

如图 7-3 所示，Document 节点是 DOM 树的根节点，也是对 XML 文档进行操作时的入口节点。通过 Document 节点，可以访问文档中的其他节点，如处理指令、注释、文档类型以及 XML 文档的根元素节点等。在一棵 DOM 树中，Document 节点可以包含多个处理指令和多个注释作为其子节点，而文档类型节点和 XML 文档根元素节点都是唯一的。在这个 Document 接口中可以声明一些常用的方法，如获得文档类型的声明、获得该文档使用的编码形式等方法。

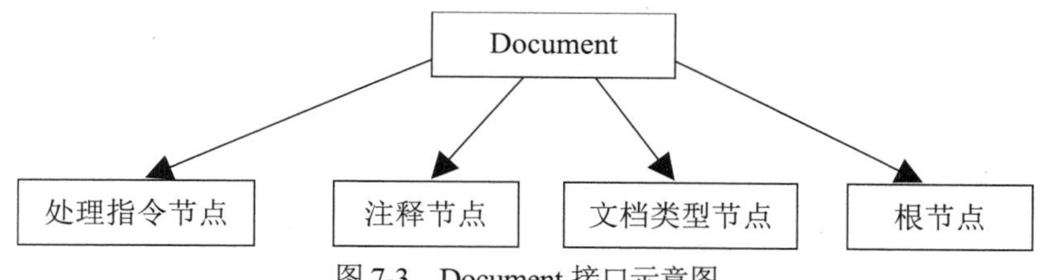

图 7-3　Document 接口示意图

在 Document 接口中，定义了下述方法。

- Element getDecumentElement()

通过该方法可以获得 XML 文档中的根元素(也可称为文档元素)。

- Attr creatAttribute(String name)throws DOMException
- Attr creatAttributeNS(String namespaceURI, String qualifiedName) throws DOMException
- CDATASection createCDATASection(String data) throws DOMException
- Comment createComment(String data)

- DocumentFragment createDocumentFragment()
- Element creatDecumentElement(String tagName) throws DOMException
- Element creatDecumentElement(String namespaceURI, String qualifiedName)throws DOMException
- EntityReference createEntityReference(String name) throws DOMException
- ProcessingInstruction createProcessingInstruction(String target, String data)throws DOMException
- Text createTextNode(String data)

通过上述方法可以创建其他类型的节点。除上述方法外，在 Document 接口中，还定义了操作节点的一些有用方法，具体如下所述。

- Element getElementById(String elementId)

该方法通过给出的 ID 类型的属性值 elementId 来查找对应的元素，其返回值为具有指定 id 属性的文档元素的 Element 节点。如果没有找到这样的元素，则返回 null。一个 ID 类型的属性值唯一标识了 XML 文档中的一个元素，如果该方法找到更多具有指定 elementId 的元素节点，它将随机返回一个这样的元素节点，或者返回 null。除非特殊定义，名字为 ID 或 id 的属性，其类型并不是 ID 类型。一个 ID 类型的属性值必须遵守 XML 名称定义的规则，以字母、下画线或冒号开头，名称中可以包含字母、数字、下画线和其他在 XML 标准中允许的字符，名称中不能带有空格。

- NodeList getElementByTagName(String tagname)

该方法以文档顺序(即各元素在 XML 文档中出现的顺序)返回标签名称为 tagname 的所有元素。如果参数 tagname 指定为*，则表示匹配所有的元素。NodeList 接口有两个方法，其中 getLength()方法返回列表中节点的数目，item(int index)方法按照给出的索引，返回列表中的节点。在实际应用中，常用 getElementByTagName()来获取某一类元素的集合。

- NodeList getElementByTagNameNS(String namespaceURI, String localName)

该方法按照指定的名称空间 URI 和元素的本地名返回所有匹配的元素。如果参数 namespaceURI 指定为*，则表示匹配所有的名称空间；如果参数 localName 指定为*，则表示匹配所有的本地名。该方法与 getElementByTagName()方法相似，只是它根据名称空间和名称来检索元素。只有使用名称空间的 XML 文档才会使用它。

7.4.3 NodeList 接口

NodeList 接口提供对节点的有序集合的抽象，但没有定义或约束如何实现此集合。NodeList 用于表示有顺序关系的一组节点，如某个节点的子节点序列。另外，它还出现在一些方法的返回值中，如 GetNodeByName。在 DOM 中，NodeList 的对象是活动的，如果 NodeList 或 XML 文档中的某个元素被删除或添加，NodeList 也会自动更新。例如，如果通过 DOM 获得一个 NodeList 对象，该对象中包含了某个 Element 节点的所有子节点，那么当再次通过 DOM 对 Element 节点进行操作时，这些改变将会自动反映到 NodeList 对象中，而不需要 DOM 应用程序做其他额外的操作。

NodeList 中的每个 item 都可以通过一个索引来访问，该索引值从 0 开始。获得一个该接口的实例化对象，实际上就是获得一个节点的集合，只不过开始时指针在第一个节点的前面。NodeList 接口被实现后，就是节点集合对象。

7.4.4　NamedNodeMap 接口

实现了 NamedNodeMap 接口的对象中包含可以通过名称来访问的一组节点的集合。需要注意的是，NamedNodeMap 接口并不继承自 NodeList 接口，它所包含的节点集中的节点是无序的。尽管这些节点也可以通过索引来访问，但这只是提供了枚举 NamedNodeMap 中所包含节点的一种简单方法，并不表明在 DOM 规范中为 NamedNodeMap 接口中的节点规定了一种排列顺序。NamedNodeMap 接口表示的是一组节点及其唯一名称的一一对应关系，该接口主要用于属性节点的表示。与 NodeList 接口相同，在 DOM 中，NamedNodeMap 对象也是活动的。

7.4.5　Element 接口

Element 接口继承自 Node 接口和 NodeList 接口，该接口表示 HTML 或 XML 文档中的一个元素，该元素可能包含属性、其他元素或文本，如果元素含有文本，则在文本节点中表示该文本。由于 Element 接口继承自 NodeList 接口，因此可以使用 NodeList 接口的属性来获得元素所有属性的集合。在 XML 中，当属性值可能包含实体引用时，应获得 Attr 对象来检查表示属性值可能相当复杂的子树；当所有属性都有简单的字符串值时，可使用直接访问属性值的方法，这样既安全又便捷。

在 DOM API 中，元素节点是通过 Element 接口来表示的。

在 Element 接口中，定义了下述常用的方法。

- String getAttribute(String name)
- String getAttributeNS(String namespaceURI, String qualifiedName) throws DOMException

上述两种方法返回属性的值。

- void setAttribute(String name, String value) throws DOMException

该方法将指定的属性设置为指定的值。如果不存在具有指定名称的属性，该方法将创建一个新属性。

- void setAttributeNS(String namespaceURI, String qualifiedName, String value) throws DOMException

该方法与 setAttribute()方法类似，只是要创建或设置的属性由名称空间 URI 和限定名(由名称空间前缀、冒号和名称空间中的本地名构成)共同指定。除了可以改变属性的值，使用该方法还可以改变属性的名称空间前缀。只有使用名称空间的 XML 文档才会使用该方法。不支持 XML 文档的浏览器可能不会实现该方法。

- Attr getAttributeNode(String name)
- Attr getAttributeNodeNS(String namespaceURI, String localName) throws DOMException

以上两种方法返回属性节点，表示指定的属性和值。

- Attr setAttributeNode(Attr newAttr) throws DOMException

该方法为元素节点添加一个新的属性节点。如果同名的属性已经存在，那么将被新的属性节点所替换并且返回被替代的属性。

- Attr setAttributeNodeNS(Attr newAttr) throws DOMException

该方法为元素节点添加一个新的属性节点。如果具有相同的本地名和名称空间 URI 的属性已经存在，那么将被新的属性节点所替换。

- void removeAttribute(String name) throws DOMException
- Attr removeAttributeNode(Attr oldAttr) throws DOMException
- void removeAttributeNS(String namespaceURI, String localName) throws DOMException

以上 3 种方法用于删除属性。如果被删除的属性在 DTD 中定义了默认值，那么在适当的情况下，一个带有默认值及相应的名称空间 URI、本地名和前缀的新的属性将立即出现。

- NodeList getElementByTagName(String name)

该方法以文档顺序返回标签名称为 tagname 的所有后代元素。如果参数 tagename 指定为*，则表示匹配所有元素。

- NodeList getElementByTagNameNS(String namespaceURI, String localName) throws DOMException

该方法按照指定的名称空间 URI 和元素的本地名返回所有匹配的后代元素。如果参数 namespaceURI 指定为*，则表示匹配所有的名称空间；如果参数 localName 指定为*，则表示匹配所有的本地名。

- boolean hasAttribute(String name)

当元素节点带有名称为 name 的属性，或者该属性有默认值时，返回 true，否则返回 false。

- boolean hasAttributeNS(String namespaceURI, String localName) throws DOMException)

当节点元素带有指定名称空间 URI 和元素的本地名的属性，或者该属性有默认值时，返回 true，否则返回 false。

- String getTagName()

该方法返回元素的名称。

7.4.6 Text 接口

Text 接口继承自 characterData 接口，表示 Element 或 Attr 的文本内容(也称为字符数据)。如果元素的内容中没有标记，则文本包含在实现 Text 接口的单个对象中，此接口是该元素唯一的子元素。如果有标记，则将它解析为信息项(元素和注释等)和组成该元素的子元素列表的 Text 节点。首先通过 DOM 使文档可用，文本的每个块只有一个 Text 节点，用户可以创建表示给定元素内容的相邻的 Text 节点，没有任何插入标记，但无法在 XML 或 HTML 中表示这些节点之间的间隔，因此，它们通常不会保持在 DOM 编辑会话之间。

注意，文本节点可以只包含空白，因此如果元素的内容中包含空白，那么该元素节点的子节点中，也将包含以空白组成的文本节点，如下面所表示的<student>元素。

【例 7-2】<student>元素示例。

```
<student sn="01" >
   <name>王丽</name>
   <age>28</age>
</student >
```

如果在<student>元素节点上调用 getChildNodes()方法，那么返回的 NodeList 中将包含 5 个子节点，其中有三个是由空白组成的文本节点，对空白类字符的处理详见 7.5.3 节。

7.5 DOM 的使用

解析器通过在内存中创建与 XML 结构相对应的树状结构数据，使应用程序可以方便地获得 XML 文件中的数据。JAXP 也支持使用内存中的树状结构数据创建一个 XML 文件的 API，即使用解析器得到的 Document 对象创建一个新的 XML 文件。程序员用到的 JDK8 可通过 https://jdk8.java.net/download.html 下载。

7.5.1 修改 XML 文档

1. Transformer 对象

解析器的 parse 方法将整个被解析的 XML 文件封装成一个 Document 节点并返回，程序员可以对 Document 节点进行修改，然后使用 Transformer 对象将一个 Document 节点转换为一个 XML 文件。

即使解析器不调用 parse 方法，也可以得到一个 Document 节点。解析器可通过调用 newDocument()得到一个 Document 节点，例如，使用 Document document= builder.newDocument() 语句即可实现。应用程序可通过修改这样的 Document 节点，使用 Transformer 对象将一个 Document 节点转换为一个 XML 文件。

使用 Transformer 对象将一个 Document 节点转换为一个 XML 文件的具体步骤如下。

(1) 使用 javax.xml.transform 包中的 TransformerFactory 类创建一个对象。

```
TransformerFactory transFactory=TransformerFactory. newInstance();
```

(2) 使用创建的 transFactory 对象调用 newTransformer()方法，得到一个 Transformer 对象。

```
Transformer transformer=transFactory. newTransformer();
```

(3) Transformer 类在 javax.xml.transform 包中。将被转换的 Document 对象封装到一个 DOMSource 对象中。

```
DOMSource   domSource=new DOMSource(document);
```

(4) DOMSource 类在 javax.xml.transform.dom 包中。

(5) 将转换得到的 XML 文件对象封装到一个 StreamResult 对象中。

```
File file=new File("newXML.xml");
FileOutputStream out=new FileOutputStream(file);
StreamResult xmlResult=new StreamResult(out);
```

(6) StreamResult 类在 javax.xml.transform.stream 包中。

(7) 最后，通过 transformer 对象调用 transform 方法实施转换。

```
transformer.transform(domSource, xmlResult)。
```

2. 用于修改 Document 的常用方法

Node 接口是 Document 的父接口，提供了许多用于修改、增加和删除节点的方法。其中 Node appendChild(Node newChild)方法可以向当前节点增加一个新的子节点，并返回这个新节点。Node removeChild(Node oldChild) throws DOMException 方法删除参数指定的子节点，并返回被删除的子节点。Node replaceChild(Node newChild, Node oldChild)方法可以替换子节点，并返回被替换的子节点。

Element 接口除了从 Node 接口继承的方法，还提供了用来增加节点的方法。其中 Attr removeAttributeNode(Attr oldAttr) 删除 Element 节点的属性。void setAttribute(String name, String value)为 Element 节点增加新的属性及属性值，如果该属性已经存在，新的属性将替换旧的属性。

Text 接口除了从 Node 接口继承的方法，还提供了用来修改节点内容的方法。其中 Text replaceWholeText(String content) 替换当前 Text 节点的文本内容。void appendData(String arg) 向当前的 Text 节点追加文本内容。void insertData(int offset, String arg)向当前的 Text 节点插入文本内容，插入的位置由参数 offset 指定，即第 offset 个字符的后继位置。void deleteData(int offset，int count) 删除当前节点的文本内容中的一部分，被删除的范围由参数 offset 和 count 指定，即从第 offset 个字符开始至后续的 count 个字符。void replaceData(int offset,int count, String arg)将当前 Text 节点中文本内容的一部分替换为参数 arg 指定的内容，被替换的范围由参数 offset 和 count 指定，即从第 offset 个字符开始至后续的 count 个字符。

7.5.2　生成 XML 文档

在下面的例子中，解析器解析一个 XML 文件(7-3.xml)，然后修改 Document 对象，并用 transformer 对象得到一个新的 XML 文件(new7-3.xml)。

【例 7-3】生成 XML 文档。

```
<?xml  version="1.0"  encoding=" GB2312" ?>
<考试成绩单>
    <高等数学>
       <考生姓名>张三 </考生姓名>
       <成绩> 89 </成绩>
    </高等数学>
    <高等数学>
       <考生姓名> 李四 </考生姓名>
       <成绩> 66 </成绩>
    </高等数学>
</考试成绩单>

JAXPTen.java
import javax.xml.transform.*;
import javax.xml.transform.stream.*;
import javax.xml.transform.dom.*;
import org.w3c.dom.*;
import javax.xml.parsers.*;
import java.io.*;
public class JAXPTen
```

```
{
    public static void main(String args[])
    {
      ModifyNode modify=new ModifyNode();
      try {
        DocumentBuilderFactory   factory=DocumentBuilderFactory. newInstance();
        DocumentBuilder   builder= factory. newDocumentBuilder();
        Document   document= builder. parse(new File("7-3.xml")) ;
        Element root=document.getDocumentElement() ;
        NodeList nodeList=root.getChildNodes();
        modify.modifyNode(nodeList);
        TransformerFactory transFactory=TransformerFactory. newInstance();
        Transformer transformer=transFactory. newTransformer();
        DOMSource   domSource=new DOMSource(document);
        File file=new File("new7-3.xml");
        FileOutputStream out=new FileOutputStream(file);
        StreamResult xmlResult=new StreamResult(out);
        transformer.transform(domSource, xmlResult);
      }
      catch(Exception e)
      {
        System.out.println(e);
      }
    }
}
class  ModifyNode
{
    int m=0;
    public void modifyNode(NodeList nodeList)
    {
      int size=nodeList.getLength();
      for(int k=0;k<size;k++)
      {
        Node node=nodeList.item(k);
        if(node.getNodeType()==Node.TEXT_NODE)
        {
          Text textNode=(Text)node;
          int length=textNode.getLength();
          String str=textNode.getWholeText().trim();
          try{
            double d=Double.parseDouble(str);
            if(d>=90&&d<=100)
            textNode.insertData(length,"(优秀)");
            else  if(d>=80&&d<90)
            textNode.insertData(length,"(良好)");
            else  if(d>=60&&d<80)
            textNode.insertData(length,"(及格)");
            else
            textNode.insertData(length,"(不及格)");
          }
```

```
                catch(NumberFormatException ee){}
            }
            if(node.getNodeType()==Node.ELEMENT_NODE)
            {
                Element elementNode=(Element)node;
                String name=elementNode.getNodeName();
                if(elementNode.hasChildNodes())
                {
                    elementNode.setAttribute("考试性质","闭卷") ;
                }
                NodeList nodes=elementNode.getChildNodes();
                modifyNode(nodes);
            }
        }
    }
}
```

上述代码得到的 XML 文档(new7-3.xml)内容如下。

```
<?xml version="1.0" encoding="GB2312"?>
<考试成绩单>
  <高等数学 考试性质="闭卷">
    <考生姓名 考试性质="闭卷">张三 </考生姓名>
    <成绩 考试性质="闭卷"> 89 (良好)</成绩>
  </高等数学>
  <高等数学 考试性质="闭卷">
    <考生姓名 考试性质="闭卷"> 李四 </考生姓名>
    <成绩 考试性质="闭卷"> 66 (及格)</成绩>
  </高等数学>
</考试成绩单>
```

上例中的 DOM 解析器利用已知的 XML 文件产生一个 Document 对象，然后对内存中的 Document 对象进行修改，再生成一个新的 XML 文件。

7.5.3 处理空白

标记之间的缩进区域是为了使得 XML 文件看起来更美观而形成的，但解析器并不知道这一点，所以解析器仍然认为它们是有用的文本数据(由空白类字符组成，如\t\n\x0B\f\r)。在 7.4.6 节的例 7-2 中，除了两个 text 节点外，三个空白节点分别是">与<name>之间、</name>与<age>之间、</age>与</student>之间的空白类字符。

人们习惯上称标记之间的缩进区域是可忽略的空白，实际上这并不十分准确，因为 XML 文件的标记可以包含文本和子标记(混合内容)。在这种情况下，标记之间的区域中有可能包含非空白的字符内容。如果不允许标记有混合内容，即标记要么只有子标记，要么只有文本，在这种情形下，称标记之间的缩进区域是可忽略的空白就比较恰当。这些空白确实使 XML 文件看起来更加美观，也是它们存在的唯一目的。

如果想让 DOM 解析器忽略缩进空白，即这些缩进空白不在 Document 中形成 Text 节点，那么 XML 文件必须是有效的，而且所关联的 DTD 文件必须规定 XML 文件的标记不能有混合内容，同时 DocumentBuilderFactory 对象在给出 DOM 解析器之前，必须调用 setIgnoringElementContentWhitespace(boolean whitespace)进行设置，同时将参数 whitespace 的值设为 true。

在例 7-2 中，调用 setIgnoringElementContentWhitespace(true)，解析器将忽略缩进空白。此时，如果在<student>元素节点上调用 getChildNodes()方法，那么返回的 NodeList 中将包含两个子节点。

7.5.4　验证格式良好与有效性

默认情况下，DOM 解析器会检查 XML 文档是否格式良好，但并不检查 XML 文档是否有效。也就是说，DOM 解析器调用 parse()方法时，如果 XML 文档是格式良好的，parse()方法就返回一个实现了 Document 接口的对象，否则将显示 XML 文档中不符合规范的错误信息。

即使 XML 文档关联了一个 DTD，解析器也并不检查 XML 文档是否有效，即不检查 XML 文档是否遵守该 DTD 规定的限制条件。如果想要检查一个 XML 文档是否有效，必须让 DocumentBuilderFactory 对象 factory 事先设置是否检查 XML 文档的有效性，如使用 factory.setValidating(true)。有关有效性的验证可参考本书的第 4.5 节。

7.6　浏览器对 DOM 的支持

由于 DOM 已经成为一种应用非常广泛的 XML 解析 API，因此各种主流浏览器都内置了 DOM 解析器，用于解析 XML 文档。

在浏览器内可通过 JavaScript 来解析 XML 文档，JavaScript 是运行于浏览器内的脚本语言，本身并没有解析 XML 文档的能力，而必须借助于浏览器内置的 DOM 支持才可解析 XML 文档。不同的浏览器由不同的 DOM 解析器实现，Internet Explorer 的 DOM 解析器通过 ActiveX 控件实现。

在 Internet Explorer 中获取 DOM 解析器的代码如下。

```
//创建解析器
Var doc=new ActiveXObject("Microsoft.XMLDOM");
//设置关闭异步方式
doc.async=false;
//加载 XML 文档，并将其转换为 DOM Document 对象
doc.load=(fileName);
```

7.7　本章小结

DOM 是 XML 文档的编程接口，它定义了所有文档元素的对象和属性以及如何在程序中访问和操作 XML 文档，是与平台和语言无关的接口。DOM 通过一组对象实现对 XML 文档结构的访问，它定义了用于访问和操作 XML 文档的 API。本章首先介绍了 DOM 的概念、层次结构和节点类型；然后阐述了 DOM 的几种基本接口，重点讨论了 Document 接口和 Element 接口的

应用方法；接着给出了使用 DOM 修改和生成 XML 文档的实例，说明了 DOM 中处理空白和验证格式良好与有效性等具体问题；最后展示了浏览器对 DOM 的支持。

7.8 思考和练习

1. Node 接口中的下列两个方法有什么区别？

(1) getElementsByTagName(String name)

(2) getChildNodes()

2. Document 节点的两个子节点分别是什么类型？

3. 被解析的 XML 文件标记与 Document 节点的哪种类型的子孙节点相对应？

4. Attr 节点可以是 Element 节点的子节点吗？

5. 使用 DOM 解析器解析下列 XML 文件，要求输出各个标记的名字以及标记中的数据，并计算出“数学”和“物理”的平均成绩。

```
<?xml  version="1.0"  encoding="UTF-8" ?>
  <成绩单>
    <张三>
      <数学>89</数学>
      <物理>78</物理>
    </张三>
    <李四>
      <数学>67</数学>
      <物理>80</物理>
    </李四>
  </成绩单>
```

6. 利用 DOM 创建一个 XML 文档，运行该 XML 文档后，IE 浏览器中显示如图 7-4 所示的结果。

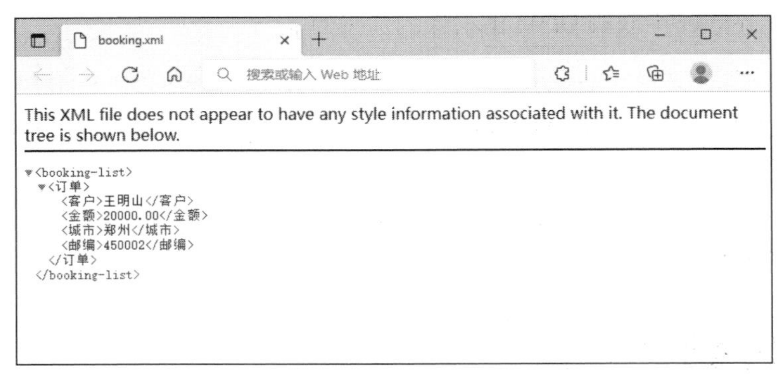

图 7-4　显示结果

7. 在题 6 的基础上，使用 DOM 为 XML 文档添加一个新的节点，添加后保留该节点并删除原先的节点。

ꙮ 第8章 ꙮ

XML解析器——SAX

除 DOM 外，SAX(Simple API for XML，简单应用程序编程接口)是解析 XML 文档的另一种接口，它以流的方式将 XML 文档读入内存中，以事件机制的方式解析 XML 文档，获取 XML 文档中的信息。

使用 DOM 解析 XML 文档时，需要先读入整个 XML 文档，然后在内存中创建 DOM 树，生成 DOM 树上的每个节点对象。只有在整个 DOM 树创建完毕后，开发者才能做其他操作。虽然开发者只需要修改根元素节点的第一个子节点，但仍需要在进行这个小小修改之前解析整个文档，在内存中构建文档树。当 XML 文档比较大时，构建 DOM 树将花费大量的时间和内存空间。而且对于一些几十兆字节、甚至上百兆字节的较大的 XML 文档来说，使用 DOM 解析将有可能导致内存溢出。而 SAX 允许在读取文档时即开始处理数据，当解析完 XML 文档时也处理完了数据，不必等到整个文档被解析之后才开始处理数据。

本章的学习目标：

- 了解 SAX 的基本特点
- 掌握 SAX 事件处理器和 SAX 事件
- 掌握 SAX 常用接口及回调方法
- 使用 SAX 解析 XML 文档
- 了解 SAX 错误信息

8.1 SAX 简介

SAX 的全称是 Simple API for XML，译为简单应用程序编程接口，最初由 David Megginson 采用 Java 语言开发，之后在 Java 开发者中流行起来。随着参与开发的程序员越来越多，逐渐组成了互联网上的 XML-DEV 社区。1998 年 5 月，SAX 1.0 版由 XML-DEV 社区正式发布。SAX 作为一种公开的、开放性源代码，现在已被改写为其他多种语言，如 C#。

目前，SAX 的最新版本是 SAX 2.0。在 SAX 2.0 版本中增加了对名称空间的支持，而且可以设置解析器是否对文档进行有效性验证，以及如何处理带有名称空间的元素名称等。SAX 2.0 中还有一种内置的过滤机制，可以很轻松地输出一个文档子集或进行简单的文档转换。SAX 2.0 版本在多处不兼容 SAX 1.0 版本，SAX 1.0 中的接口在 SAX 2.0 中已不再使用。SAX 是 XML 事实上的标准，所有的 XML 解析器都支持它，已经被 Java、C#等语言编写实现。

SAX 不属于任何标准组织或团体，也不属于任何公司和个人，而是可供任何人使用的一种计算机技术。它与大多数 SAX 标准族的最大区别在于 SAX 和 W3C 组织没有任何关系，但它是 XML 社区事实上的标准。它在 XML 中的应用丝毫不比 DOM 少，几乎所有的 XML 解析器都支持它。与 DOM 相比，SAX 是一种轻量型的方法。在 http://www. saxproject.org/上可以查阅更多有关 SAX 的资料。

不同于其他大多数 XML 标准，SAX 没有语言开发商必须遵守的标准 SAX 参考版本。因此，SAX 的不同实现方式可能会采用区别较大的接口。事实上，所有实现中至少有一个特性是完全一样的，即事件驱动。SAX 是一种基于事件的 API。基于 SAX 的解析器向一个事件处理程序发送事件，如元素开始和元素结束，而事件处理程序则处理该信息，之后应用程序就能处理该数据了。原始的文档仍然完好无损，SAX 提供了操作数据的手段。

在 SAX API 中有两个包，分别是 org.xml.sax 和 org.xml.sax.helper。

org.xml.sax主要定义了SAX的一些基础接口，如XMLReader、ContentHandler、ErrorHandler、DTDHandler和EntityResolver等。

org.xml.sax.helper 提供了一些方便开发人员使用的帮助类，如默认实现所有处理器接口的帮助类 DefaultHandler 及方便开发人员创建 XMLReader 的 XMLReaderFactory 类等。

8.2 SAX 的特点

由于 SAX 是一种简单的 API 接口，因此实现该接口后，SAX 可以读取 XML 文档的信息。SAX 具有以下几个优点。

1. 可以解析任意大小的文件

因为 SAX 不需要把整个文件加载到内存中，所以对内存的占用比 DOM 少得多，而且不会随着文件的增大而增加。DOM 使用的实际内存量要视解析器而定，在大多数情况下，一个 100KB 的文档至少要占用 1KB 的内存。仍需注意的是，如果 SAX 应用程序自身在内存中创建文档，它会占用内存并允许解析器创建相同大小空间的内存。

2. 适合创建自己的数据结构

应用程序可能会使用书、作者及出版社等这样的高级对象，而不是一些低级元素、属性和处理指令来创建数据结构。这些对象可能只和 XML 文件内容有一点关系。例如，它们可能只是组合 XML 文件和其他数据源的数据。在这种情况下，如果想在内存中创建面向应用的数据结构，先创建一个低级的 DOM 结构然后破坏它是很不合理的，而 SAX 可以仅在每个事件发生时处理这些数据，这样能够保证业务对象模型合理地变动。

3. 适合小信息子集

如果仅对 XML 文档的部分数据感兴趣，将全部数据读入内存是非常低效和不必要的，只需要读入将要用到的数据即可。SAX 的一个优点就是可以非常容易地忽略不必要的数据信息。

4. 简单且快速

SAX 非常易用，它是基于事件模型的，可以使类的层次和结构非常清晰。如果可以从文档的简单序列中获取 XML 信息，SAX 一定是最快的方法，它能够非常快速地获取数据。

然而，SAX 也不可避免地在某些方面存在不足，它的缺点有如下几个方面。

1. 不能对文档进行随机存取

因为文档并不加载到内存中，所以必须按照数据提交的次序进行处理。如果文档中包含许多内部交叉引用，如使用 ID 和 IDREF 属性，SAX 使用起来会较为困难。

2. 不可获取词法信息

SAX 并不提供词法信息。SAX 设法告知开发者想要说明什么，而不是让开发者忙于研究其说明方式的细节。

3. SAX 是只读的

DOM 可以从 XML 源文件中读取文档，也可以创建和修改内存中的文档。相比较而言，SAX 只能读取 XML 文档而不能编写文档。但在实际使用中，开发者可以通过一些弥补措施，使 SAX 接口可以很容易地编写文档。

4. 当前的浏览器不支持 SAX

尽管有许多支持 SAX 接口的 XML 解析器，但还没有一个主流的 Web 浏览器内置了 XML 解析器以支持 SAX 接口。虽然开发者可以把兼容 SAX 的解析器合成到一个 Java applet 程序中，但从服务器下载 applet 的成本会使低速接入互联网的用户失去耐心。实际上，客户端 XML 编程可选择的接口是相当有限的。

8.3 SAX 的工作机制

8.3.1 事件处理程序

SAX 与 DOM 在概念上完全不同。不同于 DOM 的文档驱动，SAX 是事件驱动的，也就是说，它不需要读入整个文档，而文档的读入过程也就是 SAX 的解析过程。所谓事件驱动，是一种基于回调(callback)机制的程序运行方法，也可以把它称为授权事件模型。

授权事件模型中可以产生事件的对象被称为事件源，可以针对事件产生响应的对象被称为事件处理程序(或者叫监听器)。事件和事件处理程序是通过在事件源中的事件处理程序注册的方法连接的。这样，当事件源产生事件后，调用事件处理程序相应的处理方法，事件就可以得到处理。在事件源调用事件处理程序中的特定方法时，还要传递给事件处理程序相应事件的状态信息，这样事件处理程序才能够根据提供的事件信息来决定自己的行为。

DefaultHandler 类或它的子类的对象称为 SAX 解析器的事件处理程序。事件处理程序可以接收解析器报告的所有事件，处理所发现的数据。DefaultHandler 类实现了 ContentHandler、DTDHandler、EntityResolver 和 ErrorHandler 接口。

实际上实现上面任意一个接口的类的对象都是事件处理程序对象。但实现接口就必须实现其中的所有方法，即使是用不到的方法也要将其实现，这增加了程序开发的工作量。为了克服这一缺点，DefaultHandler 类实现了上述 4 个接口，包含了这 4 个接口的所有方法。这些方法都是一种空实现，即方法体中没有任何语句。所以在编写事件处理程序时，可以不用直接实现这四个接口，而直接继承自 DefaultHandler 类，然后重写需要的方法。

8.3.2 SAX 事件

SAX 解析器在加载 XML 文档时，会遍历 XML 文档并在其主机应用程序中产生事件(经由回调函数、指派函数或者任何可调用平台来完成这一功能)来表示这一过程。这样，编写 SAX 应用程序就如同采用最现代的工具编写 GUI 事件程序一样。大多数 SAX 实现都会产生以下几种类型的事件：

- 在文档开始和结束时触发文档处理事件。
- 文档内的每个 XML 元素都在接收解析的前后所触发的元素事件，任何元数据通常都由单独的事件交付。
- 在处理文档的 DTD 或 Schema 时产生 DTD 或 Schema 事件。
- 错误事件用来通知主机应用程序解析错误。

显然，在处理文档时最重要的就是元素事件。通常，SAX 解析器会向应用程序提供包含元素信息的事件参数，至少也会提供元素的名称，具体情况取决于代码的特定实现，可以定义不同类型的元素事件代表不同类型的处理事件。例如，注释元素(可能包含主机应用程序的处理指令)就经常在接受处理时产生特殊的事件。

SAX 解析器中主要有以下 5 种事件。

1. startDocument 事件

该事件表明 SAX 解析器发现了文档的开始。该事件没有传递任何信息，只是表明解析器开始扫描文档。当遇到文档的开头时就调用这个方法，可以在其中做一些预处理的工作。

2. startElement 事件

该事件表明 SAX 解析器发现了 XML 文档中的一个元素的起始标记。该事件会返回该元素的名称、属性的名称和值。如果应用程序需要查找 XML 中某个元素的内容，该事件将会通知该元素何时开始。该事件处理程序包含以下 4 个参数。

- namespaceURI：名称空间 URI，如果 XML 文档没有使用名称空间，该参数将是一个空字符串。
- localname：该元素的非限定名。
- qName：该元素的限定名，即名称空间前缀与元素本地名称的组合。
- atts：包含该元素所有属性的一个对象，该对象提供了几种方法来获取属性的名称和值，以及该元素的属性个数。

3. characters 事件

该事件表明 SAX 解析器发现了 XML 文档中的一个元素的文本信息。返回的信息包括一个字符串数组、该数组的偏移量和一个长度变量，通过这 3 个变量就可以访问所发现的文本信息。如果应用程序需要存储特定元素的内容，可以把存储那些内容的代码写在该事件处理程序中。

该事件处理程序包含 3 个参数：ch、start 和 length。

- ch：解析器所发现的字符串数组。
- start：属于该事件的字符串数组中的一个字符的起始下标。
- length：该事件中的字符个数。

4. endElement 事件

该事件表明 SAX 解析器发现了 XML 文档中的一个元素的结束标记。该事件会返回该元素的名称以及相关的名称空间信息。该事件处理程序包含 3 个参数：namespaceURI、localname 和 qName。

5. endDocument 事件

该事件表明 SAX 解析器发现了 XML 文档的结尾。和上面的方法对应，当文档结束时就调用这个方法，可以在其中做一些善后的工作。

8.3.3　SAX 的常用接口

SAX 是一个接口，即一套 API，在 SAX 接口中声明了处理 XML 文档时所需要的方法。利用 SAX 编写的程序，可以快速地对数据进行操作。常用的 SAX 接口有以下几种。

1. Attributes 接口

Attributes 接口表示 XML 属性列表的接口。此接口允许用以下 3 种不同方式访问属性列表：

- 通过属性索引。
- 通过名称空间限定的名称。
- 通过限定(前缀)名。

该列表将不包括被声明为#IMPLIED 但未在启动标记中指定的那些属性。

2. contentHandler 接口

ContentHandler 接口位于 org.xml.sax 包中。该接口是接收文档逻辑内容的通知接口。这是一个大多数 SAX 应用程序实现的主要接口，如果需要通知应用程序解析基本事件，则它将实现此接口，并使用 setcontentHandler 方法向 SAX 解析器注册一个实例，解析器将使用该实例报告与基本文档相关的事件，如启动和终止元素与字符数据等。在此接口中，事件的顺序非常重要，它本身可镜像文档中事件的顺序。例如，在 startElement 事件与相应的 endElement 事件之间，元素的所有内容(字符数据、处理指令或子元素)都将以一定的顺序出现。

3. DTDHandler 接口

DTDHandler 接口定义了一些不常用的方法，位于 org.xml.sax 包中。该接口接收基本的与 DTD 相关事件的通知，如果 SAX 应用程序需要关于注释和未解析实体的信息，则该应用程序实现此接口，并使用 SAX 解析器的 setDTDHandler 方法向该解析器注册一个实例，解析器使用该实例向应用程序报告注释和未解析的实体信息。

4. EntityResolver 接口

EntityResolver 接口是用于解析实体的基本接口，位于 org.xml.sax 包中。如果 SAX 应用程序需要处理外部实体，则必须实现此接口，并使用 setEntityResolver 方法向 SAX 解析器注册一个实例，然后 XML 将允许应用程序在包含外部实体之前截取任何外部实体，包括外部 DTD 子集和外部参数实体。SAX 解析器在遇到实体时的其他情况详见 7.4.3 节。

5. XMLReader 接口

该接口用于使用回调读取 XML 文档的接口。XML Reader 是 XML 解析器的 SAX 2.0 驱动程序必须实现的接口，此接口允许应用程序设置和查询解析器中的功能和属性、注册文档处理的事件处理程序，以及开始文档解析等。所有的 SAX 接口都假定是同步的：必须在解析完成后返回 parse 方法，而且阅读器必须等到事件处理程序回调返回后才能报告下一个事件。

6. ErrorHandler 接口

ErrorHandler 接口是 SAX 错误处理程序的基本接口，用于处理 XML 文件中所出现的各种错误事件。该接口提供了 3 个层次的错误处理：警告(warning)、错误(error)和致命错误(fatal error)。ErrorHandler 接口定义了 3 个方法，分别处理这 3 个层次错误，详见表 8-1。对于 XML 的错误处理，SAX 解析器必须优先抛出异常。使用此接口，需要应用程序来决定是否对不同类型的错误和警告抛出异常。需要注意的是，不要求解析器在调用 fatalError 之后继续报告其他错误。也就是说，SAX 解析器可以在报告任何 fatalError 之后抛出异常。另外，解析器还可以对非 XML 错误抛出适当的异常。例如，XML Reader.parse()将对访问实体或文档错误抛出 IOExecption 异常。

表 8-1　ErrorHandler 接口定义的错误处理方法

方法	描述
void warning(SAXParseException exception)	处理警告层次的错误
void error(SAXParseException exception)	处理一般错误
void fatalError(SAXParseException exception)	处理致命错误

8.3.4　SAX 的回调方法

下面通过一个例子来介绍 SAX 解析器回调的方法。

【例 8-1】SAX 的回调方法示例。

首先介绍一个简单的 XML 文档。

```
<图书>
  <作者>CR</作者>
  <书名>XML 简明教程</书名>
  <出版社>清华大学出版社</出版社>
</图书>
```

当 SAX 解析器读到<图书>标记时，将会回调 startElement()方法，并把标记名“图书”作为参数传递过去。在用户实现 startElement()方法中需要定义相应的内容，处理<图书>出现时应该做的操作。各个事件随着解析的过程，即文档读入的过程，逐个顺序产生，相应的方法也会被顺序调用。当解析完成时，事件处理方法都被调用后，对文档的处理也就完成了。表 8-2 列出了在解析上面的 XML 文档时，被顺序调用的事件处理方法。

表 8-2　SAX 回调方法的执行顺序

遇到的元素	回调的方法
{文档开始}	startDocument()
<图书>	startElement(null, "图书",null,{Attributes})
"\n"	Characters("<图书>\n…",6,1)
<作者>	startElement(null, "作者",null,{Attributes})
"CR"	Characters("<图书>\n…",15,10)
</作者>	endElement (null, "作者",null)
"\n"	Characters("<图书>\n…",34,1)
<书名>	startElement(null, "书名",null,{Attributes})
"XML 简明教程"	Characters("<图书>\n…",42,5)
</书名>	startElement(null, "出版社",null,{Attributes})
"\n"	Characters("<图书>\n…",55,1)
<出版社>	startElement(null, "出版社",null,{Attributes})
"清华大学出版社"	Characters("<图书>\n…",62,4)
</出版社>	endElement (null, "出版社",null)
"\n"	Characters("<图书>\n…",67,1)
</图书>	endElement (null, "图书",null)
{文档结束}	endDocument()

8.4 使用 SAX 解析 XML

8.4.1　SAX 解析 XML 文档

SAX 允许在读取文档时处理它，而不必等待整个文档被存储后才进行操作。SAX API 是一个基于事件的 API，用于处理数据流，即随着数据的流动而依次处理数据。SAX API 在解析文档而触发事件时会发出通知。在对事件进行响应时，未进行保存的数据将会被丢弃。下面是一个 SAX 解析 XML 的示例。

【例 8-2】SAX 解析 XML 文档。

```
<?xml version="1.0" encoding="GB2312"?>
<员工名单>
  <员工>
    <姓名>李晟</姓名>
    <岗位>维修技工</岗位>
  </员工>
</员工名单>
```

利用 SAX 解析 XML 文档，涉及两个部分：解析器和事件处理程序。解析器负责读取 XML

文档，并向事件处理程序发送事件，如元素开始和元素结束。事件处理程序则负责对事件做出响应，对传递的 XML 数据进行处理。

解析过程如下：

(1) 发现 XML 文件，触发文件开始事件，监听器调用 startDocument()方法进行处理；

(2) 发现<员工名单>的开始标记，触发开始标记事件，监听器调用 startElement()方法进行处理；

(3) 发现<员工名单>和<员工>之间的空白符号，触发文本事件，监听器调用 characters 方法进行处理；

(4) 发现<员工>的开始标记，触发开始标记事件，监听器调用 startElement()方法进行处理；

(5) 发现<员工>和<姓名>之间的空白符号，触发文本事件，监听器调用 characters 方法进行处理；

(6) 发现<姓名>的开始标记，触发开始标记事件，监听器调用 startElement()方法进行处理；

(7) 发现<姓名>标记的文本内容，触发文本事件，监听器调用 characters 方法进行处理；

(8) 发现<姓名>标记的结束标记，触发结束标记事件，监听器调用 endElement()方法进行处理；

……

(17) 发现 XML 文件结束，触发文件结束事件，调用 endDocument()方法进行处理。

8.4.2 处理空白

在 XML 文件中，标记之间的缩进区域都是为了使 XML 文件看起来更加美观，但是解析器却把它们作为文本数据来处理。

在处理文本事件时，会调用 characters()方法来处理，同时一并处理文本之间的空白字符，这样会延长整个程序的执行时间。

这时，事件处理程序会调用下面的方法处理空白。

```
public void ignorableWhitespace(char[ ] ch, int start, int length) throws SAXEception;
```

8.4.3 实体

SAX 解析器在遇到实体时会有以下几种处理情况。

- 内部通用实体：首先将实体引用替换为实体内容，然后再以文本数据事件报告给事件处理程序，处理程序调用 characters()方法进行处理。
- 外部通用实体：首先将实体引用替换为实体的内容，然后先向事件处理程序报告一个实体事件，再报告一个文本数据事件，处理程序先调用 resolveEntity()方法进行处理，然后再调用 characters()方法进行处理。

如果在 XML 文件中引用的实体在 DTD 中没有相关的定义，解析器在遇到该实体时不会解析该实体，并向事件处理程序报告一个忽略实体事件，处理程序会调用 skippedEntity()方法进行处理。

如果 XML 文件通过 DOCTYPE 声明关联外部 DTD 文件，则解析器在报告完文件开始事件后，会将 DOCTYPE 声明作为实体事件报告给事件处理程序。

8.5 SAX 错误信息

SAX 解析器默认检查 XML 文件的规范性，如果想让 SAX 解析也检查 XML 文件的有效性，需要在获得 SAX 解析器之前调用 SAXParserFactory 对象的 setValidating 方法。例如，可设置 SAX 解析器来检查 XML 文件的有效性，代码如下。

```
SAXParserFactory factory = SAXParserFactory.newInstance():factory.setValidating(true) ;
```

如果 SAX 解析器在解析过程中发现 XML 文件中存在错误，就会向事件处理程序报告一个错误事件，错误事件分为 3 个层次：警告(warning)、一般错误(error)和致命错误(fatal error)。

1. 警告(warning)

XML 1.0 推荐标准中，SAX 中的警告不属于规范性的错误，解析器在认为有必要报告警告时，就会向事件处理程序报告一个警告事件。处理程序会调用下面的方法处理警告。

```
void warning(SAXParseException e) ;
```

警告不属于错误或致命错误的问题，不会阻止解析器继续解析，所以对于警告可以不做任何处理，不必抛出 SAXException 异常。

2. 一般错误(error)

当 XML 内容(而不是格式或结构)出现了意想不到的问题时就会报告一个一般错误。例如，不满足 DTD 文件中的某个约束。当发生一般错误时，说明被解析的文档中的数据可能存在丢失、篡改或错误等问题。处理程序会调用下面的方法处理一般错误。

```
void error(SAXParseException e) ;
```

一般错误不会影响解析器继续解析，所以处理一般错误时一般不会抛出 SAXException 异常。

3. 致命错误(fatal error)

致命错误是指绝对会干扰和阻止解析器继续进行解析的错误。例如，解析不规范的 XML 文档就会报告致命错误。处理程序会调用下面的方法处理致命错误。

```
void fatalError(SAXParseException e) ;
```

由于致命错误会导致解析器无法继续解析，因此处理致命错误时应当抛出 SAXException 异常，停止解析。如果不抛出 SAXException 异常，在解析器无法继续解析时，会强制抛出该异常，停止解析。

需要注意的是，前面 3 种方法中都含有参数 e，该参数是 SAXParseException 的对象，其中包含有关错误的详细信息。通过对象 e 的一些方法，可以获得错误的相关信息。这些方法包括以下几种。

- String getMessage()：返回错误的信息。
- void printStackTrace()：输出错误的信息。
- int getLineNumber()：返回错误结尾所在的行号。
- int getColumnNumber()：返回错误结尾所在的列号。

8.6 SAX 与 DOM

SAX 和 DOM 采用两种截然不同的方式来解析 XML 文档。DOM 解析的关键在于文档到对象之间的转换，SAX 解析的关键在于事件驱动。使用 SAX 解析器解析 XML 文档时，会触发一系列事件，这些事件将被相应的事件监听器监听，从而触发相应的事件处理程序，应用程序通过这些事件处理程序实现对 XML 文档的访问。

SAX 与 DOM 的对比如表 8-3 所示。

表 8-3 SAX 与 DOM 的对比

对比项	DOM	SAX
速度	需要一次性地加载整份XML文档，并将XML文档转换为DOM树，因此速度较慢	顺序解析XML文档，不必一次加载整份XML文档，因此速度较快
重复访问	将XML文档转换成DOM树后，在整个解析阶段DOM树常驻内存，非常适合重复访问，效率很高	顺序解析XML文档，不保存已访问的数据，因此不适合重复访问。如果需要重复访问数据，则需要再次解析XML文档
内存要求	在整个解析阶段DOM树常驻内存，对内存的要求高，内存占用率大	不保存已访问的数据，对内存几乎没有要求，内存占用率低
修改	既可读取节点内容，又可修改节点内容	可读取节点内容，但无法修改节点内容
复杂度	完全采用面向对象的编程思维进行解析，整份XML文档转换为DOM树后，以面向对象的方式来操作各Node对象	采用事件机制思维进行编程，SAX解析器只负责触发事件，程序负责监听所有事件，并通过事件获取XML文档中的信息

下面查看一个组合使用 SAX 和 DOM 的示例，从一个已有的 XML 文档中提取数据并创建一个新的 XML 文档。

【例 8-3】从原 XML 文档中提取<图书>标记下面的<名称>和<价格>，要求取价格大于 35 的节点。

```
<?xml version="1.0" encoding="GB2312"?>
<书库>
  <图书>
    <名称>XML 简明教程</名称>
    <作者>CR</作者>
    <类别>计算机图书</类别>
    <价格>48.00</价格>
  </图书>
  <图书>
    <名称>计算机系统结构</名称>
    <作者>张晨曦</作者>
    <类别>计算机图书</类别>
    <价格>88.00</价格>
  </图书>
  ……
```

```
    <图书>
        <名称>市场经济</名称>
        <作者>曹建军</作者>
        <类别>经济类图书</类别>
        <价格>35.00</价格>
    </图书>
</书库>
```

使用 SAX 从原 XML 文档中提取数据并保存。

```
<?xml version="1.0" encoding="GB2312"?>
<图书列表>
  <图书>
        <名称>XML 简明教程</名称>
        <价格>48.00</价格>
  </图书>
  <图书>
        <名称>计算机系统结构</名称>
        <价格>88.00</价格>
  </图书>
  …….
</图书列表>
```

使用 DOM 创建一个新的 XML 文档，要求价格大于 35。

```
class MyHandler extends DefaultHandler{
    String str1[]=new String[3];   //存储名称标记内容的数组
    String str0[]=new String[3];   //存储价格标记内容的数组
    boolean letter=false,bo=false;   //判断标记为“名称”和“价格”的变量
    int i=0;String aa;
    public void startElement(String uri,String localName,String qName,Attributes atts){
       if(qName.equals("名称")) {bo=true;}
       if(qName.equals("价格")) {letter=true;}   }
    public void characters(char[] ch,int start,int length){
       String text=new String(ch,start,length);
       if(bo){aa=text.trim();bo=false;}
       if(letter){
          double dd=Double.parseDouble(text.trim());
          if(dd>35){str1[i]=text.trim();str0[i]=aa;i++;}
          letter=false;
 }}}
```

通过以上的对比和示例，可以看出，解析大的 XML 文档时，使用 SAX 更具优势；而解析小的 XML 文档，特别是那些需要重复读取的文档，使用 DOM 更具优势。程序员一般使用 DOM 创建 XML 文档，使用 SAX 访问文档中的数据。但若要对数据进行修改，最好使用 DOM。

8.7 本章小结

SAX 是一种高效的解析器，它以流的方式将 XML 文档读入内存中，以事件机制的方式解析 XML 文档，获取 XML 文档中的信息。本章首先介绍了 SAX 的特点，包括它的优点和缺点，阐述了 SAX 的工作机制，重点讨论了事件处理程序、SAX 事件、常用接口和回调方法。然后举例说明了使用 SAX 解析 XML 文档的过程，给出了处理空白和实体的方法，总结了 SAX 错误信息。最后对 SAX 与 DOM 进行了比较并给出了两者结合的应用示例。

8.8 思考和练习

1. 简述 SAX 与 DOM 的区别。
2. SAX 解析器在解析 XML 文档时向事件处理程序最先报告的是什么事件？
3. 对于下面的 XML 文档，简述 SAX 回调方法的执行顺序。

```
<考试成绩>
  <科目>XML 应用基础</科目>
    <学生>张倩</学生>
    <成绩>82</成绩>
  <科目>计算机操作系统</科目>
    <学生>王亮</学生>
    <成绩>57</成绩>
</考试成绩>
```

4. 使用 SAX 解析器解析上题中的文档，并输出成绩大于或等于 60 分的学生的姓名。

꩜ 第9章 ꩜

XML与数据库

在信息社会中，数据库无处不在。计算机系统、数据库系统或网络系统中所存储的数据多种多样，对于开发者来说，最消耗时间的就是在遍布网络的系统之间存储和交换数据。将系统中的数据转换或保存为 XML 格式，将会大幅减少交换数据的复杂性，并且这些数据能够被不同的程序读取，可提高数据的交互能力。XML 由于其数据的自描述性和平台无关性近年来已成为 Web 应用中数据表示和数据交换的事实标准。

本章重点介绍 XML 与关系数据及关系数据库的集成。首先简单介绍数据库技术的发展历程，阐述在数据库(尤其是关系数据库)技术中引入 XML 的原因以及二者的结合为数据交换带来的好处。之后描述XML的数据交换及存取机制，在此基础上，以SQL Server 2019为例，对.NET平台下 XML 与关系数据库系统互换数据所采用的技术进行深入讨论。本章的最后介绍 SQL Server 2019 对 XML 的支持。通过本章的学习，开发者将了解到 XML 在数据交换方面的作用及其与数据库技术集成的实现方法。

本章的学习目标：

- 了解 XML 与关系数据库集成带来的好处
- 掌握 XML 的数据交换机制
- 掌握 XML 的数据存取机制
- 掌握在.NET 平台下使用 ADO.NET 进行 XML 与关系数据库之间的数据交换
- 熟悉 SQL Server 2019 对 XML 的支持

9.1 XML 与数据库技术的发展

现在，很多企业或组织都利用关系数据库管理系统(DBMS)，如 Oracle、Microsoft SQL Server 或 DB2 等，来集中管理大量有用的数据。由于不同 DBMS 及其所依赖操作系统的异构性(如数据格式或系统版本等方面存在差异)，不同数据库之间很难方便地进行数据交互；另一方面，Web 技术的飞速发展迫切需要高度的信息共享和方便的数据交换，传统的数据库技术已很难满足其要求，面临着巨大的挑战。

XML 的自描述性、结构化、开放性及数据的平台无关性等特性使其可以用于各种 Web 应用程序之间或用户之间方便地交换数据，各种应用程序也可通过 XML 文件共享信息，XML 作为异构平台之间数据交换和存储的有效手段已被广泛采纳。因此，XML 与关系数据库的紧密集成已成为必然趋势。

9.1.1 数据库技术的发展

数据库技术主要研究如何存储、使用和管理数据，产生于20世纪60年代中期，一直是计算机学科发展最快、研究最活跃的领域之一。目前，数据库技术已成为信息系统的核心和基础，以其为支撑的各类应用系统也应运而生，如地理信息系统(GIS)、联机分析处理系统(OLAP)、决策支持系统(DSS)及事务处理系统(TPS)等。各种数据库相关的分析技术层出不穷，如数据挖掘(DM)和数据仓库(DW)等。可以说，数据库技术的应用已渗透到各行各业，深刻地影响着人们的生活。

数据库技术在其发展的近五十多年间，经历了几个阶段：20世纪60年代末出现了以层次和网状数据库为代表的第一代数据库系统；20世纪70年代出现了以关系数据库为代表的第二代数据库系统；目前虽然已发展到以面向对象模型为主要特征的第三代数据库系统，但是由于第三代技术还不够成熟，关系数据库系统仍然无可替代地占据着市场的主流地位。

如果把数据库(DB)当作存放数据的仓库，那么数据库管理系统(DBMS)就是管理数据库的系统。DBMS基于数据模型对数据进行存储及管理，如第一代数据库系统采用层次模型和网状模型及第二代数据库系统采用关系模型等。关系模型具有坚实的数学基础、简洁的数据表示形式，且支持非过程化的查询语言——SQL，因此在20世纪80年代中期取代了层次模型和网状模型而成为迄今为止最流行的数据库数据模型。关系模型采用二维表存储数据，表中除表头外的每一行都表示一条记录，列表示组成记录的属性。图9-1给出了关系数据库中对应于本书第1章习题中XML文件所包含信息的二维表形式。容易看出，关系表中的一行可对应XML文档的一个元素，表的一列可对应元素的属性或子元素。目前，绝大部分商品化的数据库管理系统都是基于关系模型的，大型的关系DBMS包括Oracle、SQL Server、DB2和Sybase等，小型的关系系统包括MySQL、Access等。

	ID	name	sex	birthday	score	skill
	n101	李华	男	1978-09-12 0:0...	92	JAVA
	n102	倪冰	女	1979-01-12 0:0...	89	Visual Basic
	n103	张君宝...	男	1982-09-09 0:0...	98	XML

图9-1 关系数据库中的一个二维表示例

第三代数据库系统虽然还没有统一的数据模型，但其现有的数据模型基本都具有面向对象的特征。由于面向对象的方法更适合描述人类对客观世界的认识，能更好地进行对象及知识管理，因此，现在主流的关系数据库产品都加入了对面向对象功能的支持。新版的SQL标准中也增加了面向对象的内容。另外，随着数据库技术与其他相关技术的结合，许多新型的数据库系统也开始出现，如多媒体数据库系统、并行数据库系统、分布式数据库系统、工程数据库系统以及Web数据库系统等。

近年来，随着网络技术的迅猛发展，空前的信息共享需求对数据的存储和管理技术提出了更高要求，如何有效地存储Web上的海量数据(文档)已成为目前数据库技术必须要解决的一个难题；另一方面，随着XML的普及，XML已成为Web应用中数据交换和存储的实际标准，各大关系数据库提供商也在各自的数据库产品中加入了更多、更好的XML特性，使关系数据库能够与XML紧密集成。同时，一批纯XML数据库管理系统也面世了。

9.1.2　XML 与数据库技术的结合

关系数据库与 XML 都以结构化的方式提供了存储数据的方法。大多数信息既可以存储在关系数据库中，又可以存储为 XML 文档。很多情况下，两者并无明显的优劣差别。一般来说，在数据量不大、用户较少、性能要求不高的情况下，可以把 XML 当作数据库使用。虽然关系数据库具有安全性能好、大数据量的存取检索效率高、能进行并发处理、支持事务处理及完整性控制等优点，但是在下面两种情况下，XML 相较于传统的关系数据库存在着明显的优势。

(1) XML 文档中的数据在 Web 页面上显示时比关系数据库中的数据在页面上的显示节省工作量。关系数据库中的数据通常需要另外的应用或服务才能支持其 Web 应用(例如，需要在服务器端编写脚本程序，对数据库进行 SQL 查询，然后把查询结果组织成 HTML 页面返回客户端，这样用户才能使用浏览器查看查询结果)；而作为互联网数据存储、传输和表示标准的 XML 在这方面则具有得天独厚的优势。

(2) 不同的关系数据库管理系统有不同的数据存储格式，数据兼容性问题不仅给数据表示带来了困难，还严重限制了不同系统间的信息共享和数据交换范围。

为了能整合二者的优点，一些研究侧重于开发原生的 XML 数据库。目前也有一些产品面世，但是由于在数学理论及模型建立方面技术还不成熟，因此距离其普及还有很长一段路要走；另外一些研究则把 XML 与关系数据库紧密结合，发挥各自的优点。例如，在数据表示与传输方面使用 XML，在数据存储时使用关系数据库。随着广大数据库生产商在其数据库产品中持续提供对 XML 的大量支持，这种模式已经在很多应用中被广泛采纳，不仅在 Web 应用中，而且在企业异构集成应用中都将是很好的解决方案。

当 XML 同关系数据库结合时，一般有两种存储方式。一种是将 XML 文档按元素层次结构拆分后依次存入数据库中的不同字段，另一种则是将 XML 文档原封不动地存入数据库。由于关系数据库不能很好地处理大容量的结构化信息及文本数据，因此第二种方式的应用受到一定限制，但是目前也有很多 DBMS 已开始提供这种支持。例如，SQL Server 2005 及以上的版本允许把 XML 文档作为表中的一个字段存储。而第一种方式使得 XML 文档的整体性受到破坏，除非有一个预先设定的小程序对数据库中的数据进行整合，否则 XML 数据将变得一团糟。也可以将数据库中表的字段作为元素属性看待，但这种方法仅适用于结构简单的 XML 文档，再复杂一点就不可行了。另外，由于关系数据库并不能很好地支持层次、顺序和包含等在结构化置标语言中的本质关系，因此在这方面面向对象数据库的优点看起来更加明显。同时 XML 数据的结构和语义信息也可以完整地在面向对象数据库中保留下来，但要实现这种处理方法也有很多问题需要解决。

可以看到，无论采用哪种集成方案，作为一种跨平台的数据存储和交换技术，XML 在为数据库领域带来巨大冲击的同时，也带来了无限生机。

9.1.3　XML 在数据库中的应用模式

通常，XML 在数据库中的应用模式采用三层架构来实现。在这种模式下，一般会有一个代理程序运行于中间层，通过它来访问 DBMS 中的数据以及输出 XML 文档。它实际上是一种在客户端桌面应用层与底层数据层之间传递数据的工具。利用 CSS 或 XSL 技术，XML 可以实现基于 Web 浏览器的多样式可视化显示。另外，这种代理程序还可以进行双向的基于事件的数据更新，即客户端的数据更新(如数据的插入、删除、修改等)可通过代理程序反映到数据库，而数据库的更新也能够通知到客户端。从表面上看，这种机制同传统的三层架构没有什么区别，但实际上是不同的，因为此时传输过程中涉及的数据都是 XML 数据。

XML 提供了一种连接关系数据库和面向对象数据库以及其他数据库管理系统的纽带。XML 文档本身由若干元素(或称节点)组成，这种特点使得数据更适于用面向对象的格式存储，同时也利于面向对象的语言(如 C++、Java 等)调用 XML 编程接口访问 XML 节点。关系数据库和面向对象数据库可以先将数据从数据库中提取出来，经过转换或直接以 XML 数据的格式发布到网上(局域网或 Internet 网)，然后互换数据，经应用层系统处理后再转存入库。

开发一个访问数据库的 XML 应用系统需要同时借助 XML 编程接口和数据库编程接口，前者用于对 XML 文档的解析、定位和查询，所需技术包括 DOM 和 SAX 等；后者用于访问数据库，如数据库中数据的更新和查询等，需要利用的技术有 ODBC、JDBC、ADO 等。

9.2 XML 的数据交换与存储机制

设计 XML 的初衷是弥补 HTML 的不足，提供一种在 Web 上表示及存储结构化信息的标准格式，后来由于其与平台无关的数据表示形式而开始被大量用于网络中进行数据的转换和描述。XML 对于在完全不同的数据库系统之间或各种 B2B 应用之间交换信息相当有用。数据交换已成为 XML 技术得以快速发展的主要驱动力之一。

9.2.1 XML 的数据交换机制

XML 结构分为三层：数据表现层、数据组织层和数据交换层。前面介绍的 CSS、DOM 和 SAX 丰富了数据的表现形式及解析方式，DTD、SCHEMA 及语法规则等约束了数据的组织结构，本小节则介绍处于 XML 最底层的数据交换机制。

本质上，XML 定义了在应用间传递数据的结构，这种结构用文本描述、形式简单、任何通用的文本编辑器都可读取，而非二进制形式的、只能由程序判读的代码。利用这种机制，程序员可以制定底层数据交换的规范，在此基础上开发整个系统的各个模块，各模块之间传输的是符合既定规则的数据。另一方面，XML 还允许为特定的应用指定特殊的数据格式，并且非常适合于在服务器之间传递结构化的数据。

9.2.2 XML 的数据交换类型

从应用的角度来看，XML 的数据交换大致可分为下面几种类型。

1. 数据发布

在当今信息爆炸的时代，人们早已不局限于从书报之类的纸质媒介上获取信息，“全媒体”传播方式实现了让用户在任何地点以电视、电脑、手机等多种终端完成信息融合接收的目标。为了适应需要，业界提出了“同一数据，多次出版”的解决方案：只需制作和管理同一信息资源，就能够以多种媒介出版、多种方式发布。XML 的出现及其平台独立性的特点使得跨媒体、多介质的数据发布显得更容易。

2. 数据集成

如果说数据发布涉及的是服务器到浏览器形式的数据交换，那么，数据集成则涉及服务器之间的数据交换。

现实世界中，一个企业可能需要各种应用，小到上下班打卡系统，大到人事管理、财务核算、库存管理系统等。一般情况下，各个系统可能是由不同的软件公司采用不同的技术、基于不同的平台开发的。而企业的正常运营需要将各种信息有机集成，如员工工资需要在综合考虑其考勤和业绩的基础上计算得出，这就需要一个程序对打卡系统得出的考勤数据和财务系统核算的业绩统计进行合并。如果企业缺乏顺畅的业务管理平台，势必会造成管理上的混乱。而造成这种混乱的根本原因是各个系统之间没有制定统一的数据结构，其必然后果是信息冗余、效率低下，而重新开发又会造成资源浪费。XML 是解决上述问题的有效方法，通过它可使各业务模块有机结合，数据交换畅通无阻。

不仅企业内部的各应用之间需要 XML 进行数据集成，不同企业间也需要 XML 实现数据交换。如电子商务交易平台之间基于 XML 的 B2B 信息交换就是很好的例子。企业间的 XML 数据集成需要一个开放的、交易各方共同遵守的“法规”——基于 XML 的数据交换标准。XML 技术的融入使得企业间的交易不再局限于专网和特定应用，而是可以在 Internet 上的不同系统间交换信息，这不仅大大降低了成本，还提高了数据的可持续性。

同所有软件开发规范一样，实现数据集成也必须分步骤、有条理地进行。

(1) 要对整个业务进行调整，摈弃不合理的部分。基于 XML 的数据集成不仅仅是要进行系统开发，对旧有系统的合理改造也很重要。

(2) 对业务模式归纳总结并从中抽象出基于 XML 的数据交换模型，即制定数据交换的 DTD 或 Schema。这是最基本也是最为困难的一步。一个易犯的错误是直接照搬原来的数据格式、将其逐字逐句地“翻译”成 XML。XML 消息流要符合企业的信息流，它应该是一种表达层次结构信息并且在不同的应用系统间传输这种信息的有效途径。

(3) 结合制定好的 XML 数据交换模型，运用 XML DOM 和 SAX 等技术编写应用程序，也可直接在原系统上进行改造。

3. 交易自动化

XML 也有助于提高应用的自动化程度。遵循共同标准使得应用程序开发商能够开发出具有一定自动处理能力的代理程序，从而提高工作效率。智能代理程序的一个典型应用是：用户通过该程序向某电子商务交易系统发出一个关于某商品的供货商信息的查询请求，得到应答后，自动连接答复中提供的所有供货商站点；然后搜索各站点提供的关于特定商品的信息，并对前面得到的不同商家针对该商品的价格、质量、服务等信息按一定的商业规则进行比较、排序；最后，得出综合排名最高的结果，并自动向该供货商站点下商品订单。

以上各种 XML 信息交换类型都和数据库相关。如果要发布的数据存在于 XML 文件中，则只要有适当的浏览器就可以直接显示。但在实际应用中，大量信息并不是以 XML 文件的形式存在，因此通常需要从数据库中提取数据，再动态生成 XML 页面，然后加以样式化再发送到客户端浏览器。数据集成也离不开数据库。企业间交换的 B2B 数据往往来自数据库，如产品目录、订单信息和用户资料等。B2B 应用在接收到 XML 数据后也可将其保存至数据库。自动交易系统在得到有价值的信息后，一般是将其存入数据库，以便作为决策系统的数据来源。

9.2.3 XML 的数据存取机制

历经 50 余年的发展，数据库技术已经相当成熟，管理功能也非常强大，因此目前各领域的大量关键数据都放置于数据库中进行管理。以往的数据库应用基本上基于 C/S 模式，应用程序针对具体的数据结构，数据底层结构相对固定，因此开放性较差，不适于网络环境下不同应用间的数据交换。随着网络的迅速发展，让各种应用程序方便地交互各自数据库中的数据显得越来越重要。XML 被推出后，其自描述性、平台无关性使其成为不同应用间数据交换的事实标准，而且这种交换不必预先定义一组数据结构，因此具备很强的开放性。为了使基于 XML 的数据交换具有更广阔的应用前景，必须实现数据库的 XML 数据存取，并且将 XML 数据同应用程序有效地集成，进而使之同现有的业务规则相结合。

1. XML 数据源

XML 数据源多种多样，根据具体的应用，大概可分为以下三种。

- XML 纯文本文档

这种数据源最基本也最简单，数据存储于文件中，其最大的优点在于可以直接方便地读取。例如，加以样式信息在浏览器中显示，或者通过 DOM 接口编程同其他应用相关联。

- 关系数据库

关系数据库是对第一种数据源的扩展，通过数据库系统管理数据，利用服务器端应用(如 ASP、JSP 和 PHP 等)进行动态存取。这种方式最适合于当前最为流行的基于三层结构的应用开发。

- 其他各种应用数据

如邮件、目录清单、商务报告等，由于来源广泛，因此需要具体情况具体对待。

本小节主要针对前两种数据源进行分析。

2. XML 数据存取机制

对于 XML 文档，通过 DOM 读取 XML 文档中的节点是最基本也是最底层的 XML 存取技术。DOM 提供了一组 API 来存取 XML 数据，这组 API 既可通过 JavaScript、VBScript 等脚本程序调用，又可通过 C++、Java 等高级语言调用。

通过数据源对象(DSO)进行 XML 数据绑定可以方便地将 XML 节点同 HTML 标记捆绑，从 XML 文档中读写数据。DSO 的工作方式有几种，一种同 DOM 类似，通过对 XML 节点树进行遍历来搜索节点，每次仅将节点数据同 HTML 的一个元素(如 SPAN 元素)相关联；另一种是将节点数据同一个 HTML 多值元素(如 TR 元素)相关联。

样式单 CSS 和 XSL 技术通过给 XML 数据赋予一定的样式信息使其能在浏览器中以丰富多彩的形式显示出来。CSS 技术将 XML 中的元素同预先定义好的一组样式类相关联以达到样式化的目的，而 XSL 通过定义一组样式模板将 XML 源节点转换成 HTML 文档或其他 XML 文档，它提供了一套完整的类似控制语言的元素和属性来完成样式描述。

利用 ASP 在页面文档中嵌入 ADO 对象从数据库中提取 XML 数据是微软对其 ASP 技术的一种扩展，其功能非常强大。ADO 取得数据后，可以调用 DOM 提供的 API 来动态生成 XML 文档，进而同其他应用交换数据，或者直接在浏览器中显示。

HTTP+SQL 是 Microsoft 提出的 XML 数据库解决方案的核心，其基本原理是通过基于 HTTP 协议的 URL 方式直接访问 SQL Server 数据库，并以 XML 或 HTML 格式返回数据文档。

XML 的数据存取机制如图 9-2 所示。

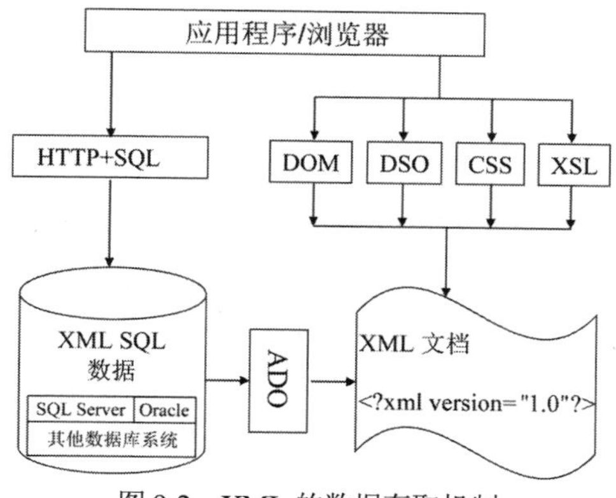

图 9-2　XML 的数据存取机制

9.2.4　XML 数据交换技术的工程应用

1. 设计与特定领域有关的标记语言

XML 允许各种不同专业人员开发特定领域相关的标记语言，这就使得该领域的人可以交换数据和信息，而不用担心接收端是否有特定的软件来浏览数据。

2. 异质系统间的通信

自从 XML 出现以后，原本需要依靠特定软件才能进行通信的系统之间可以方便地利用 XML 进行信息交流。XML 的格式简单易读，对于各种类型的信息，不论是文本还是二进制数据，都能进行标注。只要系统安装了 XML 解析器，便可解读其他系统中传来的信息，从而完成不同系统、不同机型间的通信。

3. 开发灵活的 Web 应用软件

XML 的扩展性和灵活性允许它描述不同类型应用软件中的数据，且集成来源不同的数据，这给获取数据提供了极大的方便；同时由于基于 XML 的数据是自我描述的，数据不需要内部描述就能被交换和处理，因此 XML 数据被发送到客户端后，用户可以使用不同的方法进行处理，也能以多种方式显示，这一切都为开发高效的 Web 应用软件奠定了基础。

4. 在 Web 上发布数据

由于 Web 是开放的基于文本的格式，与 HTML 一样使用 HTTP 进行传输，因此在 Web 上发布 XML 数据不需要对现存网络进行任何改变。另外，XML 数据的压缩性也很好，不会给网络传输增加太大负担；XML 的内容和样式是分开的，服务器在将内容传给客户端的同时也可将与之关联的样式发送过来，可大大减少服务器与客户端的交互，从而减轻服务器的压力。

9.3 XML 与数据库的数据交换技术

XML 和数据库的结合在很多领域，尤其是在 Web 应用领域中得到了广泛的应用，很多技术都支持 XML 与数据库的连接。不同的编程语言或脚本语言需要不同的 SQL API 和 XML 语法分析器的组合。假设要编写访问数据库的 XML 应用，若程序员使用微软的 Visual Basic 和 VBScript 开发 XML 应用，则可能需要微软的 ADO 和 XML 语法分析器。.NET Framework 3.5 SP1 面世以后，在.NET 开发平台上连接 XML 与数据库变得更自然、更方便。ADO.NET 是微软公司提供的对 Microsoft SQL Server 数据库或 XML 文件以及通过 OLE DB、ODBC 连接的各种数据源进行一致性访问的技术，它全面支持 XML 数据呈现。

本节先简单介绍目前在.NET 平台上进行数据库访问时比较关键的 ADO.NET 开发技术，然后就 XML 与数据库之间进行数据交换时使用的几种主要方法给出较详细的说明。

9.3.1 ADO.NET 简介

由前面图 9-2 所示的 XML 数据存取机制可知，数据库中的数据可以通过 ADO 接口转换为 XML 格式的数据，再通过 DOM、SAX 或 XSL 等解析技术由应用程序或浏览器获取。

ADO 的全称是 ActiveX Data Object，是微软公司为数据库应用程序开发的一种通用的数据访问接口，主要为网页开发人员提供实时访问数据库的能力。ADO 实际上是运行于服务器端的 ActiveX 组件。ADO.NET 的名称源于 ADO，微软希望借此表明这是在.NET 编程环境中优先使用的数据访问接口。对 XML 的支持是该版本的重要发展之一。

ADO.NET 是一组用于和数据源进行交互的面向对象的类库，提供了数据源访问相关的公共方法。它用于数据库交互的 5 个主要对象是 Connection、Command、DataReader、DataSet 和 DataAdapter，如图 9-3 所示。

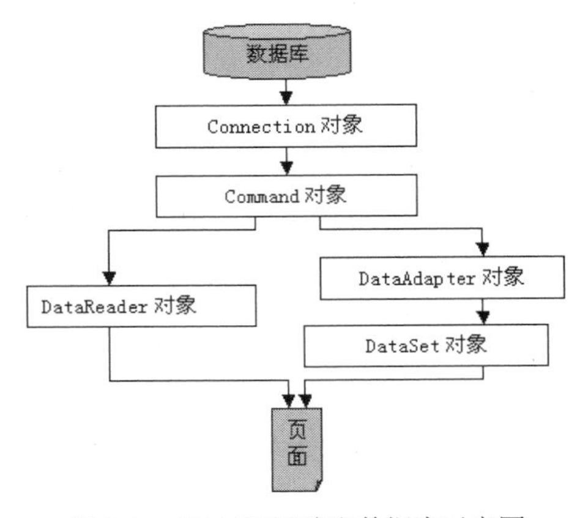

图 9-3　ADO.NET 读取数据库示意图

这5个对象提供了两种读取数据库的方式：一种是利用Connetction、Command和DataReader对象，这种方式只能读取数据库(不能修改记录)，若只是查询记录，则效率更高；另一种是利用Connection、Command、DataAdapter和DataSet对象，这种方式可以对数据库进行各种操作。对这5个对象的作用简要说明如下。

(1) Connection：用于连接数据库和管理数据库的事务，其常用属性和方法有以下几种。

- ConnectionString 属性：配置数据源连接参数的字符串。
- Open 方法：打开数据库连接。
- Close 方法：关闭连接的数据库。

对于不同的数据库，ADO.NET 采用不同的 Connection 对象进行连接，见表 9-1。

表 9-1 Connection 各个对象的功能

对象	功能
SqlConnection	连接 SQL Server 数据库，如 SQL Server 2019
OleDbConnection	连接支持 OLE DB 的数据库，如 Access
OdbcConnection	连接任何支持 ODBC 的数据库，如 MySQL 数据库
OracleConnection	连接 Oracle 数据库，如 Oracle 18c

(2) Command：对已连接的数据源执行查询、添加、删除和修改等各种操作。Command 对象的常用属性和方法有以下几种。

- CommandType 属性：指定 Command 对象要执行命令的类型。
- CommandText 属性：存放对数据源执行的 SQL 语句或存储过程名或表名。
- Connection 属性：指定 Command 对象使用的 Connection 对象的名称。
- ExecuteNonQuery 方法：执行不返回行的 SQL 语句(如各种更新语句)并返回受影响的行数。
- ExecuteReader 方法：执行 Select 语句进行查询操作并返回结果数据集。

(3) DataReader：是一个简单的数据集。通过 Command 对象的 ExecuteReader 方法从数据源中检索数据来创建，常用于查询大量数据。当需要读取数据而不需要其他更新操作时，可以使用此对象。

根据数据源不同，DataReader 也可以分为 SqlDataReader、OleDbDataReader 等几类。

DataReader 对象的常用属性和方法如下。

- FieldCount 属性：获取当前行的列数。
- Read 方法：使 DataReader 对象前进到下一条记录。

(4) DataSet：是在内存中创建的集合对象，它包含数据表、表约束、索引和关系。可把从数据库中查询到的数据甚至整个数据库暂时保存起来。

一个 DataSet 对象包括一组 DataTable 对象和 DataRelation 对象，其中每个 DataTable 对象由 DataColumn、DataRow 和 DataRelation 对象组成。

使用 DataSet 对象的方法有以下几种，这些方法可以单独应用，也可以组合应用。

- 以编程方式在 DataSet 中创建 DataTable、DataRelation 和 Constraint，并使用数据填充表。
- 通过 DataAdapter 用现有关系数据源中的数据表填充 DataSet。
- 使用 XML 加载和存储 DataSet 内容。

(5) DataAdapter：是 DataSet 对象和数据源之间联系的桥梁，主要是从数据源中检索数据、填充 DataSet 对象中的表或者把用户对 DataSet 对象做出的更改写入数据源。

DataAdapter 对象最重要的方法是 Fill，用于从数据源中提取数据以填充数据集。Fill 方法需要两个参数，一个是被填充的 DataSet 的名称，另一个是填充到 DataSet 中的数据的名称，也就是说，如果把填充的数据看成一个表，第二个参数就是这个表的名称。一个 DataSet 对象中可包含多个表。

后面的示例程序中会给出这几个对象的使用方法。

9.3.2 .NET 中的 XML 特性

与 ADO 相比，ADO.NET 对象模型的互操作性得到了很大的提高，XML 为此发挥了重要作用。XML 及其一些相关技术(包括 XPath、XSL 和 XML Schema)是 ADO.NET 的基础。可以说，XML 深入地“参与”了 ADO.NET 的构建和交互。

前面介绍的用于数据库交互的 DataSet 对象就具有非常多的 XML 操作特性，如 DataSet 对象在传输时是以 XML 流的形式，这使得在异构系统间传输数据更为方便；又如 DataSet 对象中的数据是以 XML 的形式表示并存储的，因此可以通过 DataSet 对象读取 XML 数据文件或数据流，从而将树状层次结构的 XML 数据转换为关系数据结构的形式。DataSet 有 7 个用于处理 XML 的方法，其中最常用的一对方法是 WriteXml 和 ReadXml。WriteXml 将 DataSet 中的内容以 XML 文档的形式输出，而 ReadXml 方法则将 XML 文件的内容读入 DataSet 中。DataSet 用于处理 XML 的其他几个常用方法包括以下几种。

- ReadXmlSchema 方法：将 XML 文档的模式读入 DataSet 对象。
- WriteXmlSchema 方法：将数据集的结构定义写入文件或流。
- GetXml 方法：以字符串的形式返回 XML 形式的数据。
- GetXmlSchema 方法：以字符串的形式返回 DataSet 的 XML 表示形式的 XSD。

在进行数据库和 XML 之间的数据交换时，和 DataSet 配合使用的通常是.NET 提供的 XmlDocument 类的对象，XmlDocument 类可以解析 XML 文档，将其载入内存的文档树中(类似于 DOM)，以便在程序中操纵这些结构化的数据。在 ADO.NET 中，树状层次结构的 XML 数据使用 DOM 对象模型来描述和操纵，关系表则使用表(DataTable)、列(DataColumn)和行(DataRow)等对象来描述和操纵。这样，就可以使用.NET 提供的 DataSet 对象和 XmlDocument 对象从两个不同的角度来操纵内存中的同一数据。

XmlDocument 对象的常用属性和方法如下所示。

- ChildNodes 属性：获取节点的所有子节点。
- DocumentElement 属性：获取文档的根元素，它是 XmlElement 对象。
- InnerText 属性：获取或设置节点及其所有子节点的串联值。
- AppendChild 方法：将指定的节点添加到该节点的子节点列表的末尾。
- Load 方法：从 Stream、URL、TextReader 或 XmlReader 加载指定的 XML 数据。
- CreateElement 方法：创建 XmlElement 对象。
- Save 方法：将 XML 文档保存到指定的位置。

ADO.NET 的内容非常丰富，但限于篇幅，在这里仅讨论如何通过它实现 XML 与数据库之间的数据交换，更多具体的细节请参考相关文献或书籍。

9.3.3 从数据库到 XML 文档

假设我们用 SQL Server 创建了一个名为 teaching 的教务管理数据库，其中有一个学生基本信息表 students，其结构定义如图 9-4 所示，表中存储的部分学生信息如图 9-5 所示。下面根据此表介绍几种从数据库中读取数据生成 XML 文档的方法(代码使用 C#编写)。

列名	数据类型	允许空
sid	char(12)	☐
sname	nvarchar(6)	☐
sex	char(1)	☐
speciality	nvarchar(20)	☐
birthday	smalldatetime	☐

图 9-4　students 表结构的定义

sid	sname	sex	speciality	birthday
201212340567	张小明	1	计算机科学与技术	1994-08-20 0:00:00
201212340568	孙文	1	软件工程	1995-03-15 0:00:00
201212340569	李小月	0	通信工程	1994-06-03 0:00:00

图 9-5　students 表中存储的部分学生信息

1. 使用 DataSet 对象的 XML 特性

前面已介绍过DataSet对象是在内存中创建的集合对象，既可保存关系数据源中的数据(表、关系、约束甚至数据库)，也可读写XML文档，具有丰富的XML特性。借助于DataSet对象，可轻松完成从数据库中读取数据并生成XML文档的任务，具体步骤如下。

(1) 设置数据库连接字符串。因为我们要连接的是本地服务器上的数据库，所以登录时采用了 SQL Server 身份验证模式，可按如下方式设置该字符串。

```
string connectionString ="server=localhost;database=teaching;uid=sa;pwd=sa123456";
```

如果要连接的是远程服务器，则可用服务器名或 IP 地址来代替 localhost。如果连接服务器时采用的是 Windows 身份验证模式，则可按如下方式设置连接字符串。

```
string connectionString = "Server= localhost;database=teaching;Integrated security=True";
```

(2) 传入连接字符串，创建 Connection 对象并打开数据库连接。因为我们要连接的是 SQL Server 数据库，所以应按如下方式声明该对象并完成连接。

```
SqlConnection stuConnection;   //声明一个新的 SqlConnection 对象
stuConnection = new SqlConnection(connectionString);   //将连接字符串传入构造函数
stuConnection.Open();   //打开数据库连接
```

(3) 使用 DataAdapter 对象从数据源中检索数据，并填充 DataSet 对象。因为连接的是 SQL Server 数据库，所以应按如下方式声明 DataAdapter 对象并完成信息的查询及填充。

```
string sqlstring="select * from students";
SqlDataAdapter stuDA=new SqlDataAdapter(sqlstring, stuConnection);
DataSet stuDS=new DataSet();       //声明并生成一个新的 DataSet 对象
stuDA.Fill(stuDS, "students");     //用 DataAdapter 对象检索出的数据填充 DataSet 对象
```

(4) 调用 DataSet 类的 WriteXml 方法，把 stuDS 中存储的数据写入指定的 XML 文件中并关闭所打开的数据库连接。

```
stuDS.WriteXml("test.xml");
stuConnection.Close();
```

完整的程序见例 9-1。

【例 9-1】 运用 DataSet 对象访问关系数据库 teaching 中的 students 表，将其中所有的学生信息输出到 XML 文档(students1.xml)中，C#程序如下。

```
using System;
using System.Data;
using System.Data.SqlClient;
using System.Xml;

namespace db2xml1
{
    class Program
    {
        static void Main(string[] args)
        {
            string connectionString = "server=localhost;database=teaching;uid=sa;pwd=sa123456";
            SqlConnection stuConnection;   //声明一个新的 SqlConnection 对象
            stuConnection = new SqlConnection(connectionString);   //将连接字符串传入构造函数
            stuConnection.Open();

            string sqlstring = "select * from students";
            SqlDataAdapter stuDA = new SqlDataAdapter(sqlstring, stuConnection);
            DataSet stuDS = new DataSet();  //声明并生成一个新的 DataSet 对象
            stuDA.Fill(stuDS, "students");    //用 DataAdapter 对象检索出的数据填充 DataSet 对象

            stuDS.WriteXml("test.xml");
            stuConnection.Close();  //关闭所打开的数据库连接
        }
    }
}
```

运行上述程序，从图 9-5 读取数据并生成的 XML 文档(test.xml)如下。

```
<?xml version="1.0" standalone="yes"?>
<NewDataSet>
  <students>
    <sid>201212340567</sid>
    <sname>张小明</sname>
    <sex>1</sex>
    <speciality>计算机科学与技术</speciality>
    <birthday>1994-08-20T00:00:00+08:00</birthday>
    <classno>45</classno>
  </students>
  <students>
    <sid>201212340568</sid>
    <sname>孙文</sname>
    <sex>1</sex>
    <speciality>软件工程</speciality>
    <birthday>1995-03-15T00:00:00+08:00</birthday>
    <classno>45</classno>
```

```
    </students>
    <students>
      <sid>201212340569</sid>
      <sname>李小月</sname>
      <sex>0</sex>
      <speciality>通信工程</speciality>
      <birthday>1994-06-03T00:00:00+08:00</birthday>
      <classno>45</classno>
    </students>
</NewDataSet>
```

可以注意到，虽然已得到格式正确的 XML 文档，但由于数据库的表中没有与 XML 文档元素名称对应的信息，因此该 XML 文件的根元素及其子元素的名称都用了默认值(根元素名为 NewDataSet，根的子元素统一命名为表名 students，而 students 的各子元素则使用了表中各列的名称)。也就是说，开发者无法控制由 DataSet 对象直接输出的 XML 文档的模式。下面通过使用 XmlDocument 对象来输出指定模式的 XML 文件。

2. 配合使用 DataSet 对象和 XmlDocument 对象

使用 XmlDocument 对象可以使开发者在输出 XML 文件时对文档中的每个元素有更多的控制权。鉴于前 3 步的代码没有任何变化，所以下面仅列出其名称，不再重复写出相应代码。完整步骤如下。

(1) 设置连接字符串。

(2) 传入连接字符串，创建 Connection 对象并打开数据库连接。

(3) 使用 DataAdapter 对象从数据源中检索数据，并填充 DataSet 对象。

(4) 构造一个 DataTable 对象，存放 stuDS 中的 students 表。

```
DataTable stuDT= stuDS.Tables["students"];
```

注意：

如果把第(3)步中得到的 DataSet 对象比作内存中的一个数据库，那么 DataTable 对象就是内存中的一个数据表。一个 DataSet 对象里可以存储多个 DataTable，一般用 stuDS.Tables ["表名"]得到 stuDS 对象中指定的某个 DataTable。因为上例中 stuDS 仅有一个表，所以也可以直接用 DataAdapter 对象检索出的数据填充 DataTable 对象。以下代码段的功能与上面代码段的功能一样。

```
SqlDataAdapter stuDA=new SqlDataAdapter("select * from students", stuConnection);
DataTable stuDT=new DataTable();    //声明并生成一个新的 DataTable 对象
stuDA.Fill(stuDT);    //用 DataAdapter 对象检索出的数据填充 DataTable 对象
```

之后开发者可以用 stuDT.Rows[i]来获取表中的第 i 行数据，用 stuDT.Rows[i][j]来表示表中第 i 行数据的第 j 列，用 stuDT.Rows[i][列名]来表示表中第 i 行数据的指定列。此处的行号、列号均从 0 开始。

(5) 创建 XML 文档对象并添加文档声明。

```
XmlDocument xDoc=new XmlDocument();
XmlDeclaration xDecl = xDoc.CreateXmlDeclaration("1.0", "UTF-8", "");
```

```
xDoc.AppendChild(xDecl);
//XML 文档的声明部分，即<?xml version="1.0" encoding="UTF-8"?>
```

(6) 创建并添加 XML 文档的根元素。

```
XmlElement root = xDoc.CreateElement("Students");
xDoc.AppendChild(root);
```

(7) 把前面检索出的信息加入 XML 文档中。例如，把 Name 字段及其取值转换为 XML 文档中的元素 Name，使用如下语句。

```
XmlElement stuName = xDoc.CreateElement("Name");
stuName.InnerText= stuDT.Rows[i][ "Name"].ToString();
xDoc.AppendChild(stuName);
```

此时要注意，stuDT.Rows[i][j]或 stuDT.Rows[i][列名]均为 Object 对象，因此将其值输出到 XML 文档时，要调用 Object 对象的 ToString()方法。以上是输出一条学生信息的语句，使用一个循环可以把检索出的数据库表中的信息逐行添加到 XML 文档中。

(8) 把得到的 XML 文档保存为指定文件，关闭数据库连接。例如，若保存为文件 students.xml，可编写如下代码。

```
xDoc.Save("students.xml");
stuConnection.Close();
```

完整的程序见例 9-2。

【例 9-2】 运用 ADO.NET 访问关系数据库 teaching 中的 students 表，将其中所有的学生信息输出到 XML 文档(students.xml)中。C#程序如下。

```
using System;
using System.Data;
using System.Data.SqlClient;
using System.Xml;

namespace DB2XML
{
    class Program
    {
        static void Main(string[] args)
        {
            string connectionString = "Server= localhost;database=teaching; uid=sa;pwd=sa123456";
            SqlConnection stuConnection;   //声明一个新的 SqlConnection 对象
            stuConnection = new SqlConnection(connectionString);   //将连接字符串传入构造函数
            stuConnection.Open();

①           string sqlstring = "select * from students";
            SqlDataAdapter stuDA = new SqlDataAdapter(sqlstring, stuConnection);
            DataSet stuDS = new DataSet();  //声明并生成一个新的 DataSet 对象
            stuDA.Fill(stuDS, "students");     //用 DataAdapter 对象检索出的数据填充 DataSet 对象

            DataTable stuDT = stuDS.Tables["students"];
```

```
            XmlDocument xDoc = new XmlDocument();
            XmlDeclaration xDecl = xDoc.CreateXmlDeclaration("1.0", "UTF-8", "");
            xDoc.AppendChild(xDecl);

            XmlElement root = xDoc.CreateElement("students");
            xDoc.AppendChild(root);

            for (int i = 0; i < stuDT.Rows.Count; i++)
            {
                XmlElement stu = xDoc.CreateElement("student");

                //添加 student 的子元素 id
                XmlElement stuID = xDoc.CreateElement("id");
                stuID.InnerText = stuDT.Rows[i]["sid"].ToString();
                stu.AppendChild(stuID);

                //添加 student 的子元素 name
                XmlElement stuName = xDoc.CreateElement("name");
                stuName.InnerText = stuDT.Rows[i]["sname"].ToString();
                stu.AppendChild(stuName);

                //添加 student 的子元素 sex
                XmlElement stuSex = xDoc.CreateElement("sex");
   ②           stuSex.InnerText = stuDT.Rows[i]["sex"].ToString();
                stu.AppendChild(stuSex);

                //添加 student 的子元素 speciality
                XmlElement stuSpec = xDoc.CreateElement("speciality");
                stuSpec.InnerText = stuDT.Rows[i]["speciality"].ToString();
                stu.AppendChild(stuSpec);

                //添加 student 的子元素 birthday
                XmlElement stuBirth = xDoc.CreateElement("birthday");
   ③           stuBirth.InnerText = stuDT.Rows[i]["birthday"].ToString();
                stu.AppendChild(stuBirth);
                //将 student 元素添加为文档元素 students 的子元素
             xDoc.DocumentElement.AppendChild(stu);
             }

             xDoc.Save("students.xml");   //保存文件
         stuConnection.Close();   //关闭数据库连接
          }
      }
}
```

运行上述程序，得到的 XML 文档(students.xml)如下。

```
<?xml version="1.0" encoding="UTF-8"?>
<students>
   <student>
```

```
        <id>201212340567</id>
        <name>张小明</name>
        <sex>1</sex>
        <speciality>计算机科学与技术</speciality>
        <birthday>1994-08-20 0:00:00</birthday>
    </student>
    <student>
        <id>201212340568</id>
        <name>孙文</name>
        <sex>1</sex>
        <speciality>软件工程</speciality>
        <birthday>1995-03-15 0:00:00</birthday>
    </student>
    <student>
        <id>201212340569</id>
        <name>李小月</name>
        <sex>0</sex>
        <speciality>通信工程</speciality>
        <birthday>1994-06-03 0:00:00</birthday>
    </student>
</students>
```

虽然已得到格式良好、正确的 XML 文档，但开发者会发现文档中关于性别和出生日期的输出方式不太符合日常的习惯。可以通过修改程序清单中数字序号标出来的几条语句做进一步的调整。性别一项在表中仅以一字节的字符表示，0 表示“女”，1 表示“男”，可以对②标示的语句做如下修改。

```
if (stuDT.Rows[i]["sex"].ToString()== "0")    stuSex.InnerText = "女";
else stuSex.InnerText = "男";
```

出生日期在表中是以 4 字节的 smalldatetime 类型表示的，为了在输出时不显示时间，应以“4 位年份-月-日”的形式存在于 XML 文档中，可对③标示的语句做如下修改。

```
stuBirth.InnerText =Convert.ToDateTime(stuDT.Rows[i]["birthday"]).ToShortDateString();
```

调用 Convert 类的 ToDateTime()方法把记录出生日期值的 Object 对象转换为 DateTime 类型，再调用 DateTime 对象的 ToShortDateString()方法把输出格式定义为想要的模式。

也可以对①标示的 SELECT 语句稍做修改，使得检索列返回的是符合格式的日期对象，如下所示。

```
string sqlstring = "select sid, sname, sex, speciality, convert(varchar(20),birthday,23) from students";
```

其中的 23 代表格式“4 位年份-月-日”。类似地，1 代表“月/日/2 位年份”，102 代表“4 位年份.月.日”，103 代表“日.月. 4 位年份”。

此时由于最后的检索列无名称，因此对③标示的语句要做如下相应的修改。

```
stuBirth.InnerText = stuDT.Rows[i][4].ToString();    //列号从 0 计，因此最后一列是第 4 列
```

运行修改后的程序，得到的新 XML 文档(students.xml)如下。

```xml
<?xml version="1.0" encoding="UTF-8"?>
<students>
  <student>
    <id>201212340567</id>
    <name>张小明</name>
    <sex>男</sex>
    <speciality>计算机科学与技术</speciality>
    <birthday>1994-08-20</birthday>
  </student>
  <student>
    <id>201212340568</id>
    <name>孙文</name>
    <sex>男</sex>
    <speciality>软件工程</speciality>
    <birthday>1995-03-15</birthday>
  </student>
  <student>
    <id>201212340569</id>
    <name>李小月</name>
    <sex>女</sex>
    <speciality>通信工程</speciality>
    <birthday>1994-06-03</birthday>
  </student>
</students>
```

9.3.4 从 XML 文档到数据库

假设 teaching 数据库中的 students 表已按照图 9-4 所示的结构建立并已存放图 9-5 所示的学生信息。现有如下所示的 XML 文件(student.xml)，这个文件是由一个面向学生的、记录转学学生个人信息的网页自动生成的。

```xml
<?xml version="1.0" encoding="UTF-8"?>
<students>
  <student name="赵光">
    <id>201212340678</id>
    <sex>男</sex>
    <speciality>计算机科学与技术</speciality>
    <birthday>1993-11-05</birthday>
  </student>
  <student name="王燕">
    <id>201212340701</id>
    <sex>女</sex>
    <speciality>软件工程</speciality>
    <birthday>1994-07-10</birthday>
  </student>
</students>
```

随着转学学生的不断增加，这个 XML 文档可能会变得很大，因此需要不断地对它进行维护，把文档中的学生信息转存到 students 表中，这样既便于管理，又能减轻 XML 文档的存储负担。例 9-3 介绍如何通过编程的方式将 XML 文档信息写入数据库的表中。其中用到的大部分对象在例 9-1 中都已经见过，因此下例直接给出完整的程序，只在必要的地方对某些语句的功能进行了注释。

【例 9-3】用 XmlDocument 对象访问 XML 文档，并运用 ADO.NET 控件把读取的信息写入关系数据库中。

下面是程序清单。

```
using System;
using System.Data;
using System.Data.SqlClient;
using System.Xml;

namespace xml2db
{
    class Program
    {
        static void Main(string[] args)
        {
            string connectionString = "server=localhost;database=teaching;uid=sa;pwd=sa123456";
            //声明并构造一个新的 SqlConnection 对象
            SqlConnection stuConnection= new SqlConnection(connectionString);
            stuConnection.Open();

            SqlDataAdapter stuDA = new SqlDataAdapter("select * from students", stuConnection);
            DataSet stuDS = new DataSet();  //声明并生成一个新的 DataSet 对象
            stuDA.Fill(stuDS, "students");     //用 DataAdapter 对象检索出的数据填充 DataSet 对象

            DataTable stuDT = stuDS.Tables["students"];

            //创建并载入 XML 文档
            XmlDocument xDoc = new XmlDocument();
            xDoc.Load("student.xml");
            XmlElement root = xDoc.DocumentElement;   //提取 XML 文档的根元素

            for (int i = 0; i < root.ChildNodes.Count; i++)
            {
                //获取根元素的第 i 个子元素 stu
                XmlNode stu = root.ChildNodes[i];

                //获取节点 stu 的各个子元素的值，分别赋值给相应的变量
                String stuID = stu.ChildNodes[0].InnerText;
                String stuSex = stu.ChildNodes[1].InnerText;
                String stuSpec = stu.ChildNodes[2].InnerText;
                String stuBirth = stu.ChildNodes[3].InnerText;

                //获取节点 stu 的 name 属性的值，赋值给相应的变量
               String stuName = stu.Attributes["name"].InnerText;   //姓名是 stu 的属性，而非子元素
```

```
                //在数据表中创建一个新行
                DataRow newRow = stuDT.NewRow();
                newRow["sid"] = stuID;
                newRow["sname"] = stuName;
                if (stuSex =="女") newRow["sex"] = "0"; else newRow["sex"] = "1";
                newRow["speciality"] = stuSpec;
                newRow["birthday"] = Convert.ToDateTime(stuBirth);

                stuDT.Rows.Add(newRow);
            }

            SqlCommandBuilder stuOBJ = new SqlCommandBuilder(stuDA);
            stuDA.Update(stuDS, "students");

        stuConnection.Close();   //关闭数据库连接
        }
    }
}
```

运行上述程序后，打开 SQL Server 2019 的管理平台，可看到 students 表中的数据如图 9-6 所示。student.xml 文件中的两条学生信息被成功插入 students 表中，成为图中的两条记录。

sid	sname	sex	speciality	birthday
201212340567	张小明	1	计算机科学与技术	1994-08-20 0:00:00
201212340568	孙文	1	软件工程	1995-03-15 0:00:00
201212340569	李小月	0	通信工程	1994-06-03 0:00:00
201212340678	赵光	1	计算机科学与技术	1993-11-05 0:00:00
201212340701	王燕	0	软件工程	1994-07-10 0:00:00

图 9-6　成功插入 XML 文档数据后的 students 表

开发者也可利用前面介绍过的 Command 对象对数据源执行查询、添加、删除和修改等各种操作。下面的例 9-4 演示了用 Command 对象通过执行 SQL 语句向数据库写入数据的过程。

【例 9-4】用 XmlDocument 对象访问 XML 文档，把得到的信息组织成有效的 SQL 语句，并运用 Command 对象通过在关系数据库中执行 SQL 语句把信息写入表中。程序清单如下。

```
using System;
using System.Data;
using System.Data.SqlClient;
using System.Xml;

namespace xml2db_comm
{
    class Program
    {
        static void Main(string[] args)
        {
            string connectionString = "server=localhost;database=teaching;uid=sa;pwd=sa123456";
            SqlConnection stuConnection = new SqlConnection(connectionString);
            stuConnection.Open();
```

```
            //创建并载入 XML 文档
            XmlDocument xDoc = new XmlDocument();
            xDoc.Load("student.xml");
            XmlElement root = xDoc.DocumentElement;   //提取 XML 文档的根元素

            for (int i = 0; i < root.ChildNodes.Count; i++)
            {
                //获取根元素的第 i 个子元素 stu
                XmlNode stu = root.ChildNodes[i];

                //获取节点 stu 的各个子元素的值，分别赋值给相应的变量
                String stuID = stu.ChildNodes[0].InnerText;
                String stuSex = stu.ChildNodes[1].InnerText;
                String stuSpec = stu.ChildNodes[2].InnerText;
                String stuBirth = stu.ChildNodes[3].InnerText;
                String stuName = stu.Attributes["name"].InnerText;   //姓名是 stu 的属性，而非子元素

                if (stuSex == "女") stuSex = "0"; else stuSex = "1";

                String sqlStr = "insert into students(sid,sex,speciality,birthday,sname) values (";
                sqlStr = sqlStr + stuID + "," + stuSex + ",'" + stuSpec + "','" + Convert.
                ToDateTime(stuBirth).ToString()   + "','"+ stuName+   "')";
                //构造执行数据库查询操作的 SQL 语句

                SqlCommand stuCmd = new SqlCommand(sqlStr, stuConnection);

                stuCmd.ExecuteNonQuery();
            }
            stuConnection.Close();
        }
    }
}
```

运行例 9-4 所示的代码，仍然可以得到图 9-6 所示的结果。

9.4 SQL Server 2019 对 XML 的支持

自 XML 推出以来，它就显示出强大的生命力，迅速得到软件开发商的支持以及程序员的喜爱。很多数据库生产厂商都在自己的数据库产品中加入了对 XML 的支持。微软公司在 SQL Server 2000 中就已推出了与 XML 相关的功能，而 SQL Server 2019 及之后的各版本更是对 XML 功能进行了显著扩展，提供了面向 XML 的数据存储、信息发布和数据交换等功能。

本节将简单介绍 SQL Server 2019 对 XML 的支持。

9.4.1 对 XML 的支持

微软早在 2000 年 1 月就宣布 SQL Server 2000 对 XML 提供支持，主要体现在以下方面：

- 在 SQL Server 中通过 HTTP 公开数据；

- 将关系数据作为 XML 公开；
- 将 XML 文档拆分到行集合；
- 通过使用 XDR(XML 数据精简)方案，将 XML 方案映射到数据库方案，从而创建 XML 视图；
- 使用 XPath 在 XML 视图上创建查询。

而后的 SQL Server 直到 SQL Server 2019 版本，在此基础上又大幅度增强了对 XML 的支持，增强功能主要包括：

- 新增专门的 XML 数据类型来存储 XML 文档，可以使用 XML 数据类型存储数据库中的标记文档或半结构化数据；
- 支持 XQuery 查询，可以把二维的关系数据组织成层次型的 XML 数据，可以针对 XML 类型的列和变量中存储的 XML 数据指定 XQuery 查询；
- 提供 XML DML(数据管理语言)，可通过 INSERT、UPDATE 和 DELETE 对 XML 数据片段进行更新；
- 提供了面向 XML 数据的层次性索引——XML 索引，可以为 XML 类型的列创建主 XML 索引和辅助 XML 索引；
- 通过增强分布式查询 OPENROWSET 的功能，提高同构甚至异构系统之间大批量处理 XML 数据的效率；
- 对于 SQL Server 2000 已经引入的 FOR XML 子句和函数 OPENXML 提供了更好的支持。

9.4.2　XML 数据类型

SQL Server 2019 对 XML 的支持中最重要的一点就是提供了 XML 数据类型，这使得用户可以把 XML 文档或片段直接保存在表的字段中，还可以创建 XML 类型的列或变量，并在其中存储 XML 实例。

XML 数据类型是 SQL Server 2019 中内置的数据类型，可以与其他内置类型(如 int、varchar 等)同样对待，但是不受关系约束的限制。XML 数据以大型二进制对象(BLOB)进行存储。通过将 XML Scheme 集合与 XML 类型的列、变量或参数相关联，还可以检验 XML 数据的完整性或类型化 XML 实例。如果在应用中需要经常查询表中的 XML 列，还可以对 XML 列创建 XML 索引。

例如，开发者可以在 SQL Server 2019 的 teaching 数据库中编写如下语句，创建一个包含 XML 数据列的数据表。

```
USE teaching
CREATE TABLE books
(
  bid int PRIMARY key,
  bname nvarchar(30) NOT NULL,
  description xml
)
```

之后，就可以将 XML 结构的字符串插入 XML 数据列中，如下所示。

```
INSERT INTO books VALUES
```

```
(
  1,
  'XML 教程',
  '<book type="computer" >
    <price>20.00</price>
   </book>'
)
```

执行查询语句后的结果如图 9-7 所示。

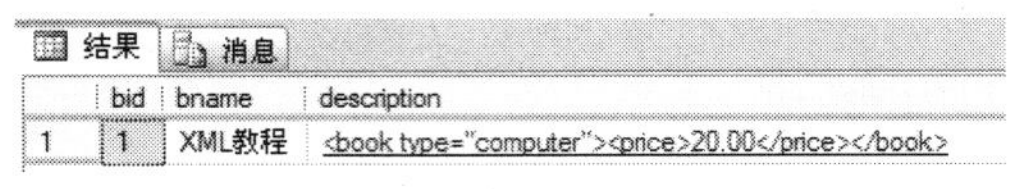

	bid	bname	description
1	1	XML教程	<book type="computer"><price>20.00</price></book>

图 9-7　表的查询结果

这种 XML 的数据类型是非类型化的，即其中的元素和属性可随便定义，没有约束。但是这些 XML 数据必须是格式良好的，不能向 XML 列中插入非 XML 结构的数据，如下所示。

```
INSERT INTO books VALUES
(
  2,
  'XML 技术教程',
  '<book type="computer" >
    <price>25.00</price>'
)
```

执行上述语句时会导致插入失败，因为 XML 数据没有正常的结束节点</book>。

9.4.3　XML 类型的方法

SQL Server 2019 中的 XML 类型提供了 5 个用于查询和更新的方法，它们均使用 XQuery 对 XML 数据进行定位。XQuery 是用于 XML 数据的查询语言，等同于 SQL 对数据库的作用。XQuery 构建于 XPath 表达式上，是 W3C 标准。下面简单介绍这几个用于 XML 查询和更新的方法。

- query 方法：提取 XML 文档的片段，以 XQuery 表达式为参数，返回无类型的 XML 实例。图 9-8 给出了使用 query 方法的一个示例语句及其执行结果。

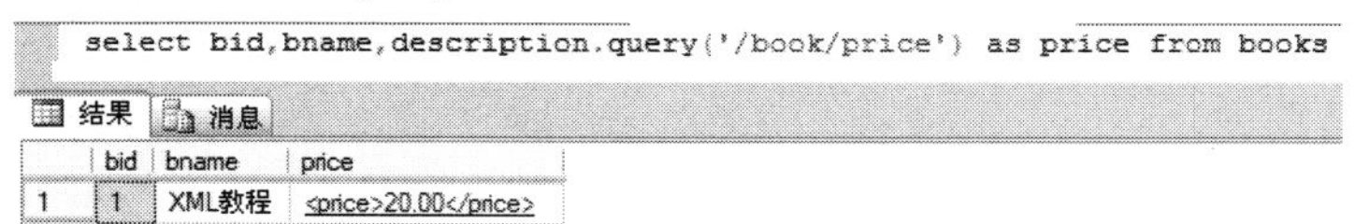

```
select bid,bname,description.query('/book/price') as price from books
```

	bid	bname	price
1	1	XML教程	<price>20.00</price>

图 9-8　query 方法使用示例

- value 方法：从 XML 实例中提取标量值，需要的两个参数分别是 XQuery 表达式及需要返回的 SQL 类型。由于该方法仅返回一个值，因此 XQuery 表达式必须返回一个确定值，否则报错。其用法如图 9-9 所示。
- exist 方法：确定 XML 实例中是否存在某元素，若存在则返回 1，否则返回 0。例如，执行以下代码，将返回 0、1、1，因为 type 不是元素，只是属性。

```
SELECT description.exist('/book/type'), description.exist('/book/price'),description.exist('/book')from books
```

```
SELECT description.value('(/book/price)[1]','money') from books where bid=1
结果 消息
(无列名)
1 20.00
```

图 9-9　value 方法使用示例

- nodes 方法：从 XML 实例片段产生一个新的 XML 实例。该方法接受一个 XQuery 语句为参数，返回一个包含 XML 数据的行集，该行集还可以被进一步地进行处理。nodes 方法通常与 CROSS APPLY 配合使用。为了使查询结果有集合的效果，假设开发者执行下述 SQL 语句向 books 表中插入了两条记录，则图 9-10 演示了 nodes 方法的使用实例。

```
INSERT INTO books VALUES
(  2,  'XML 技术教程',  '<book type="computer" > <price>25.00</price></book>')
INSERT INTO books VALUES
(  3,  '数据库应用教程',  '<book type="computer" > <price>35.00</price></book>')
```

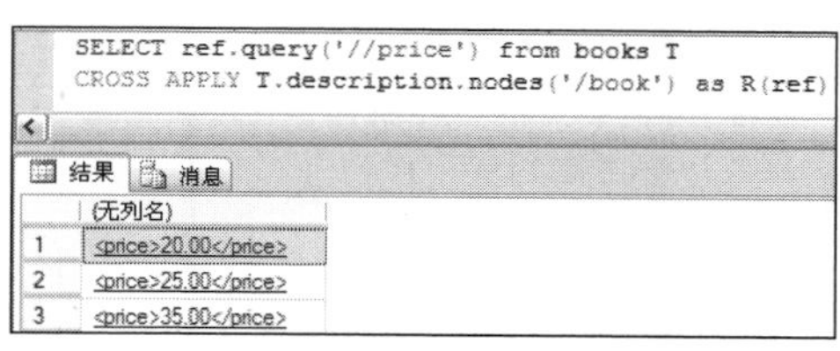

图 9-10　nodes 方法使用示例

- modify 方法：对 XML 数据进行更新，使用 insert、delete 和 update 关键字分别插入、删除和更新一个或多个节点。例如，可输入以下 SQL 语句。

```
UPDATE books
SET description.modify(
'insert <publish date=2012> 清华大学出版社</publish>
after (/book/price)[1]')
WHERE bid=1
```

该段代码使用 UPDATE 语句修改 books 表中的 XML 列 description 的值，在第 1 条记录的 description 列的 book 元素的 price 节点后插入了一个名为 publish 的节点。更改后的第 1 条记录的 description 列的值如下。

```
<book type="computer" >
  <price>20.00</price>
  <publish date=2012> 清华大学出版社</publish>
</book>
```

9.4.4　发布 XML 数据

SELECT 查询一般是将结果作为行集返回，但是通过在 SELECT 语句中加入 FOR XML 子句，SQL Server 2019 可以支持在服务器端以 XML 文档的形式返回 SQL 查询结果。在 FOR XML 子句中，需要指定以下 XML 模式之一：RAW、AUTO、EXPLICIT 和 PATH。

- RAW 模式：将查询结果集中的每一行转换成名为 row 的 XML 元素，行中的每一列都映射为 row 元素的一个属性。例如，对于图 9-5 所示的数据库表 students，在 SQL Server 2019 的查询编辑器中输入以下 SQL 语句。

```
select sid, sname, sex, speciality from students for xml RAW
```

执行该查询命令获得的结果如下。

```
<row sid="201212340567" sname="张小明" sex="1" speciality="计算机科学与技术" />
<row sid="201212340568" sname="孙文" sex="1" speciality="软件工程" />
<row sid="201212340569" sname="李小月" sex="0" speciality="通信工程" />
```

可以看到，row 元素中的属性名与对应的列名一致。

也可以通过在 FOR XML 子句中指定 ELEMENTS 选项使得每一列都映射为 row 元素的一个子元素，如下述语句所示。

```
select sid, sname, speciality from students where sex=1 for xml RAW, ELEMENTS
```

执行该语句后的结果如下。

```
<row>
  <sid>201212340567</sid>
  <sname>张小明</sname>
  <speciality>计算机科学与技术</speciality>
</row>
<row>
  <sid>201212340568</sid>
  <sname>孙文</sname>
  <speciality>软件工程</speciality>
</row>
```

- AUTO 模式：将查询结果以嵌套的 XML 元素返回，SELECT 子句中的检索列将映射为属性。若仅查询一个表，则结果与 RAW 模式相同；若 FROM 子句中有多个表，则将每个表映射到一个 XML 元素，SELECT 子句中的第 1 个检索列所在的表形成 XML 文档中的顶级元素，第 2 个表形成顶级元素内的子元素，依次类推。

假设 teaching 数据库中还有 2 个表：课程表 course 和成绩表 score，前者记录了课程的课程名、课程编号和学分等信息，后者记录了每个学生所修课程的期中和期末成绩。两个表中的部分记录如图 9-11 所示。

courseno	cname	ctype
2	数据库基础	必修
1	数据结构	必修
3	计算机組成原理	必修

studentno	courseno	usually	final
201212340567	2	80.00	86.00
201212340567	1	85.00	88.00
201212340568	1	75.00	80.00
201212340568	2	80.00	82.00

图 9-11　course 表和 score 表中的部分记录

执行如下 SQL 语句。

```
SELECT sname,cname,usually,final
FROM students,score,course
```

```
WHERE students.sid=score.studentno and score.courseno=course.courseno
FOR XML AUTO
```

可得到如下 XML 文档。

```
<students sname="张小明">
  <course cname="数据库基础">
    <score usually="80.00" final="86.00" />
  </course>
  <course cname="数据结构">
    <score usually="85.00" final="88.00" />
  </course>
</students>
<students sname="孙文">
  <course cname="数据结构">
    <score usually="75.00" final="80.00" />
  </course>
  <course cname="数据库基础">
    <score usually="80.00" final="82.00" />
  </course>
</students>
```

可以看到，此时 XML 文档中的元素名由表名直接得来，其层次结构(即元素的嵌套)由 SELECT 子句中的检索列所标识的表的顺序决定，因此 SELECT 子句中的检索列的顺序很重要。

- EXPLICIT 模式：提供了对 XML 文档中标记名称及元素的层次结构与嵌套关系的完全控制，由此可最大限度地定义由查询结果生成的 XML 文档的格式。在这种模式下，检索列可被单独地映射到各种元素或属性。但是使用 EXPLICIT 模式的语法很苛刻，必须编写相当复杂的 SQL 查询语句来指定描述目标 XML 文档的表结构。因此，很多时候可以使用 PATH 模式来替代 EXPLICIT 模式。
- PATH 模式：提供了一种比较简单的方法来实现元素和属性的混合，它引入附加嵌套来表示复杂的属性。作为新增功能，FOR XML PATH 子句比 FOR XML RAW 和 FOR XML AUTO 子句的功能更强大，可以实现 FOR XML EXPLICIT 的功能但实现起来要简单得多。在 PATH 模式中，列名或列的别名被作为 XPath 表达式对待，它们指定了如何将值映射到 XML。每个 XPath 表达式都是一个相对的 XPath，它提供了项类型(如属性、元素或标量值)及行元素生成的节点的名称和层次结构。

例如，执行如下 SQL 语句。

```
SELECT sname,cname,usually,final
FROM students,score,course
WHERE students.sid=score.studentno and score.courseno=course.courseno
FOR XML PATH
```

可得到如下 XML 文档。

```
<row>
  <sname>张小明</sname>
  <usually>80.00</usually>
```

```
        <final>86.00</final>
        <cname>数据库基础</cname>
    </row>
    <row>
        <sname>张小明</sname>
        <usually>85.00</usually>
        <final>88.00</final>
        <cname>数据结构</cname>
    </row>
    <row>
        <sname>孙文</sname>
        <usually>75.00</usually>
        <final>80.00</final>
        <cname>数据结构</cname>
    </row>
    <row>
        <sname>孙文</sname>
        <usually>80.00</usually>
        <final>82.00</final>
        <cname>数据库基础</cname>
    </row>
```

可以看到，结果中显示了查询结果的全部数据，父元素名默认为 row，每列的内容分别显示在对应的子元素中，且子元素名与对应的列名一致。

9.4.5 在表中插入 XML 数据

SQL Server 2019 增强了 SQL Server 2000 中引入的 OPENXML 函数的功能。OPENXML 函数可以对内存中的 XML 文档提供与表或视图类似的行集，允许像访问记录行一样访问 XML 数据。通过使用系统存储过程 sp_xml_preparedocument 和 OPENXML 函数可以方便地将 XML 数据插入数据库的表中。

系统存储过程 sp_xml_preparedocument 读入 XML 文档的文本并把它解析为包含元素、属性和文本的树状结构，OPENXML 函数应用该树状结构并生成基于 XPath 的 XML 文档中的数据行集。使用 OPENXML 和 INSERT 语句即可将该行集中的数据插入表中。

sp_xml_preparedocument 的基本语法格式如下。

```
sp_xml_preparedocument hdoc OUTPUT, xmltext
```

其中，hdoc 是代表新创建文档句柄的整数值，xmltext 是原始 XML 文档的文本值。

OPENXML 函数的语法如下。

```
OPENXML( hdoc, rowpattern, flags )
WITH TableName
```

其中，整数值 hdoc 是表示 XML 文档内部表示形式的句柄，该内部表示形式可通过调用 sp_xml_preparedocument 创建； rowpattern 是 XPath 模式，用来标识要作为行处理的节点(这些节点在 XML 文档中，该文档句柄由 hdoc 参数传递)；可选的整数参数 flags 指示在 XML 数据和关系行集间如何进行映射以及如何填充溢出列：flags 为 0 是默认值，表示对表中的列做基于属性的映射；flags 为 1 表示对表中的列先做基于属性的映射，然后对所有未处理的列做基于元素的映射；flags 为 2 表示对表中的列做基于元素的映射；TableName 是表名。

下面的例 9-5 给出了使用 OPENXML 函数和 INSERT 语句将 XML 数据插入关系表的方法。

【例 9-5】以属性的形式将 XML 数据插入关系表中。

假设 teaching 数据库的 students 表中的记录如图 9-5 所示，输入以下代码。

```
1     USE teaching
2     DECLARE @doc varchar(1000)
3     DECLARE @hdoc int
4     SET @doc=
5     '<root>
6        <student sid="201212340570" sname="钱虹" sex="0" speciality="软件工程" birthday="1993-12-05">
7        </student>
8     </root>'
9     EXEC sp_xml_preparedocument @hdoc OUTPUT,@doc
10  INSERT students
11  SELECT * FROM openxml(@hdoc,'/root/student',1)    WITH students
12    EXEC sp_xml_removedocument @hdoc
```

注意：

为了便于说明，在每行代码前面加上了序号，实际查询时要去掉序号。

上面代码的第 2 行和第 3 行声明了两个变量：@doc 和@hdoc，前者存放要插入关系表的 XML 数据，后者存放系统存储过程 sp_xml_preparedocument 得到的解析文档的句柄。第 4~8 行把欲插入表中的 XML 片段存放到变量@doc 中。第 9 行执行 sp_xml_ preparedocument，通过解析@doc 中的 XML 数据来创建其内部表示并由句柄@hdoc 表示。第 10~11 行把调用 OPENXML 函数得到的 XML 解析文档中/root/student 节点内的数据(第 5 列)的行集插入 students 表中，WITH 子句指定要从 XML 文档获取的列值以及要转换成的数据类型。在本例中因为要插入的表已存在，所以 WITH 子句直接给出了表名，事实上该插入语句更完整的写法如下。

```
INSERT students (sid, sname, sex, speciality, birthday)
SELECT sid,sname,sex,speciality,birthday FROM openxml(@hdoc,'/root/student',1)
WITH (sid char(12),sname nvarchar(6),sex char(1),speciality nvarchar(20),birthday smalldatetime)
```

WITH 子句也可用于在 XML 中使用 XPath 表达式来映射属性或元素，或为要用于某一查询的 XML 字段取别名。第 12 行调用系统存储过程 sp_xml_removedocument 从内存中删除已无用的、由句柄@hdoc 表示的 XML 文档的内部表示形式。

上述代码第 4~8 行中的 XML 片段是以元素的形式表示各字段值，如下所示。

```
SET @doc=
'<root>
   <student>
       <sid>201212340570</sid>
       <sname>钱虹</sname>
       <sex>0</sex>
     <speciality>软件工程</speciality>
     <birthday>1993-12-05</birthday>
```

```
        </student>
    </root>'
```

OPENXML 函数的第 3 个参数应该是 2，其他语句不变，也可以完成相同的功能。

OPENXML 函数提供了很大的灵活性，既可以将一个 XML 文档中的所有数据插入关系表中，又可以拆分 XML 文档，将其插入不同的表中。并且由于 OPENXML 函数返回的是行集的形式，因此可以通过一次调用插入多条记录。但使用 OPENXML 函数时也要注意：最好不要加载较大的 XML 文档，因为这类文档的解析树是驻留在内存中的，所以可能会造成内存溢出。

9.5 本章小结

在当今大数据及网络飞速发展的时代，异构平台之间数据交换和存储的迫切需求使 XML 与数据库的集成已成为必然的发展趋势。本章从数据库技术的简单发展历程开始，讲述了 XML 与数据库技术结合的必要性及互补性，然后简单描述了 XML 的数据交换及存储机制；之后通过实例详细介绍了.NET 平台下 XML 与关系数据库系统经常采用的数据交换技术，并给出了相应的实现代码；本章的最后介绍了 SQL Server 2019 对 XML 的支持。

9.6 思考和练习

1. SQL Server 2019 对 XML 提供了哪些支持？对 XML 新增了哪些支持？通过这些支持如何进行数据交换？

2. XML 数据交换技术有哪些工程应用？

3. 为什么要将 XML 与数据库技术相结合？在 Web 编程中只使用数据库技术或只使用 XML 技术有什么局限？

4. 对于下列 XML 文档(test.xml)，在.NET 开发环境中编写程序完成以下功能。

```
<?xml version="1.0" encoding="UTF-8"?>
<students>
  <student name="赵光">
    <id>201212340678</id>
    <sex>男</sex>
    <speciality>计算机科学与技术</speciality>
    <birthday>1993-11-05</birthday>
  </student>
  <student name="王燕">
    <id>201212340701</id>
    <sex>女</sex>
    <speciality>软件工程</speciality>
    <birthday>1994-07-10</birthday>
  </student>
</students>
```

(1) 使用 XmlDocument 对象读取该文档，并对文档中的节点进行遍历，输出每个节点的内容。

(2) 使用 DataSet 对象读取该文档，将文档对应的模式写入文件并进行保存。

(3) 使用 DataSet 对象读取图 9-5 所示的数据库表 students 中的前两条记录，并将每条记录作为一个节点写入上述 XML 文档中。

(4) 新建一个数据库表 test，把从(3)得到的 XML 文档中的所有节点作为记录写入 test 中。

5. 对于图 9-4 所示的数据库表 students：

(1) 编写 SQL 语句，在表结构中添加一个 XML 列 infor。

(2) 编写 SQL 语句，在表中添加一个学生记录，如下所示。

```
201212340031, 杨洋, 1, 软件工程, 1993-4-5,
<健康状况><体检时间>2021-9-10</体检时间><体检结果>健康</体检结果></健康状况>
```

第10章 基于XML的论坛开发

随着网络的普及，XML 的应用也越来越广泛。XML 在数据存储、数据交换、Web 集成与配置等方面发挥着越来越重要的作用。本章通过一个实例——基于 XML 的论坛系统的设计与开发，介绍基于 XML 的 Web 应用开发技术。通过本章的学习，开发者能对前面介绍的多种 XML 的相关技术有进一步的了解，并对在系统设计中常用的各种 XML 实现方法融会贯通。

本章的学习目标：

- 了解 XML 在 Web 应用开发中的作用
- 理解论坛的系统设计及功能设计
- 理解基于 XML 的论坛中的 XML 文档结构设计及内容
- 掌握在.NET 平台下基于 XML 的论坛系统的开发与实现

10.1 系统功能分析

论坛是 Internet 上的一种电子信息服务系统，它随着 Internet 的流行而迅速发展起来，为信息发布及人与人之间的交流提供了一个方便的平台。顾名思义，论坛是一个有多人参加的讨论系统。通过这个平台，人们可以在多个讨论区对共同感兴趣的问题进行讨论，自由发表自己的观点、回复他人问题并能直接与他人进行沟通。论坛具有强大的实时交互功能，人们不仅可以发表自己的看法，而且可以进行讨论或聊天。

目前网络上有很多已得到广泛应用的论坛，它们功能完善、界面美观、交互性良好，但是其实现起来却比较复杂。为了简化问题，突出重点，本章基于 XML 在.NET 平台下实现了一个小型论坛。其具有一般论坛的核心功能，但是没有采用论坛的实际构建方式，而是以 XML 文档代替 HTML 文件、以 XML 文档代替数据库存储数据。目的是综合反映本书所介绍的 XML 相关技术知识的应用。

10.1.1 论坛功能

本章讨论的论坛对于不同的用户分配不同的权限，用户分为注册会员、临时用户(游客)及管理员(普通管理员、超级管理员)。临时用户只能浏览帖子，注册会员登录后除了可以浏览帖子，还可以发帖、回复、查询以及修改自己的注册信息等，而管理员可对会员、帖子、论坛信息等进行管理。根据以上分析，该论坛系统的用例图如图 10-1 所示。

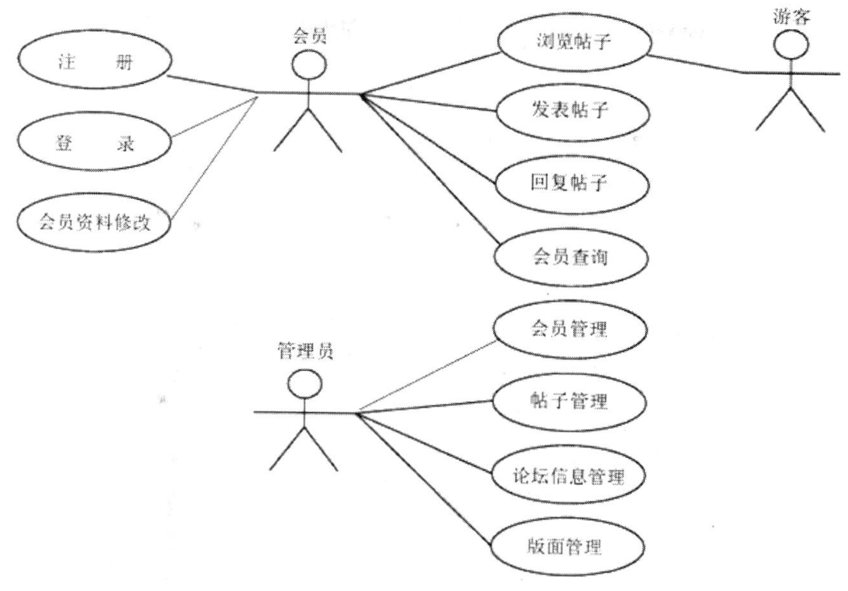

图 10-1　论坛系统用例图

为了实现上述论坛系统，采用了 XML+ASP.NET 技术并以 C#作为编程语言。使用 XML 存储信息使得在异构平台间交换数据异常简单，而 ASP.NET 可以使 Web 应用开发人员方便地搭建功能强大的 Web 站点。二者结合在一起，可以使开发者的论坛系统运行在不同的平台上。

10.1.2　系统模块

根据用户需求及以上论坛系统分析，本章讨论的论坛系统可分为以下 3 大模块。

- 用户信息模块：包括用户的登录、注册、会员信息修改及查询等。
- 帖子相关模块：会员登录后可发表帖子、浏览帖子及回复帖子。
- 后台管理模块：管理员登录后可以对会员、帖子、论坛信息和版面等进行管理；所有管理员均可更改会员的身份，而超级管理员又可更改普通管理员的身份。

本章后面的内容就围绕这几大模块主要功能的实现而展开。

10.2 论坛系统 XML 文件的设计

根据系统的设计要求，所开发的论坛采用 XML 文件来存储所有数据。根据各模块的功能设计，该系统主要需要如下 XML 文档：users.xml、section.xml、topic.xml 和 reply.xml。

下面详细说明以上各 XML 文档的作用及结构设计。

10.2.1　users.xml

users.xml 用于保存所有用户的账号信息。其基于的 Schema 文档(users.xsd)的定义如下。

```
<?xml version="1.0" encoding="GB2312"?>
```

```
<xsd:schema xmlns:xsd="http://www.w3.org/2001/XMLSchema" elementFormDefault="qualified">
<xsd:element name="userlist">
        <xsd:complexType>
          <xsd:sequence>
            <xsd:element name="user" type="userType" maxOccurs="unbounded"/>
          </xsd:sequence>
        </xsd:complexType>
</xsd:element>
<xsd:complexType name="userType">
          <xsd:sequence>
                      <xsd:element name="id" type="xsd:string" minOccurs="0"/>
                      <xsd:element name="name" type="xsd:string" minOccurs="0"/>
                      <xsd:element name="nickname" type="xsd:string" minOccurs="0"/>
                      <xsd:element name="password" type="xsd:string" minOccurs="0"/>
                      <xsd:element name="email" type="xsd:string" minOccurs="0"/>
                      <xsd:element name="reg_time" type="xsd:string" minOccurs="0"/>
                      <xsd:element name="sex" type="xsd:string" minOccurs="0"/>
                      <xsd:element name="headimg" type="xsd:string" minOccurs="0"/>
                      <xsd:element name="login_time" type="xsd:string" minOccurs="0"/>
                      <xsd:element name="address" type="xsd:string" minOccurs="0"/>
          </xsd:sequence>
    <xsd:attribute name="role_id" use="required">
          <xsd:simpleType>
          <xsd:restriction   base="xsd:string">
          <xsd:enumeration value="admin"/>
          <xsd:enumeration value="user"/>
          <xsd:enumeration value="super"/>
        </xsd:restriction>
          </xsd:simpleType>
    </xsd:attribute>
  </xsd:complexType>
  </xsd:schema>
```

从上述Schema文档可以看到，其对应的XML文档的根元素为userlist，它包含多个userType自定义类型的子元素 user。每个 user 子元素又包含了 id(用户账号)、name(用户姓名)、nickname(用户昵称)、password(密码)、email(邮箱地址)、reg_time(注册时间)、sex(性别)、headimg(头像)、登录时间(login_time)和地址(address)等表示用户信息的子元素以及一个属性role_id，该属性的取值只能为 admin(普通管理员)、user(会员)和 super(超级管理员)之一。id 子元素的取值必须保证唯一性，而且必须限制为英文字母和数字的组合。另外，关于 XML 的文件结构及数据应该符合 XML 文档规范及命名规范。一个 users.xml 文档示例如下所示。

```
<?xml version="1.0"   encoding="GB2312"?>
<userlist xmlns:xsi="http://www.w3.org/2001/XMLSchema-instance" xsi:noNamespaceSchemaLocation="users.xsd">
<user role_id="super">
      <id>0</id>
      <name>zzu</name>
      <nickname>zzu232</nickname>
      <password>111</password>
      <email>123456789@qq.com</email>
```

```
        <reg_time>2021-02-15</reg_time>
        <sex>男</sex>
        <headimg>~/headimages/zzu.jpg </headimg>
        <login_time>2022-03-15</login_time>
        <address>郑州</address>
    </user>
    <user role_id="user">
        <!--节省篇幅，此处略去该普通会员元素的详细描述-->
    </user>
    <!-- 至少要保留一个用户 -->
    <user role_id="admin">
        <id>3</id>
        <name>XJ</name>
        <nickname>喜欢你陪伴</nickname>
        <password>123</password>
        <email>1133487486@qq.com </email>
        <reg_time>2022-01-01</reg_time>
        <sex>女</sex>
        <headimg>~/headimages/XJ.jpg </headimg>
        <login_time>2022-03-15</login_time>
        <address>郑州</address>
    </user>
</userlist>
```

10.2.2 section.xml

section.xml 用于保存论坛的版块信息。其基于的 Schema 文档(section.xsd)的定义如下。

```
<?xml version="1.0" encoding="GB2312"?>
<xsd:schema xmlns:xsd="http://www.w3.org/2001/XMLSchema" elementFormDefault="qualified">
  <xsd:element name="sectionlist">
    <xsd:complexType>
      <xsd:sequence>
        <xsd:element name="section" type="sectionType" maxOccurs="unbounded"/>
      </xsd:sequence>
    </xsd:complexType>
  </xsd:element>
  <xsd:complexType name="sectionType">
    <xsd:sequence>
      <xsd:element name="id" type="xsd:string" minOccurs="0"/>
      <xsd:element name="description" type="xsd:string" minOccurs="0"/>
      <xsd:element name="topics" type="xsd:string" default="0" minOccurs="0"/>
    </xsd:sequence>
    <xsd:attribute name="sname" use="required">
      <xsd:simpleType>
        <xsd:restriction base="xsd:string"/>
      </xsd:simpleType>
    </xsd:attribute>
  </xsd:complexType>
</xsd:schema>
```

从上述 Schema 文档可以看到，该 XML 文档的根元素为 sectionlist，它包含多个 sectionType 自定义类型的子元素 section。每个 section 子元素包含了 id(版块编号)、description(版块描述)、topics(帖子数目)等表示版块信息的子元素以及一个表示版块名称的属性 sname，id 子元素的取值应保证唯一性。一个 section.xml 文档示例如下所示。

```
<?xml version="1.0" encoding="GB2312"?>
<sectionlist xmlns:xsi="http://www.w3.org/2001/XMLSchema-instance" xsi:noNamespaceSchemaLocation=
"section.xsd">
  <section sname="社区服务">
    <id>1</id>
    <description>通告及建议</description>
    <topics>7</topics>
  </section>
  <section sname="技术讨论">
    <id>2</id>
    <description>专业技术讨论区</description>
    <topics>5</topics>
  </section>
  <section sname="旅游休闲">
    <id>3</id>
    <description>风景及攻略</description>
    <topics>1</topics>
  </section>
</sectionlist>
```

10.2.3 topic.xml

topic.xml 用于保存论坛所有帖子的相关信息。限于篇幅，在此不再给出该文件基于的 Schema 文档(topic.xsd)，其定义格式与前面两个 xsd 文件类似，一个 topic.xml 文档示例如下。

```
<?xml version="1.0"  encoding="GB2312"?>
<topiclist xmlns:xsi="http://www.w3.org/2001/XMLSchema-instance" xsi:noNamespaceSchemaLocation="topic.xsd">
 <topic section="1">
    <tid>20140804-094610-00000</tid>
    <title>任命 XJ 为本论坛又一位管理员</title>
    <content> 根据本人申请，管理组审核通过，现任命 XJ 为论坛的第 2 位管理员，即日生效。
    特此通告。
    </content>
    <t_userid>0</t_userid>
    <posttime>2022-03-04 09:46:10</posttime>
    <replynum>1</replynum>
    <clicknum>21</clicknum>
    <lasttime>2022-03-04 22:46:29</lasttime>
  </topic>
  <topic section="3">
    <tid>20220806-201534-00001</tid>
    <title>海岛故事：普吉岛旅行攻略</title>
    <!--节省篇幅，此处略去该帖各子元素的详细描述-->
  </topic>
```

```
    <topic section="2">
        <tid>20220808-160528-00002</tid>
        <title>解决 XML 文件中中文乱码的方法</title>
        <content>将开头的代码&lt;?xml version="1.0" encoding="ISO-8859-1"?&gt;修改为&lt;?xml version=
        "1.0" encoding="gb2312" ?&gt;，然后保存退出，再打开文件，你会发现之前的乱码已经全部是中文了。
          </content>
        <t_userid>2</t_userid>
        <posttime>2022-01-23 16:05:28</posttime>
        <replynum>3</replynum>
        <clicknum>35</clicknum>
        <lasttime>2022-04-10 17:39:46</lasttime>
    </topic>
</topiclist>
```

由上述文档可知，topic.xml 的根元素是 topiclist，其子元素为 topic，每个 topic 记录了一个帖子的信息，包括帖子的编号、标题、内容、发帖用户、发帖时间、回复数、点击数及最后一次回复时间等子元素；topic 的属性 section 记录了帖子所属的版块。

注意：

第 3 个子元素 content 标签内的文本包含特殊字符<和>，要用实体引用<和>来进行转义。

10.2.4　reply.xml

reply.xml 用于保存论坛所有帖子的回复信息。为节省篇幅，在此也不再给出该文件基于的 Schema 文档(参见 reply.xsd)。但为了帮助程序员理解该文档的作用，下面还是给出了一个 reply.xml 文档示例。

```
<?xml version="1.0"    encoding="GB2312"?>
<replylist xmlns:xsi="http://www.w3.org/2001/XMLSchema-instance" xsi:noNamespaceSchemaLocation="reply.xsd">
    <reply topic_id="20220806-201534-00001">
        <content>每年 11 至翌年 4 月是普吉岛的旅游旺季。确定时间后，先通过亚航预定打折机票，也可以
        在网上购买打包自由行套餐。
          </content>
        <t_userid>1</t_userid>
        <replytime>2022-01-05 11:34:30</replytime>
    </reply>
     <reply topic_id="20140808-160528-00002">
        <content>太好啦。楼主解决了我的问题哦！赞！！！</content>
        <t_userid>2</t_userid>
        <replytime>2022-03-30 10:25:10</replytime>
    </reply>
    <reply topic_id="20220806-201534-00001">
        <content>楼主呢？马上要去普吉岛。坐等楼主分享省钱秘籍。</content>
        <t_userid>0</t_userid>
        <replytime>2022-01-02 23:12:43</replytime>
    </reply>
</replylist>
```

由上述文档可知，reply.xml 的根元素是 replylist，其子元素为 reply，每个 reply 记录了一个回复的信息，包括回复的帖子编号、回复内容、回复用户及回复时间等子元素；reply 的属性 topic_id 记录了回复的帖子编号。

本章论坛的主要数据都保存在上述 4 个 XML 文档中。下面先给出访问这 4 个主要文件的公共类，然后再按照主要的功能模块介绍系统各部分的实现。

10.3 访问 XML 数据的公共类

数据访问类主要实现对数据的增加、删除、修改和查询等功能。本节介绍论坛的系统配置及对版块、帖子、回复和用户等数据进行访问的一些公共类。这些公共类均定义在名称空间 forum.xml 中，使用各公共类的页面必须在页面开头使用 using forum.xml 语句引用该名称空间。

10.3.1 系统配置

web.config 是一个 XML 文本文件，用于存储 Web 应用或网站的配置信息。当程序员创建一个 Web 应用后，.NET 会在根目录下自动创建一个默认的 web.config 文件，其中包括默认的配置设置，也可以在该文件中自定义新的配置参数。上一节描述的几个 XML 文档及其 Schema 文档的存放位置在 web.config 中定义如下。

```
<appSettings>
    <add key="userfile" value="App_Data\users.xml"/>
    < add key="userxsdfile" value="App_Data\users.xsd"/>
    <add key="tpcfile" value="App_Data\topic.xml"/>
    <add key="tpcxsdfile" value="App_Data\topic.xsd"/>
    <add key="secfile" value="App_Data\section.xml"/>
    <add key="secxsdfile" value="App_Data\section.xsd"/>
    <add key="replyfile" value="App_Data\reply.xml"/>
    <add key="replyxsdfile" value="App_Data\reply.xsd"/>
</appSettings>
```

10.3.2 两个基本公共类

公共类 CommonString 中定义了系统经常用到的各种公共变量，其中大部分是访问各种文件时要用到的连接字符串，该类的定义如下。

```
public static class CommonString
{
  public static string strBasePath = System.AppDomain.CurrentDomain.BaseDirectory;   //论坛的基路径
  public const string strHeadUrl = "\\headimages\\";        //所有用户头像文件的存放位置
  public static string strUserFile = strBasePath + ConfigurationManager.AppSettings["userfile"];
  public static string strUserXsdFile = strBasePath + ConfigurationManager.AppSettings["userxsdfile"];
  public static string strTpcFile = strBasePath + ConfigurationManager.AppSettings["tpcfile"];
  public static string strTpcXsdFile = strBasePath + ConfigurationManager.AppSettings["tpcxsdfile"];
  public static string strSecFile = strBasePath + ConfigurationManager.AppSettings["secfile"];
  public static string strSecXsdFile = strBasePath + ConfigurationManager.AppSettings["secxsdfile"];
  public static string strReplyFile = strBasePath + ConfigurationManager.AppSettings["replyfile"];
```

```
    public static string strReplyXsdFile = strBasePath + ConfigurationManager.AppSettings["replyxsdfile"];

    public static int OK = 1;
    public static int ERROR = 0;
  }
```

公共类 XMLOper 中定义了一个其他类访问数据时常用的静态函数 dr2dt，如下所示。

```
public class XMLOper
{
    public static DataTable dr2dt(DataRow[] drs)
    {   //把记录行集转换为 DataTable 对象后返回
        if (drs == null || drs.Length == 0)   return null;
        DataTable dt = drs[0].Table.Clone();   //创建同结构的 DataTable 表
        foreach (DataRow dr in drs)   dt.ImportRow(dr);
        return dt;
    }
}
```

DataTable 对象经常作为各种数据服务器控件(如 GridView 控件)的数据源，而检索数据时获得的通常是满足查询条件的 DataRow 对象的数组。因此，利用函数 dr2dt 可方便地获得 DataTable 表形式的检索结果，以便进一步使用。

下面介绍各个公共实体类。

10.3.3　用户信息访问类

公共类 user_XML 定义了对用户信息(保存在 user.xml 中)的各种操作，如用户注册、登录、修改密码、修改用户信息等，其类结构的框架如下。

```
namespace forum.xml
{//名称空间开始
    public class user_XML
    {// user_XML 类定义开始
      //加载 user.xml 文档，返回其 XmlDocument 元素
    private static XmlDocument get_XML()
        {
            if (System.IO.File.Exists(CommonString.strUserFile))
            {
                XmlDocument indexXml = new XmlDocument();
                indexXml.Load(CommonString.strUserFile); //加载 XML 文档
                return indexXml;
            }
            else return null;
        }

        //在 XML 文档中查询由 str 表示的 XPath 指定元素
        public static XmlNode ExecuteSql(string str)
        {
          if (indexXml != null) return indexXml.SelectSingleNode(str);    //返回 XPath 指定的一个元素
           else return null;
```

```
        }
        ……//其他方法的定义
    }//类定义结束
}//名称空间结束
```

下面给出 user_XML 类中比较重要的方法的实现代码，并做简单介绍。

(1) 方法 Register 用来完成用户注册信息的添加，代码如下。

```
public static User_Session Register(string userName, string pwd, string nick, string email, string sex,string head,
string address)
{
    XmlDocument indexXml = get_XML();
    if (indexXml != null)
    {
        //经验证的新用户名肯定不存在：获取 userlist 元素下的所有直接子元素
        XmlNode Items = indexXml.SelectSingleNode("userlist");
        XmlNode node = Items.ChildNodes[Items.ChildNodes.Count - 1];
        XmlNode newNode = node.Clone();   //创建 node 的一个副本
        string id = Convert.ToString (Convert.ToInt16(node.SelectSingleNode("id").InnerText)+1);
         //id 自动在最大的 id 号上加 1
        string tm = DateTime.Today.ToString("yyyy-MM-dd");
        newNode.Attributes["role_id"].Value = "user";
        newNode.SelectSingleNode("id").InnerText = id;
        newNode.SelectSingleNode("name").InnerText = userName;
        if (nick == "") newNode.SelectSingleNode("nickname").InnerText = "(~)";
        else newNode.SelectSingleNode("nickname").InnerText = nick;
        newNode.SelectSingleNode("password").InnerText = pwd;
        newNode.SelectSingleNode("email").InnerText = email;
        newNode.SelectSingleNode("reg_time").InnerText = tm;
        newNode.SelectSingleNode("sex").InnerText =sex;
        newNode.SelectSingleNode("headimg").InnerText = head;
        newNode.SelectSingleNode("login_time").InnerText = tm;
        newNode.SelectSingleNode("address").InnerText = address;
        Items.InsertAfter(newNode, node);
        indexXml.Save(CommonString.strUserFile);

        User_Session user = new User_Session(userName, "user");
        user.UserID = id;
        return user;
    }
    else    return null;
}
```

其中 SelectSingleNode(string xPath)是 XMLNode 对象的方法，它返回该对象中与字符串形式的 xPath 参数匹配的第一个子元素。InsertAfter(XmlNode newChild, XmlNode refChild)也是 XMLNode 对象的方法，它将元素 newChild 插入在该对象下指定的引用元素 refChild 之后。类似的方法还有 AppendChild、InsertBefore 等。

(2) 方法 UserLogin 用来验证用户登录时的信息，代码如下。

```
public static User_Session UserLogin(string userName, string pwd)
```

```
{
    XmlDocument indexXml = get_XML();
    if (indexXml != null)
    {
        string str = "userlist/user[name='" + userName + "']";   //构造指定元素的 XPath 字符串
        XmlNode node = indexXml.SelectSingleNode(str);
        if (node == null)   return null;   //没有该用户名的用户记录
        if (node.SelectSingleNode("password").InnerText != pwd)     return null;   //密码不符
        node.SelectSingleNode("login_time").InnerText = DateTime.Today.ToString("yyyy-MM-dd");
        //修改该用户的最近登录时间;
        indexXml.Save(CommonString.strUserFile);

        User_Session user = new User_Session(userName, node.Attributes ["role_id"].Value );
        user.UserID = node.SelectSingleNode("id").InnerText;
        return user;
    }
    else return null;
}
```

这两个方法都返回了一个 User_Session 对象，类 User_Session 的定义如下。

```
public class User_Session
{
    private string userID;       //用户 ID
    private string userName;  //用户名
    private string roleID;       //用户角色
}
```

在不同页面间传递信息时，用到了几个 Session 对象，其中的信息仅能被用户自己使用，而不能在不同用户间共享。用户注册或登录后返回的 User_Session 对象可以被记录在 Session[UserInfo]中，以便后续在不同页面间共享同一用户的登录信息。

(3) 方法 ModifyUser 用来修改用户信息，代码如下。

```
public static int ModifyUser(string userId, string nickname, string headimg, string sex, string mail, string address)
{
    XmlDocument indexXml = get_XML();
    if (indexXml != null)
    {
        string srch = "userlist/user[id='" + userId + "']";   //指定特定用户 id 元素的 XPath 字符串
        XmlNode node = indexXml.SelectSingleNode(srch);

        node.SelectSingleNode("nickname").InnerText = nickname;
        node.SelectSingleNode("headimg").InnerText = headimg;
        node.SelectSingleNode("email").InnerText = mail;
        node.SelectSingleNode("sex").InnerText = sex;
        node.SelectSingleNode("address").InnerText = address;

        indexXml.Save(CommonString.strUserFile);
        return CommonString.OK;
    }
```

```
    else return CommonString.ERROR;
}
```

(4) 方法 ModifyPwd 用来修改用户密码，代码如下。

```
public static int ModifyPwd(string userId, string oldPwd, string newPwd)
{
    XmlDocument indexXml = get_XML();
    if (indexXml != null)
    {
        string str = "userlist/user[id=" + userId + "]";
        XmlNode node = indexXml.SelectSingleNode(str);
        if (node.SelectSingleNode("password").InnerText != oldPwd)     return -1;
        node.SelectSingleNode("password").InnerText = newPwd;
        indexXml.Save(CommonString.strUserFile);
        return CommonString.OK;
    }
    else return CommonString.ERROR;
}
```

(5) 方法 AlterUserRole 用来更改用户的角色(身份)，代码如下。

```
public static int AlterUserRole(string uid, string role)
{
    XmlDocument indexXml = get_XML();
    if (indexXml != null)
    {
        string str = "userlist/user[id='" + uid + "']";   //指定一个节点
        XmlNode node = indexXml.SelectSingleNode(str);
        node.Attributes["role_id"].Value=role;
        indexXml.Save(CommonString.strUserFile);

        return CommonString.OK;
    }
    else return CommonString.ERROR;
}
```

(6) 另外两个根据不同值定位元素的方法比较简单，它们的代码如下。

```
//按照用户名获得用户信息的元素
public static XmlNode GetUserNodeByName(string name)
{
        string str = "userlist/user[name='" + name + "']";
        XmlNode node=ExecuteSql(str);
        return node;
}

//按照用户 id 获得用户信息的元素
public static XmlNode GetUserNodeById(string name)
{
        string str = "userlist/user[id=" + name + "]";
        XmlNode node = ExecuteSql(str);
```

```
            return node;
    }
```

10.3.4　版块信息访问类

公共类 section_XML 定义了对论坛版块信息(保存在 section.xml 中)的各种操作，如版块的添加或删除、版块信息的修改和版块中帖子的移动等，其类结构框架如下。

```
namespace forum.xml
{
    public class section_XML
    {   //加载 section.xml 文档，返回其 XmlDocument 元素
        private static XmlDocument get_XML()
        {
            if (System.IO.File.Exists(CommonString.strSecFile))
            {
                XmlDocument indexXml = new XmlDocument();
                indexXml.Load(CommonString.strSecFile);   //加载 XML 文档
                return indexXml;
            }
            else return null;
        }

//利用 DataTable 对象的 ReadXmlSchema 和 ReadXml 方法读取 XML 文档中的数据，并以数据表
//的形式返回
public static DataTable ListSec()
    {
            DataTable dt = new DataTable("Section");
            dt.ReadXmlSchema(CommonString.strSecXsdFile);
            dt.ReadXml(CommonString.strSecFile);
            return dt;
    }
    ……//其他方法的定义
  }//类定义结束
}//名称空间结束
```

下面给出 section_XML 类中比较重要的方法的实现代码，并做简单介绍。

(1) 方法 GetTpcName 读取 sections.XML 文档中的所有版块名称，并以字符串数组的形式返回，以便各种页面显示版块信息时使用，其代码如下。

```
public static string[] GetTpcName()
{
    XmlDocument indexXml = get_XML();
    if (indexXml != null)
    {
        XmlNode Items = indexXml.SelectSingleNode("sectionlist");

        string[] a = new string[Items.ChildNodes.Count];
        for (int i = 0; i < Items.ChildNodes.Count; i++)
```

```
                a[i] = Items.ChildNodes[i].Attributes["sname"].Value;

            return a;
        }
        else return null;
    }
```

其中 XmlNode 对象 Items 获取 sections.XML 文档的 sectionlist 子元素，其属性 ChildNodes 返回包含其下所有子元素的 NodeList，该 NodeList 的 Count 属性返回其中的元素数目。在其后的循环中，迭代获取 sectionlist 元素下的所有版块子元素，把每个子元素的 sname 属性中的值(即版块名称)保存在数组 a 中以备后用。

(2) 方法 InsertSection 在 section.xml 文档中添加一个新的论坛版块信息，代码如下。

```
public static int InsertSection(string sname, string description)
{
    XmlDocument indexXml = get_XML();
    if (indexXml != null)
    {
        //获取文档的根元素
        XmlNode Items = indexXml.SelectSingleNode("sectionlist");

        // childlist 获取根元素下所有直接子元素(即 Section 子元素)的列表
        XmlNodeList childlist = Items.ChildNodes;
        XmlNode firstNode = childlist.Item(0);   //获取 childlist 中的第一个子元素

        string id;
        if (firstNode != null)
        {//若 sectionlist 已有子元素，则在最后一个子元素后插入一个新元素
①           id= (Convert.ToInt16(childlist.Item(childlist.Count-1). SelectSingleNode("id").InnerText)+1).ToString();

②           XmlNode itemNode = firstNode.Clone();   //按照结构复制元素
            itemNode.SelectSingleNode("id").InnerText = id;
            itemNode.SelectSingleNode("description").InnerText = description;
            itemNode.SelectSingleNode("topics").InnerText = "0";
            itemNode.Attributes["sname"].Value = sname;   //给属性赋值

            Items.InsertAfter(itemNode, childlist.Item(childlist.Count-1));
        }
        else
        {//若 sectionlist 还没有子元素，则在元素列表中插入第一个元素
③          XmlNode newNode = (XmlNode)indexXml.CreateElement("section");   //创建 section 子元素
④          XmlNode xnode = (XmlNode)indexXml.CreateElement("id");   //创建 section 下的 id 子元素
           xnode.InnerText = "1";
⑤          newNode.AppendChild(xnode);   //向父元素 section 添加一个子元素 id
⑥          xnode = (XmlNode)indexXml.CreateElement("description");
           xnode.InnerText = description;
⑦          newNode.AppendChild(xnode);
           xnode = (XmlNode)indexXml.CreateElement("topics");
           xnode.InnerText = "0";
```

```
            newNode.AppendChild(xnode);
⑧          XmlAttribute attr = (XmlAttribute)indexXml.CreateAttribute("sname");   //创建属性
            attr.Value = sname;
⑨          newNode.Attributes.SetNamedItem(attr);   //向父元素 section 添加一个属性 sname

⑩          Items.AppendChild(newNode);   //在 Items 中插入第一个子元素
        }

        indexXml.Save(CommonString.strSecFile);   //保存 XML 文件
        return CommonString.OK;
    }
    else return CommonString.ERROR;
}
```

这个方法中的一些重要语句都加了注释，开发者可以参照各注释理解相应语句的作用。要特别提醒的是，新插入版块的 id 是自动递增生成的，如果原来没有任何版块，则插入的是文档根元素下的第一个版块子元素，其 id 直接赋值为 1。新版块所在的元素 newNode 及其子元素均通过调用 XmlDocument 对象的 CreateElement 方法生成(如③、④、⑥等)，赋值完毕后再通过调用其父元素的 AppendChild 方法添加到父元素中(如⑤、⑦、⑩等)。元素属性的创建则调用了 XmlDocument 对象的 CreateAttribute 方法。若 sectionlist 元素非空，则新版块所在元素的 id 值是原来最后一个版块子元素的 id 值加 1(如①所示)。新元素通过复制原有元素的结构而生成(如②所示)。

(3) 方法 UpdateSection 用来修改版块信息(如版块名称或版块描述)，代码如下。

```
public static int UpdateSection(string secId,string name,string desp)
{
    XmlDocument indexXml = get_XML();
    if (indexXml != null)
    {
        string str = "section[id='" + secId + "']";
        XmlNode Items = indexXml.SelectSingleNode("sectionlist");   //得到根元素
        XmlNode item = Items.SelectSingleNode(str);

        item.SelectSingleNode("description").InnerText = desp;
        item.Attributes["sname"].Value= name;

        indexXml.Save(CommonString.strSecFile);   //保存 XML 文件
        return CommonString.OK;
    }
    else return CommonString.ERROR;
}
```

(4) 方法 DeleteSection 用来删除某个指定 id 的版块元素，代码如下。

```
public static int DeleteSection(string secId)
{
    XmlDocument indexXml = get_XML();
    if (indexXml != null)
```

```
        {
            string str = "section[id='" + secId + "']";
            XmlNode Items = indexXml.SelectSingleNode("sectionlist");    //得到根元素
            XmlNode secNode = Items.SelectSingleNode(str);    //得到根元素下的特定子元素
①          if (secNode.SelectSingleNode("topics").InnerText != "0") return -2;
②          Items.RemoveChild(secNode);    //删除该元素
            indexXml.Save(CommonString.strSecFile);    //保存 XML 文件
            return CommonString.OK;
        }
        else return CommonString.ERROR;
    }
```

在删除版块时，如果该版块下还有帖子，则不能删除，需把其下帖子移到其他版块中，然后才能删除该版块。版块元素的 topics 子元素的值记录了该版块下帖子的数目，①判断该值是否为 0，如果不是 0，则返回-2，终止删除过程；否则调用 sectionlist 元素的 RemoveChild 方法删除由 SelectSingleNode 方法定位的特定 id 的版块子元素(如②所示)。

(5) 方法 UpdateTopicNum 在系统管理员或用户增加或删除帖子后修改相应版块内的帖子数，其字符参数 tag='0'时进行加 1 操作；tag='1'时进行减 1 操作，代码如下。

```
    public static int UpdateTopicNum(string secId,char tag)
     {
        XmlDocument indexXml = get_XML();
        if (indexXml != null)
        {
            string str = "section[id='" + secId + "']";
            XmlNode Items = indexXml.SelectSingleNode("sectionlist");    //得到根元素
            XmlNode item = Items.SelectSingleNode(str);
①          Int32 temp=Convert.ToInt32(item.SelectSingleNode("topics").InnerText);

②          if (tag == '0') item.SelectSingleNode("topics").InnerText = (temp + 1).ToString();
③          else item.SelectSingleNode("topics").InnerText = Convert.ToString(temp- 1);

            indexXml.Save(CommonString.strSecFile);    //保存 XML 文件
            return CommonString.OK;
        }
        else return CommonString.ERROR;
     }
```

由于topics子元素的类型是字符串，因此在进行加1或减1运算前应先把它转换为整型数(如①所示)，运算完毕后还应再转换为字符串并赋值给 topics 子元素(如②、③所示)。

(6) 方法 ShiftSection 把一个版块下的所有帖子均移到另一个版块下，之后对相关版块的 topics 子元素的数据进行更新，代码如下。

```
    public static int ShiftSection(string sec1, string sec2)
    {
      if (topic_XML.ShiftTopics(sec1, sec2) == 1)
      //调用 topic_XML 类的静态方法把版块 sec1 下的所有帖子均移到版块 sec2 下
      {
        XmlDocument indexXml = get_XML();
```

```
        if (indexXml != null)
        {
            XmlNode Items = indexXml.SelectSingleNode("sectionlist");   //得到根元素

            string str = "section[id='" + sec1 + "']";
            XmlNode item1 = Items.SelectSingleNode(str);
            Int32 temp1 = Convert.ToInt32(item1.SelectSingleNode("topics").InnerText);

            str = "section[id='" + sec2 + "']";
            XmlNode item2 = Items.SelectSingleNode(str);
            Int32 temp2 = Convert.ToInt32(item2.SelectSingleNode("topics").InnerText);

            item1.SelectSingleNode("topics").InnerText = "0";
            item2.SelectSingleNode("topics").InnerText = (temp2 + temp1).ToString();

            indexXml.Save(CommonString.strSecFile);   //保存 XML 文件
            return CommonString.OK;
        }
    }
    return CommonString.ERROR;
}
```

10.3.5　帖子信息访问类

公共类 topic_XML 定义了对论坛帖子信息(保存在 topic.xml 中)的各种操作，如帖子的添加或删除、帖子信息的修改(如更新帖子的点击数、回复数及最后回复时间等)、帖子的查询和帖子的移动等，其类结构框架如下。

```
namespace forum.xml
{
    public class topic_XML
    {
        private static XmlDocument get_XML()
        {
            if (System.IO.File.Exists(CommonString.strTpcFile))
            {
                XmlDocument indexXml = new XmlDocument();
                indexXml.Load(CommonString.strTpcFile);   //加载 XML 文档
                return indexXml;
            }
            else return null;
        }
      //根据参数 str 给出的 XPath 表达式返回 XML 文档中的元素节点
        public static XmlNode ExecuteSql(string str)
        {
            XmlDocument indexXml = get_XML();
            if (indexXml != null) return indexXml.SelectSingleNode(str);
            else return null;
        }
        //将 topic.xml 文件中的所有节点读入 DataTable 表中，执行查询语句，返回行集
```

```
            private static DataRow[] Query(string filename, string xsdname, string strSql)
            {
                DataTable dt = new DataTable("topic");
                dt.ReadXmlSchema(xsdname);
                dt.ReadXml(filename);
                return dt.Select(strSql);
            }
        ……//其他方法的定义
    }//类定义结束
}//名称空间结束
```

下面给出 topic_XML 类中比较重要的方法的实现代码。为了节省篇幅，实现方法与前面方法类似的就不再进行介绍。

(1) 方法 InsertTopic 在 topic.xml 文档中添加一个新的帖子元素，代码如下。

```
public static int InsertTopic(string title, string content, string uid, string sectype)
{
    XmlDocument indexXml = get_XML();
    if (indexXml != null)
    {
        XmlNode Items = indexXml.SelectSingleNode("topiclist");    //获取文档的根节点

        //获取根节点下的所有直接子节点，即每个 Topic 子节点
        XmlNodeList childlist = Items.ChildNodes;
        XmlNode firstNode = childlist.Item(0);

        string strTm = DateTime.Now.ToString("yyyy-MM-dd HH:mm:ss");    //获取当前系统时间
        string id = DateTime.Now.ToString("yyyyMMdd-HHmmss");
        id = id + "-" + childlist.Count.ToString();    //自动生成新元素的 id

        if (firstNode != null)
        {//若文件不空，则在最后一个节点后插入一个新节点
            XmlNode itemNode = firstNode.Clone();    //按照结构复制
            itemNode.SelectSingleNode("tid").InnerText = id;
            itemNode.SelectSingleNode("title").InnerText = title;
            ……//此处省略若干为帖子内容、回复数等子元素的赋值语句
            itemNode.SelectSingleNode("clicknum").InnerText = "0";
            itemNode.SelectSingleNode("lasttime").InnerText = strTm;
            itemNode.Attributes["section"].Value = sectype;    //给属性赋值

            Items.InsertBefore(itemNode, firstNode);
        }
        else
        {//若文件空，则在节点列表中插入第一个节点
            XmlNode newNode = (XmlNode)indexXml.CreateElement("topic");
            XmlNode xnode = (XmlNode)indexXml.CreateElement("tid");
            xnode.InnerText = id; newNode.AppendChild(xnode);
            ……//此处省略若干为帖子内容、回复数、最后回复时间等子元素的赋值语句
            XmlAttribute attr = (XmlAttribute)indexXml.CreateAttribute("section");
            attr.Value = sectype;
```

```
            newNode.Attributes.SetNamedItem(attr);
            Items.AppendChild(newNode);
        }
        indexXml.Save(CommonString.strTpcFile);    //保存 XML 文件
        section_XML.UpdateTopicNum(sectype, '0'); //修改版块 XML 文档中对应版块的主题数
        return CommonString.OK;
    }
    else return CommonString.ERROR;
}
```

(2) 下面的两个方法功能类似，均用于更新帖子信息，所以一并给出其代码。方法 UpdateTopicClick 使 topic.xml 文档中指定 id 的帖子元素的点击数加 1(通常在用户单击帖子标题时被调用)；方法 UpdateTopic 在用户回复帖子后被调用，用于更新帖子的回复次数及最后回复时间。这两个方法的代码如下。

```
public static int UpdateTopicClick(string id)
{
    XmlDocument indexXml = get_XML();
    if (indexXml != null)
    {
        string str = "topiclist/topic[tid='" + id + "']";
        XmlNode item = indexXml.SelectSingleNode(str);
        Int32 num = Convert.ToInt32(item.SelectSingleNode("clicknum").InnerText) + 1;
        item.SelectSingleNode("clicknum").InnerText = num.ToString();
        indexXml.Save(CommonString.strTpcFile);
        return CommonString.OK;
    }
    else return CommonString.ERROR;
}

public static int UpdateTopic(string id, string time)
{
    XmlDocument indexXml = get_XML();
    if (indexXml != null)
    {
        string str = "topiclist/topic[tid='" + id + "']";
        XmlNode item = indexXml.SelectSingleNode(str);
        item.SelectSingleNode("lasttime").InnerText = time;    //更新最后回复时间
        Int32 num = Convert.ToInt32(item.SelectSingleNode("replynum").InnerText) + 1;
        item.SelectSingleNode("replynum").InnerText = num.ToString();    //更新回复数
        indexXml.Save(CommonString.strTpcFile);
        return CommonString.OK;
    }
    else return CommonString.ERROR;
}
```

(3) 下面的 3 个方法功能类似，均用于检索帖子，因此也一并给出其代码。方法 ListMyPost 检索指定 id 的用户发布的所有帖子，结果以 DataTable 表的形式返回，以便作为数据控件的数据源；方法 ListTopic()检索论坛内的所有帖子，并同时检索发布每个帖子的用户名称，将帖子信息与用户名以 DataTable 表的形式返回；重载函数 ListTopic(string sect)以 DataTable 表的形式

返回指定版块 sect 下的所有帖子信息。这三个方法的代码如下。

```
public static DataTable ListMyPost(string uid)
{
    string strSql = "t_userid = '" + uid + "'";
    DataRow[] drs = Query(CommonString.strTpcFile, CommonString.strTpcXsdFile, strSql);
    return XMLOper.dr2dt(drs);
}

private static Cache cache = HttpRuntime.Cache;

public static DataTable ListTopic()
{
    DataTable dt = cache["topic"] as DataTable;
    if (dt == null)
    {
        dt = new DataTable("topic");
        dt.ReadXmlSchema(CommonString.strTpcXsdFile);
        dt.ReadXml(CommonString.strTpcFile);

        XmlDocument indexXml = new XmlDocument();
        indexXml.Load(CommonString.strUserFile);
        XmlNode Items = indexXml.SelectSingleNode("userlist");

        for (int i = 0; i < dt.Rows.Count; i++)
        {
            string str = "user[id='" + dt.Rows[i]["t_userid"] + "']";
            dt.Rows[i]["t_userid"] = Items.SelectSingleNode(str).SelectSingleNode("name").InnerText;
        }

        CacheDependency cacheDepends = new CacheDependency(CommonString.strTpcFile);
        cache.Insert("topic", dt, cacheDepends);
    }
    return dt;
}

public static DataTable ListTopic(string sect)
{
    DataTable dtAll = ListTopic();
    DataTable dtResult = null;
    if (sect == null || sect == string.Empty)    dtResult = dtAll;    //不指定版块则返回所有主题
    else
    {
        string str = "section=" + sect;
        DataRow[] drs = dtAll.Select(str);
        dtResult = dtAll.Clone();    //复制结构
        for (int i = 0; i < drs.Length; i++)    dtResult.ImportRow(drs[i]);
    }
    return dtResult;
}
```

(4) 方法 DeleteTopic 用于删除 topic.xml 文档中某个指定 id 的帖子元素，代码如下。

```
public static int DeleteTopic(string tpcId)
{
    XmlDocument indexXml = get_XML();
    if (indexXml != null)
    {
        string str = "topic[tid='" + tpcId + "']";
        XmlNode Items = indexXml.SelectSingleNode("topiclist");   //获得根节点
        XmlNode tpcNode = Items.SelectSingleNode(str);   //获得根节点下的特定子节点
        Items.RemoveChild(tpcNode);   //删除该节点
        indexXml.Save(CommonString.strTpcFile);   //保存 XML 文件
        section_XML.UpdateTopicNum(tpcNode.Attributes["section"].InnerText, '1');
        //调用函数时版块 XML 文档内对应版块元素的主题数应减 1
        return CommonString.OK;
    }
    else return CommonString.ERROR;
}
```

(5) 下面一并给出在版块之间移动帖子的两个方法的代码。其中方法 ShiftTopic 修改指定 id 的帖子元素的 section 属性值；方法 ShiftTopics 将某指定版块 sect1 内的所有帖子都移到另外的指定版块 sect2 下，该方法在版块移动函数中被调用(详见 10.3.4 节)。这两个方法的代码如下。

```
public static int ShiftTopic(string tpcId, string type)
{
    XmlDocument indexXml = get_XML();
    if (indexXml != null)
    {
        string str = "topiclist/topic[tid='" + tpcId + "']";
        XmlNode tpcNode = indexXml.SelectSingleNode(str);   //获得特定主题所在的节点
        string sect1= tpcNode.Attributes["section"].Value;   //该帖之前的所属版块
        tpcNode.Attributes["section"].Value = type;   //更改该节点的版块属性
        indexXml.Save(CommonString.strTpcFile);
        //修改移动前后的版块的帖子数
        indexXml = new XmlDocument();
        indexXml.Load(CommonString.strSecFile);

        XmlNode Items = indexXml.SelectSingleNode("sectionlist");   //获得根节点

        str = "section[id='" + sect1 + "']";
        XmlNode item1 = Items.SelectSingleNode(str);
        Int32 temp1 = Convert.ToInt32(item1.SelectSingleNode("topics").InnerText);

        str = "section[id='" + type + "']";
        XmlNode item2 = Items.SelectSingleNode(str);
        Int32 temp2 = Convert.ToInt32(item2.SelectSingleNode("topics").InnerText);

        item1.SelectSingleNode("topics").InnerText = (temp1 - 1).ToString();
        item2.SelectSingleNode("topics").InnerText = (temp2 + 1).ToString();
```

```
            indexXml.Save(CommonString.strSecFile);    //保存 XML 文件

            return CommonString.OK;
        }
        else return CommonString.ERROR;
    }

    public static int ShiftTopics(string sec1, string sec2)
    {
        XmlDocument indexXml = get_XML();
        if (indexXml != null)
        {
            XmlNode Items = indexXml.SelectSingleNode("topiclist");

            string str = "topic[@section='" + sec1 + "']";
            XmlNodeList childlist = Items.SelectNodes(str);

            for (int i = 0; i < childlist.Count; i++)
                childlist[i].Attributes["section"].Value = sec2;    //给属性赋值

            indexXml.Save(CommonString.strTpcFile);    //保存 XML 文件
            return CommonString.OK;
        }
        else return CommonString.ERROR;
    }
```

10.3.6　回复信息访问类

公共类 reply_XML 定义了对帖子回复信息(保存在 reply.xml 中)的各种操作，如回复的添加或检索等，其类结构框架如下。

```
namespace forum.xml
{
    public class reply_xml
    {
        private static XmlDocument get_XML()
        {
            if (System.IO.File.Exists(CommonString.strReplyFile))
            {
                XmlDocument indexXml = new XmlDocument();
                indexXml.Load(CommonString.strReplyFile);    //加载 XML 文档
                return indexXml;
            }
            else return null;
        }

        public static DataRow[] Query(string strSql)
        {
            DataTable dt = new DataTable("reply");
```

```
            dt.ReadXmlSchema(CommonString.strReplyXsdFile);
            dt.ReadXml(CommonString.strReplyFile);
            return dt.Select(strSql);
        }
    ……//其他方法的定义
    }//类定义结束
}//名称空间结束
```

reply_XML 类比较简单，其中比较重要的方法有两个，它们的实现与前面在根节点下添加新的用户或帖子节点的方式基本一样，在此不再赘述，仅给出相关代码。

(1) 方法 InsertReply 在 reply.XML 文档中添加一个新的回复元素，代码如下。

```
public static int InsertReply(string tid, string content, string uid)
{
    XmlDocument indexXml = get_XML();
    if (indexXml != null)
    {
        XmlNode Items = indexXml.SelectSingleNode("replylist");  //获取根节点
        //获取根节点下的所有直接子节点，即每个 Reply 子节点
        XmlNodeList childlist = Items.ChildNodes;
        XmlNode lastNode = childlist.Item(childlist.Count - 1);
        string strTm = DateTime.Now.ToString("yyyy-MM-dd HH:mm:ss");
        if (lastNode != null)
        {//若文件不空，则在最后一个节点后插入一个新节点
            XmlNode itemNode = lastNode.Clone();  //按照结构复制
            itemNode.SelectSingleNode("content").InnerText = content;
            itemNode.SelectSingleNode("t_userid").InnerText = uid;
            itemNode.SelectSingleNode("replytime").InnerText = strTm;
            itemNode.Attributes["topic_id"].Value = tid;  //给属性赋值
            Items.InsertAfter(itemNode, lastNode);
        }
        else
        {//若文件空，则在节点列表中插入第一个节点
            XmlNode newNode = (XmlNode)indexXml.CreateElement("reply");
            XmlNode xnode = (XmlNode)indexXml.CreateElement("content");
            xnode.InnerText = content;  newNode.AppendChild(xnode);
            xnode = (XmlNode)indexXml.CreateElement("t_userid");
            xnode.InnerText = uid; newNode.AppendChild(xnode);
            xnode = (XmlNode)indexXml.CreateElement("replytime");
            xnode.InnerText = strTm; newNode.AppendChild(xnode);
            XmlAttribute attr = (XmlAttribute)indexXml.CreateAttribute("topic_id");
            attr.Value = tid;
            newNode.Attributes.SetNamedItem(attr);
            Items.AppendChild(newNode);
        }
        indexXml.Save(CommonString.strReplyFile);  //保存 XML 文件
        topic_XML.UpdateTopic(tid, strTm);  //修改 topic.xml 中该标题的回复数
        return CommonString.OK;
    }
    else return CommonString.ERROR;
}
```

(2) 方法 ListMyReply 以 DataTable 表的形式返回指定 id 的用户发表的所有回复，代码如下。

```
public static DataTable ListMyReply(string uid)
{
    string strSql = "t_userid = '" + uid + "'";
    DataRow[] drs = Query(strSql);
    return XMLOper.dr2dt(drs);
}
```

10.4 帖子相关模块的设计与实现

根据系统的设计要求，帖子相关模块的功能主要包括浏览帖子及回复帖子、登录会员可发表新帖、回复旧帖等。

10.4.1 帖子的浏览

游客或登录用户都可以浏览帖子，这里把帖子呈现页面作为论坛的默认主页(Default.aspx)，也是论坛母版页MasterPage.master的内容页。母版页中包含标题、导航菜单栏及页脚。Default.aspx内容页其实替换的是母版页中内容占位控件<asp:ContentPlaceHolder ID="ContentPlaceHolder1" runat="server"></asp:ContentPlaceHolder>之间定义的可变区域。默认页面的运行效果如图 10-2 所示。

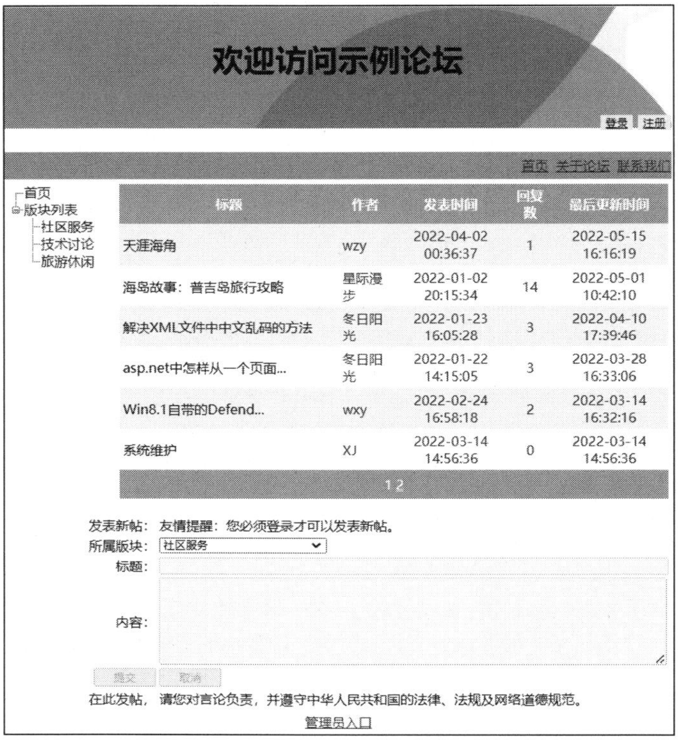

图 10-2　论坛默认主页

1. Default.aspx 页面的主要 HTML 代码

虽然本节旨在介绍 XML 在一个系统中的应用实例，但因为这是开发者进入论坛的第一个页面，所以在此给出其主要的页面代码。后面各功能的介绍仅关注后台实现代码。

论坛默认页面 Default.aspx 的主要控件包括页面中央用于显示帖子的 GridView 控件 GridView1、左侧用于显示版块列表的 TreeView 控件 TreeView1 以及下方供登录用户发布新帖的几个控件(如按钮、用于输入新帖标题和内容的文本框及选择新帖所处版块的下拉列表框控件等)。主要的前台代码如下所示(为节省篇幅及叙述简洁，这里略去了所有的格式定义部分，仅给出了主要控件的关键代码)。

```
<div>
    <table>
        <tr>
            <td>
                <asp:TreeView ID="TreeView1" runat="server" OnSelectedNodeChanged=
                "TreeView1_SelectedNodeChanged" ShowLines="True" style="margin-left: 0px"
                AutoGenerateDataBindings="False"></asp:TreeView>
            </td>
            <td>
                <asp:GridView ID="GridView1" runat="server" EnableModelValidation="True"
                AutoGenerateColumns="False" AllowPaging="true" PageSize="6"   EnableViewState="False"
                CellPadding="4" ForeColor="#333333" GridLines="None" >
                        <AlternatingRowStyle BackColor="White" />
                        <Columns>
                            <asp:TemplateField HeaderText="标题">
                                <ItemTemplate>
                                    <a href='list.aspx?tid=<%# DataBinder.Eval(Container.DataItem, "tid")%>'
                                    target="blank" style ="color:#000;TEXT-DECORATION: none">
                                    <asp:Label ID="Label1" runat="server" Text='<%# Bind("title") %>'>
                                    </asp:Label><!--%#DataBinder.Eval(Container.DataItem, "title")%--></a>
                                </ItemTemplate>
                                <ItemStyle HorizontalAlign="Left" Width="40%" />
                            </asp:TemplateField>
                            <asp:BoundField DataField="t_userid" HeaderText="作者"
                            ItemStyle-HorizontalAlign="Left"/>
                            <asp:BoundField DataField="posttime" HeaderText="发表时间"/>
                            <asp:BoundField DataField="replynum" HeaderText="回复数"/>
                            <asp:BoundField DataField="lasttime" HeaderText="最后更新时间"
                            DataFormatString="{0:yyyy-MM-dd}" HtmlEncode="false"/>
                            <asp:BoundField DataField="tid" HeaderText="tid" Visible="False" />
                            <asp:BoundField DataField="section" HeaderText="section" Visible="False" />
                        </Columns>
                        <!--以下省略 GridView 控件 GridView1 的关于 RowStyle、EditRowStyle、FooterStyle、
                        HeaderStyle、PagerStyle、SelectedRowStyle 等的格式定义代码-->
                    </asp:GridView>
            </td>
        </tr>
```

```
        </table>
        <table>
        <!--下为登录用户发布新帖的页面相关代码，详见本章 10.4.3 节中的介绍-->
            <tr>
                <td width="200px" align="right">发表新帖：</td>
                <td width="600px"><asp:Label ID="Label3" runat="server" Text="友情提醒：您必须登录才可以发表
                新帖。"></asp:Label></td>
            </tr>
            <tr>
                <td align="right">所属版块：</td>
                <td>
                        <asp:DropDownList ID="ddlSection" runat="server" Width="200px"/>
                </td>
            </tr>
            <tr>
                <td align="right">标题：</td>
                <td>
                    <asp:TextBox ID="txtTopic" runat="server" Width="600px" Enabled="False"/>
                </td>
            </tr>
            <tr>
                <td align="right">内容：</td>
                <td><asp:TextBox ID="txtContent" runat="server" TextMode="MultiLine" Width="600px"
                Height="100px" Enabled="False"/></td>
            </tr>
            <tr>
                <td align="right"><asp:Button ID="btnPost" runat="server" Text="提交" OnClick="btnPost_Click"
                Enabled="False" Width="74px"/></td>
                <td align="left"><asp:Button ID="btnCancel" runat="server" Text="取消"
                OnClick="btnCancel_Click" Enabled="False" Width="74px"/>
                <asp:Label ID="Label2" runat="server" Text="标题或内容不能为空" Visible="False"/>
                </td>
            </tr>
            <tr><td align="right">在此发帖，</td><td>请您对言论负责，并遵守中华人民共和国的法律、法规及
            网络道德规范。</td></tr>
        </table>
    </div>
```

2. Default.aspx.cs 中关于帖子浏览的主要后台代码

ASP.NET 提供的代码分离模式使得用于页面显示的代码和用于逻辑处理的代码可分别放在不同的文件中。由于是使用 C#进行后台编码，因此一个 Web 窗体(页面)就由一个.aspx 文件及其对应的.aspx.cs 文件构成。Default.aspx.cs 文件的结构框架如下。

```
using System;
using System.Collections.Generic;
using System.Data;
using System.Web;
```

```
using System.Web.UI;
using System.Web.UI.WebControls;
using forum.xml;

public partial class _Default : System.Web.UI.Page
{
    private DataTable dt;   //GridView1 的数据源，存储从 topic.xml 中检索的帖子信息
    private DataTable dtSec;   //TreeView1 的数据源，存储从 section.xml 中检索的版块信息

    //控制标题显示不超过 15 个字，若超出则截断，以 ToolTip 方式显示
    protected void title_control()
    {
      string str = null;
      for (int i = 0; i < GridView1.Rows.Count; i++)
      {
       str = ((Label)(GridView1.Rows[i].Cells[0].FindControl("Label1"))).Text;
       if (str.Length > 18)
       {
        ((Label)GridView1.Rows[i].Cells[0].FindControl("Label1")).ToolTip = str;
        ((Label)GridView1.Rows[i].Cells[0].FindControl("Label1")).Text = str.Substring(0, 15) + "...";
       }
      }
    }
  ……//其他函数的定义
}//_Default 类定义结束
```

_Default 类的主要函数是页面控件触发事件时的响应函数，下面一一介绍进行。

(1) 页面 Page 类的 Init 事件和 Load 事件。当页面初始化以及页面被加载时分别触发这两个事件，其代码如下。

```
protected void Page_Init(object sender, EventArgs e)
{
        dt = topic_XML.ListTopic();   //首次加载该页面，生成完整的帖子信息列表
        dtSec = section_XML.ListSec();   //生成完整的版块信息列表
        //为登录用户发布新帖模块的下拉列表控件 ddlSection 绑定数据源
        ddlSection.DataSource = dtSec.DefaultView;
        ddlSection.DataTextField = "sname";
        ddlSection.DataValueField = "id";
        ddlSection.DataBind();
}

    protected void Page_Load(object sender, EventArgs e)
    {
        if (!IsPostBack)   //判断当前加载的页面是否是回送页面，若不是，则执行下面的语句
        {
            TreeNode node1 = new TreeNode();   //生成页面左侧的树状目录导航区
            node1.Text = "首页";
            TreeView1.Nodes.Add(node1);
```

```
            TreeNode node2 = new TreeNode();
            node2.Text = "版块列表";
            TreeView1.Nodes.Add(node2);

            string[] s = section_XML.GetTpcName();

            if (s != null)
            {//用版块名称生成 TreeView 控件的各节点
                for (int i = 0; i < s.Length; i++)
                {
                    TreeNode node = new TreeNode();
                    node.Text = s[i];
                    node2.ChildNodes.Add(node);
                }
            }

            if (Session["userinfo"] != null)   //如果是登录用户，则在树状目录中显示“我的信息”栏
            {
                node1 = new TreeNode();
                node1.Text = "我的信息";
                TreeView1.Nodes.Add(node1);
            }
            ddlSection.SelectedIndex = 0;
        }

        ddlSection.DataValueField = "id";
        if (Session["tree"] == null || Session["tree"] =="0")
            {
                Session["tree"] = "0";   // "首页";
                GridView1.DataSource = dt.DefaultView;
            }
        else
            {
                DataTable dt1 = topic_XML.ListTopic(Session["tree"].ToString());
                GridView1.DataSource = dt1.DefaultView;   //设置数据源
            }

            GridView1.DataBind();   //绑定数据源
            title_control();   //帖子标题字数控制

            if (Session["userinfo"] != null)
            {//如果当前用户已登录，则设置发布新帖模块下的几个控件均为“可用”状态
                txtContent.Enabled = true;
                txtTopic.Enabled = true;
                btnCancel.Enabled = true;
                btnPost.Enabled = true;
        Label3.Text = "您现在可以在此发表新帖！";
            }
    }
```

(2) TreeView 控件 TreeView1 的 SelectedNodeChanged 事件。该事件在 TreeView1 的某节点被选中时触发。开发者可以根据用户在树状目录中的选择来决定页面中央的 GridView 控件 GridView1 显示哪个版块下的帖子信息。相关代码如下。

```
protected void TreeView1_SelectedNodeChanged(object sender, EventArgs e)
    {
        TreeNode tn = new TreeNode();
        tn = TreeView1.SelectedNode;   //获取选择的节点
        if (tn.ChildNodes.Count == 0)   //无子节点
        {
            if (tn.Text == "首页") { GridView1.DataSource = dt.DefaultView; Session["tree"] = "0"; }
            else if (tn.Text == "我的信息")
            {
                Response.Write("<script>window.open(\"Userinfo.aspx\",\"_blank\")</script>");
                this.TreeView1.SelectedNode.Selected = false;
            }
            else
            {//根据版块检索其下的帖子
                int i = 0;
                for (; i < dtSec.Rows.Count && tn.Text != dtSec.Rows[i]["sname"].ToString(); i++) ;
                DataTable dt1 = topic_XML.ListTopic(dtSec.Rows[i]["id"].ToString());
                GridView1.DataSource = dt1.DefaultView;
                Session["tree"] = dtSec.Rows[i]["id"].ToString();
            }
            GridView1.DataBind();   //重新绑定更新后的数据源
            title_control();
        }
        else { GridView1.DataSource = dt.DefaultView; Session["tree"] = "0"; }
    }
```

(3) GridView 控件 GridView1 的 PageIndexChanging 事件。该事件在用户单击 GridView1 某一页的导航按钮、但在该控件处理分页操作之前触发。相关代码如下。

```
protected void GridView1_PageIndexChanging(object sender, GridViewPageEventArgs e)
{
        GridView1.PageIndex = e.NewPageIndex;
}
```

可以看到，在这些事件响应函数中，凡是涉及论坛数据访问的地方，都是通过调用 10.3 节中定义的公共信息访问类的相关方法完成的。

10.4.2　特定帖子回复的浏览

游客或登录用户在默认页面浏览帖子时，若单击某个帖子的标题，则会转向页面 list.aspx。在这个页面可以获取该帖更为详细的信息，不仅包括该帖的标题、内容、点击数、回复数、发帖时间等，还包括发帖者的详细信息以及该帖所有的回复内容。一个典型的回复页面如图 10-3 所示。

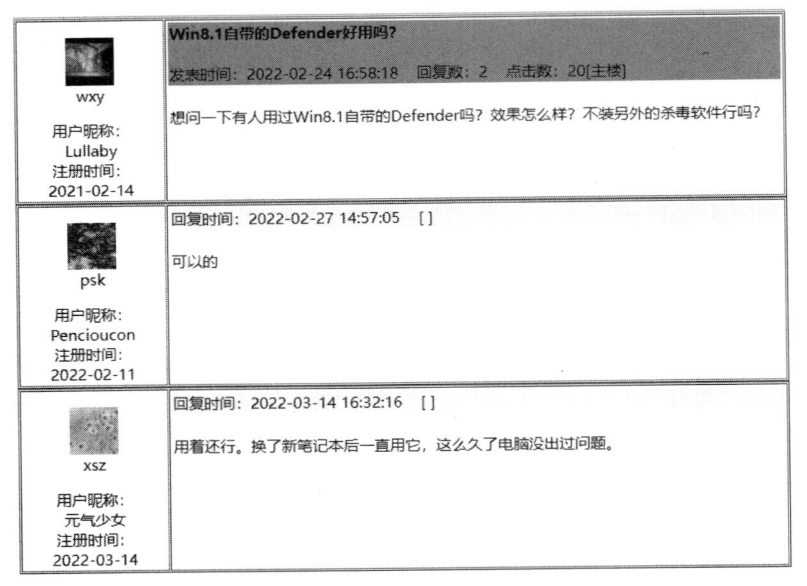

图 10-3　一个典型的回复页面

1. list.aspx 的页面设计

该页面的主要控件包括用于显示帖子内容的 Literal 控件 Literal1、显示一条或多条回复信息的 Repeater 控件 Repeater1、显示发帖者头像的 Image 控件 ImgUser 及多个用于显示各种文字信息(如发帖时间、回复数、点击数、用户名等)的 Label 控件。

2. list.aspx.cs 中关于帖子回复浏览的主要后台代码

ASP.NET 提供的代码分离模式使得用于页面显示的代码和用于逻辑处理的代码可分别放在不同的文件中。由于是使用 C#进行后台编码，因此一个 Web 窗体(页面)就由一个.aspx 文件及其对应的.aspx.cs 文件构成。list.aspx.cs 文件的_list 类结构框架如下。

```
public partial class _list : System.Web.UI.Page
{
    private string tid;
  ……//控件事件的响应函数的定义
}//_list 类定义结束
```

负责显示帖子详细信息的代码在 Page 类的 Load 事件中。要显示的帖子的编号在用户点击默认页中该帖的标题时会以参数的方式添加到要切换的页面 list.aspx 的 URL 后，在 Page_Load()中需要使用 Request.QueryString["参数名"]来接收传递的参数，以显示特定帖子的详细信息。部分详细说明见代码注释。

```
protected void Page_Load(object sender, EventArgs e)
{
        tid=Request.QueryString["tid"];
        if (Session["userinfo"] == null && tid==null) Response.Redirect("default.aspx");

        topic_XML.UpdateTopicClick(tid);   //该帖的点击数加 1
         //获取特定编号的帖子的详细信息并显示
```

```
string str = "topiclist/topic[tid='" + tid + "']";
XmlNode tnode=topic_XML.ExecuteSql(str);
lbTname.Text = tnode.SelectSingleNode("title").InnerText;
lbTtime.Text += tnode.SelectSingleNode("posttime").InnerText;
lbTrnum.Text += tnode.SelectSingleNode("replynum").InnerText;
lbTcnum.Text += tnode.SelectSingleNode("clicknum").InnerText;
Literal1.Text = tnode.SelectSingleNode("content").InnerText;

//获取发帖人的信息并显示
string userid = tnode.SelectSingleNode("t_userid").InnerText;
str = "userlist/user[id='" + userid + "']";
tnode = user_XML.ExecuteSql(str);
ImgUser.ImageUrl = tnode.SelectSingleNode("headimg").InnerText;
lbUname.Text = tnode.SelectSingleNode("name").InnerText;
lbUnick.Text = tnode.SelectSingleNode("nickname").InnerText;
lbUregtime.Text = tnode.SelectSingleNode("reg_time").InnerText;

//获取指定帖子的所有回复
str = "topic_id='"+tid+"'";
DataRow[] dr = reply_xml.Query(str);
DataTable dt = XMLOper.dr2dt(dr);

if (dt != null)
{
    dt.Columns.Add("name", typeof(string));
    dt.Columns.Add("nick", typeof(string));
    dt.Columns.Add("regtime", typeof(string));
    dt.Columns.Add("img", typeof(string));

    XmlDocument indexXml = new XmlDocument();     //加载 XML 文档
    indexXml.Load(CommonString.strUserFile);

    for (int i = 0; i < dt.Rows.Count; i++)
    {//对于每个回复，获得回复人的信息，并在回复表中添加用户信息相关列
        str = "userlist/user[id=" + dt.Rows[i]["t_userid"] + "]";
        XmlNode node = indexXml.SelectSingleNode(str);
        dt.Rows[i]["name"] = node.SelectSingleNode("name").InnerText;
        dt.Rows[i]["nick"] = node.SelectSingleNode("nickname").InnerText;
        dt.Rows[i]["regtime"] = node.SelectSingleNode("reg_time").InnerText;
        dt.Rows[i]["img"] = node.SelectSingleNode("headimg").InnerText;
    }

    Repeater1.DataSource = dt;  //设置 Repeater1 的数据源
    Repeater1.DataBind();  //绑定 Repeater1 的数据源
}

if (Session["userinfo"] != null)
{//如果浏览者是已登录用户，则他可进行回复，设置页面上用于回复的文本框及提交按钮
//控件为“可用”状态
    TextBox1.Enabled = true;
```

```
            btnReply.Enabled = true;
        }
    }
```

10.4.3　已登录用户发表新帖

用户登录后可发表新帖或回复旧帖。可参见 10.4.1 节介绍的 Page_Load 事件，在页面加载时，如果 Session["userinfo"]不为空(即里面记录有登录用户的信息)，则将默认页面下方发表新帖模块的几个控件的 Enabled 属性设置为 true，此后用户可以发表新帖。该模块的运行效果如图 10-4 所示，可将该图和图 10-2 下方的区域做一对比。

发表新帖：您现在可以在此发表新帖！
所属版块：技术讨论
标题：
内容：
提交　取消
在此发帖，请您对言论负责，并遵守中华人民共和国的法律、法规及网络道德规范。

图 10-4　发表新帖

1. 发表新帖模块的页面设计

由图 10-4 可见，该部分的主要控件包括用于接收帖子标题和内容的两个 TextBox 控件(txtTopic 和 txtContent)、用于显示和选择新帖所在版块的 DropDownList 控件(ddlSection)、两个 Button 控件(btnPost 和 btnCancel)以及多个用于显示各种文字信息的 Label 控件(包括一个提示“标题或内容不能为空”的初始不可见的标签控件 Label2)。

2. 发表新帖的主要后台代码

登录用户在下拉列表框选择新帖所在版块(默认为第一个版块)，输入新帖标题和内容后，单击“提交”按钮，在 btnPost 的 Click 事件中完成新帖的提交，代码如下。

```
protected void btnPost_Click(object sender, EventArgs e)
{
    if (txtContent.Text == "" || txtTopic.Text == "") Label2.Visible = true;    //标题或内容不能为空
    else
    {
        Label2.Visible = false;
        User_Session us = (User_Session)Session["userinfo"];
        string index = ddlSection.SelectedValue;
        //在 topic.xml 中添加一个帖子元素
        topic_XML.InsertTopic(txtTopic.Text, txtContent.Text, us.UserID, index);

        txtContent.Text = "";
        txtTopic.Text = "";
        if (Session["tree"]=="首页")      dt = topic_XML.ListTopic();    //重新生成完整的 Topic 列表
        else dt = topic_XML.ListTopic(Convert.ToString(index));
        GridView1.DataSource = dt.DefaultView;
```

```
            GridView1.DataBind();   //重新绑定数据源，更新帖子浏览页面的显示
        }
    }
```

若用户单击“取消”按钮，则在 btnCancel 的 Click 事件中重置两个文本框控件的内容，等待下一次接收新数据。

```
protected void btnCancel_Click(object sender, EventArgs e)
{
        txtContent.Text = "";
        txtTopic.Text = "";
}
```

10.4.4　已登录用户回复旧帖

用户登录后除了可发表新帖外，还可回复旧帖。本章 10.4.2 节介绍的回复浏览页面的下端提供了用户对当前帖子进行回复的区域，运行效果如图 10-5 所示。

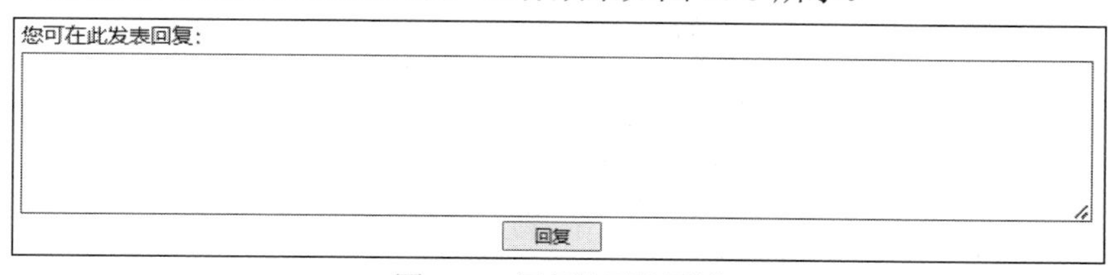

图 10-5　回复帖子的区域

1. 回复帖子的页面设计

由图 10-5 可见，该部分的主要控件是一个用于接收回复内容的 TextBox 控件(TextBox1)、一个 Button 控件(btnReply)以及多个用于显示各种文字信息的 Label 控件(包括一个提示“回复内容不能为空”的初始不可见的标签控件 Label3)。

2. 回复某帖的主要后台代码

登录用户在回复浏览页面下方的文本框内输入对当前帖子的回复内容后，单击“回复”按钮，在 btnReply 的 Click 事件中完成回复的提交，代码如下。

```
protected void btnReply_Click(object sender, EventArgs e)
{
    if (TextBox1.Text == "") Label3.Visible = true;   //回复内容不能为空
    else
    {
        User_Session us = (User_Session)Session["userinfo"];
        reply_xml.InsertReply(tid, TextBox1.Text, us.UserID);
        Response.Redirect("~/list.aspx?tid=" + tid);   //重定位到当前页面，更新回复内容的显示
    }
}
```

10.5 用户信息模块的设计与实现

根据系统的设计要求，用户信息模块的功能主要包括用户的注册、会员的登录、会员注册信息的查询及修改、会员发帖信息的查询及管理(如会员可查询或管理自己发布的帖子及回复)等。用户需要注册后才能成为论坛的会员，否则仅为临时的“游客”。登录后的会员可以发帖、回帖等，但游客仅能浏览帖子。会员又分为管理员和普通用户。管理员对论坛的管理功能将在下一节介绍。本节重点描述用户信息模块的设计及实现。

10.5.1 用户注册

用户注册后成为论坛的会员，拥有很多普通游客不具备的权限。单击默认页面上方欢迎栏上的“注册”按钮，将显示如图 10-6 所示的注册页面。

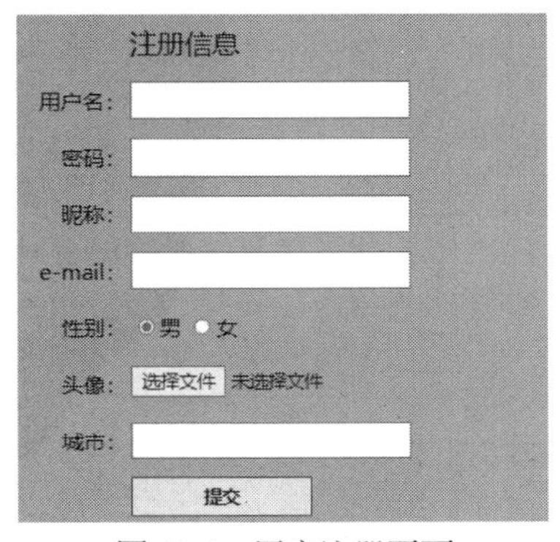

图 10-6　用户注册页面

1. register.aspx 的页面设计

由图 10-6 可见，该部分的主要控件是多个用于接收注册文字信息的 TextBox 控件(控件名基本遵循“txt+信息名”的命名规则)、两个 RadioButton 控件(rbtnMale 和 rbtnFemale)、一个用于接收头像文件名称的 FileUpload 控件(fupHead)、一个 Button 控件(Button1)以及多个用于显示各种文字信息的 Label 控件(包括一个提示“提交的头像图片不符合格式”的初始不可见的标签控件 Label2)。此外，还有 3 个服务器验证控件：一个是用于判断用户名是否存在的 CustomValidator 控件(CustomValidator1)，另外两个是分别用于保证用户名和密码不空的 RequiredFieldValidator 控件(RequiredFieldValidator1 和 RequiredFieldValidator2)，其中用于用户名的两个验证控件对应的页面代码如下。

```
<asp:TextBox ID="txtUser" runat="server" Width="197px" height="23px"></asp:TextBox>
<asp:CustomValidator ID="CustomValidator1" runat="server" ErrorMessage="用户名已存在"
Display="Dynamic" ControlToValidate="txtUser" OnServerValidate="CustomValidator1_ServerValidate"/>
<asp:RequiredFieldValidator ID="RequiredFieldValidator1" runat="server" ErrorMessage="必须输入用户名"
ControlToValidate="txtUser"/>
```

2. 用户注册页面的后台代码

用户在文本框内输入自己的注册信息后(用户名和密码不能缺省，其他信息可选)，单击“提交”按钮，两个 RequiredFieldValidator 控件会验证 txtUse 和 txtPwd 文本框是否有输入，而 CustomValidator1 会触发其 ServerValidate 事件，对 txtUser 内的用户名进行验证。具体代码如下。

```
protected void CustomValidator1_ServerValidate(object source, ServerValidateEventArgs args)
{
    XmlNode node = user_XML.GetUserNodeByName(args.Value);
    if (node != null) args.IsValid = false;
    else args.IsValid = true;
}
```

Button1 的 Click 事件完成注册信息的提交，代码如下。

```
protected void Button1_Click(object sender, EventArgs e)
{
        if (this.IsValid)    //当所有页面对象验证通过后, 将设置 Page 的 IsValid 属性, 表示验证通过
        {
            string sex, headimg;
            if (rbtnFemale.Checked == true) sex = "女";
            else sex = "男";
            if (fupHead.HasFile)
            {
              if (checkFileType(fupHead.FileName))
              {//头像文件通过格式检查
                  headimg = CommonString.strBasePath+CommonString.strHeadUrl + txtUser.Text +
                  Path.GetExtension(fupHead.FileName);
                  fupHead.SaveAs(headimg);
                  headimg = "~/headimages/" + txtUser.Text + Path.GetExtension(fupHead.FileName);
              }
              else
              {
                  Label2.Visible = true;    //提交的头像图片不符合格式
                  headimg = "~/headimages/head.jpg";    //用默认头像
              }
            }
            else
            {
                Label2.Text = "未提交头像图片，用默认头像";
                Label2.Visible = true;
                headimg = "~/headimages/head.jpg";
            }
            User_Session us = user_XML.Register(txtUser.Text, txtPwd.Text, txtNick.Text, txtMail.Text, sex,
            headimg, txtAddress.Text);    //注册
            if (us != null)
            {
                Session["userinfo"] = us;
                Response.Redirect("Default.aspx");
            }
            else
            {
                Response.Write("注册不成功");
                return;
```

```
            }
        }
    }
```

其中 checkFileType 函数判断头像文件的格式是否合法，代码如下。

```
protected bool checkFileType(string fName)
{
    string ext = Path.GetExtension(fName);
    switch (ext.ToLower())
    {
        case ".gif":
        case ".jpg":
        case ".jpeg": return true;
        default: return false;
    }
}
```

10.5.2 会员登录

虽然用户注册后已成为论坛的会员，但为保证系统的安全性，会员只有登录后才能拥有发帖、回复等游客不具备的权限。单击默认页面上方欢迎栏上的“登录”按钮，将显示如图 10-7 所示的会员登录页面。

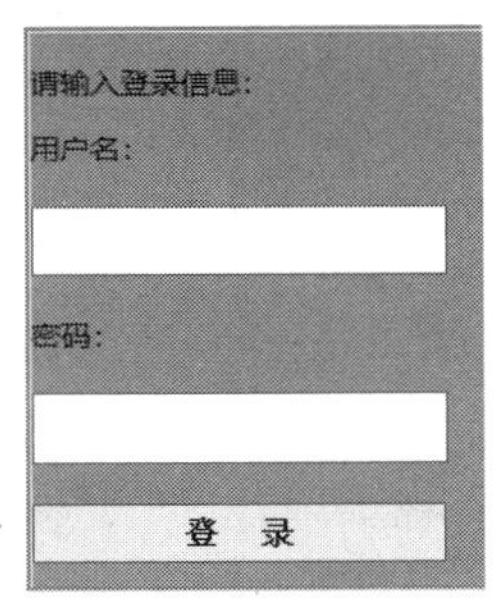

图 10-7 会员登录页面

1. login.aspx 页面的设计

由图10-7可见，该部分的主要控件是两个用于接收用户名和密码的 TextBox 控件(txtUser 和 txtPwd)、一个 Button 控件(btnLogin)及两个 Label 控件。

2. 用户登录页面的后台代码

用户在文本框内输入自己的用户名和密码后，单击“登录”按钮，会触发 btnLogin 的 Click 事件。相关处理代码如下。

```
protected void btnLogin_Click(object sender, EventArgs e)
{
    User_Session us = user_XML.UserLogin(txtUser.Text, txtPwd.Text);
    if (us != null)
    {
        Session["userinfo"] = us;
```

```
            Response.Redirect("~/default.aspx");
        }
        else
        {
            Response.Write("用户名或密码有误，请重新输入");
            return;
        }
    }
```

登录成功后，注册按钮在 masterPage.master.cs 中被设为不可见，登录按钮则显示“退出”，以便用户随时退出登录，同时显示“你可以发布或回复帖子啦”，以表示用户成功登录。

10.5.3　会员注册信息的查询与修改

会员登录后，在默认页面左侧的树状导航目录中会增加“我的信息”节点，如图 10-8(a)所示。单击该节点，可进入会员信息(包括注册信息及发帖回复等信息)的管理页面，如图 10-8(b)所示。

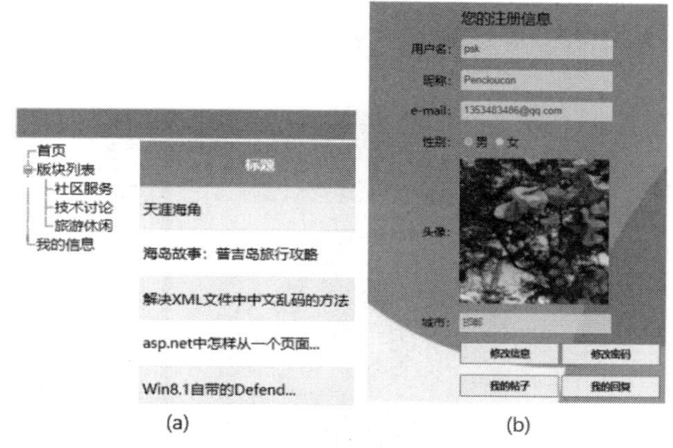

图 10-8　会员信息管理页面

1. Userinfo.aspx 页面的设计

由图 10-8(b)可知，该部分的主要控件是多个用于显示或接收会员信息的TextBox控件、两个RadioButton控件(rbtnMale和rbtnFemale)、一个显示头像的Image控件(Image1)、一个初始不可见的用于接收头像文件名称的FileUpload控件(fupHead)、两个Button控件(btnAlterinfo和btnAlterpwd)以及多个用于显示各种文字信息的Label控件。另外，还有两个按钮控件btnMyTopic和btnMyReply用于显示会员的发帖或回复信息，其功能将在下面介绍。

2. 查询及修改会员注册信息的后台代码

登录会员在默认页面的左侧导航树中单击“我的信息”，会出现图 10-8(b)所示的页面，此时页面内按钮上方的所有控件均不能被编辑，仅起显示作用，用户可在此查看自己的注册信息。当前会员注册信息的加载在该页面(User.aspx)的 Load 事件中完成，相关代码如下。

```
protected void Page_Load(object sender, EventArgs e)
{
```

```
        if (!IsPostBack)
        {
            User_Session us = (User_Session)Session["userinfo"];
            if (us == null) Response.Redirect("default.aspx");
            XmlNode node = user_XML.GetUserNodeById(us.UserID);
            txtUser.Text = node.SelectSingleNode("name").InnerText;
            txtNick.Text = node.SelectSingleNode("nickname").InnerText;
            txtMail.Text = node.SelectSingleNode("email").InnerText;
            if (node.SelectSingleNode("sex").InnerText == "女") rbtnFemale.Checked = true;
            else rbtnMale.Checked = true;
            Image1.ImageUrl = node.SelectSingleNode("headimg").InnerText;
            txtAddress.Text = node.SelectSingleNode("address").InnerText;
        }
    }
```

当前会员的登录信息保存在 Session["userinfo"]中，所以在页面首次加载时，先从其中取出登录信息，再根据其中的用户 ID 从 user.xml 中获取该会员的完整信息。若用户希望修改自己的注册信息，则可单击“修改信息”按钮，此时该页面的运行效果如图 10-9 所示。“修改信息”按钮上方除 txtUser(显示用户名)和 Label 控件以外的其他控件均处于可编辑状态，读者可以将该图与图 10-8(b)进行对比。

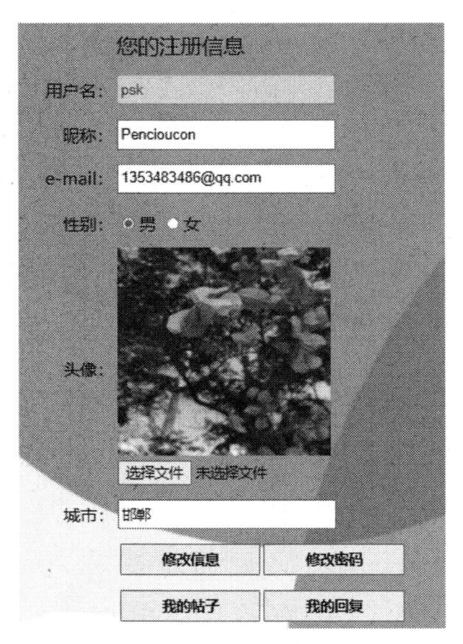

图 10-9　会员注册信息修改页面

若单击“修改密码”按钮，则右侧会出现密码修改区域，这一区域在页面设计时被定义为初始不可见的 div 容器，单击“修改密码”按钮后其 visible 属性才会被设置为 true。此部分的前、后台相关代码如下所示。

前台<div>标签的定义：

```
<div id="right" runat="server" visible="false" height="400px">
  ……
</div>
```

后台“修改密码”按钮的 Click 事件代码如下：

```
protected void btnAlterpwd_Click(object sender, EventArgs e)
{
    right.Visible = true;
}
```

修改用户注册信息的方法与用户初次注册信息的方法基本一样(可参照本章的 10.5.1 节)，所以在此不再重复给出。下面仅给出修改密码后单击“提交”或“取消”按钮的 Click 事件响应函数。

```
protected void btnSubmit_Click(object sender, EventArgs e)
{//提交新密码
    User_Session us = (User_Session)Session["userinfo"];
    if (txtNewPass.Text != txtNewPass1.Text)
    {
        Label2.Visible = true;
        Label2.Text = "2 次输入的密码不一致，请重新输入";
    }
    else if (user_XML.ModifyPwd(us.UserID, txtOldPass.Text, txtNewPass.Text) != 1)
    {
        Label2.Visible = true;
        Label2.Text = "旧密码输入错误，无法修改密码";
    }
    else
    {
        Label2.Visible = true;
        Label2.Text = "密码修改成功";
    }
}
protected void btnCancel_Click(object sender, EventArgs e)
{//取消修改密码，该区域不可见
    right.Visible = false;
}
```

10.5.4　会员发帖或回复信息的查询与管理

会员如果单击图 10-8(b)中的“我的帖子”按钮，则会打开如图 10-10 所示的显示该用户所有发帖记录的页面。

标题	发表时间	回复数	最后更新时间	
任命XJ为本论坛又一位管理员	2022-03-04 09:46:10	1	2022-03-04 22:46:29	删除
论坛管理	2022-01-22 20:45:35	0	2022-01-22 20:45:35	删除

图 10-10　会员帖子信息显示页面

若单击“我的回复”按钮，则会打开如图 10-11 所示的显示该用户所有回复记录的页面。

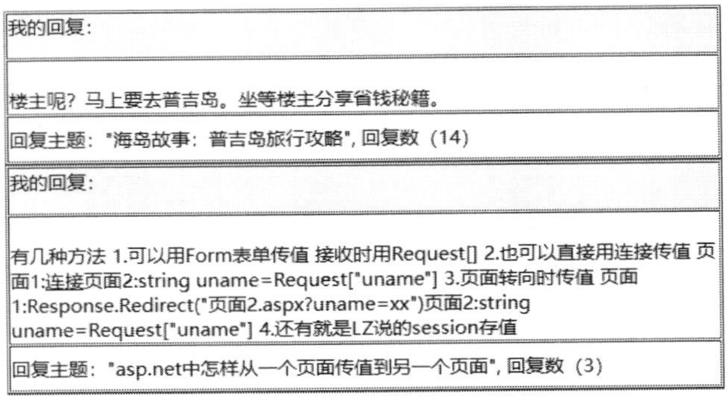

我的回复：

楼主呢？马上要去普吉岛。坐等楼主分享省钱秘籍。

回复主题："海岛故事：普吉岛旅行攻略"，回复数（14）

我的回复：

有几种方法 1.可以用Form表单传值 接收时用Request[] 2.也可以直接用连接传值 页面1:连接页面2:string uname=Request["uname"] 3.页面转向时传值 页面1:Response.Redirect("页面2.aspx?uname=xx")页面2:string uname=Request["uname"] 4.还有就是LZ说的session存值

回复主题："asp.net中怎样从一个页面传值到另一个页面"，回复数（3）

图 10-11　会员回复信息显示页面

打开新页面的操作可以在按钮的 Click 事件中完成，代码如下所示。

```
protected void btnMyTopic_Click(object sender, EventArgs e)
{//打开新页面 MyTopic.aspx，显示该用户发表的所有帖子
        Response.Write("<script>window.open(\"MyTopic.aspx\",\"_blank\")</script>");
}

    protected void btnMyReply_Click(object sender, EventArgs e)
{//打开新页面 MyReply.aspx，显示该用户发表的回复
        Response.Write("<script>window.open(\"MyReply.aspx\",\"_blank\")</script>");
}
```

1. 会员发帖或回复信息查询与修改的页面设计

由图 10-10 可知，显示会员发帖信息页面的主要控件是 GridView 控件 GridView1，其中的“删除”按钮定义为 GridView1 的模板列，相关页面代码如下。

```
<asp:TemplateField ShowHeader="False">
 <ItemStyle HorizontalAlign="Center" />
   <ItemTemplate>
    <asp:LinkButton ID="LinkDelete" runat="server" CausesValidation="False Text="删除"
    OnClientClick="if(!confirm('确定要删除这个主题帖吗？')) return false;"    CommandName="delete" />
   </ItemTemplate>
</asp:TemplateField>
```

从图 10-11 很容易看出，显示会员回复详情页面的主要控件是 Repeater 控件 Repeater1。

2. 会员发帖或回复信息查询与修改的后台代码

图 10-10 所示“我的帖子”页面(MyTopic.aspx)的后台代码(MyTopic.aspx.cs)如下。

```
public partial class MyTopic : System.Web.UI.Page
{
    User_Session us;
    protected void bindgrid()
    {
        DataTable dt = topic_XML.ListMyPost(us.UserID);    //首次加载该页面，生成完整的 Topic 列表
        if (dt != null)
```

```
        {
            GridView1.DataSource = dt.DefaultView;
            GridView1.DataBind();
        }
        else
            Response.Write("你还没有发表帖子");
    }

    protected void Page_Load(object sender, EventArgs e)
    {   us = (User_Session)Session["userinfo"];
        if (us == null) Response.Redirect("default.aspx");
        bindgrid();
    }

    protected void GridView1_RowDeleting(object sender, GridViewDeleteEventArgs e)
    {
        string tid = GridView1.DataKeys[e.RowIndex].Value.ToString();   //..SelectedRow.Cells[4].Text;
        topic_XML.DeleteTopic(tid);
        GridView1.EditIndex = -1;
        bindgrid();
    }
}
```

私有成员函数 bindgrid()调用 topic_XML 类中的静态方法 ListMyPost，得到指定 ID 的用户发表的帖子信息列表，将之设定为 GridView1 的数据源并进行绑定。若用户还未发表过任何帖子，则显示“你还没有发表帖子”。用户可在该页面浏览自己发布的帖子信息，如果想删除某帖，单击该行的“删除”按钮，在弹出的“确定要删除这个主题帖吗？”对话框中，用户进行确认后，将通过 GridView1 的 RowDeleting 事件删除指定的帖子。

图 10-11 所示页面(MyReply.aspx)的后台代码(MyReply.aspx.cs)如下。

```
public partial class MyReply : System.Web.UI.Page
{
    Private DataTable dt;   //Repeater1 的数据源，存储从 reply.xml 中检索的记录
    protected void Page_Load(object sender, EventArgs e)
    {
        User_Session us = (User_Session)Session["userinfo"];
        dt = reply_xml.ListMyReply(us.UserID);   //首次加载该页面，生成完整的 Reply 列表
        if (dt != null)
        {
            dt.Columns.Add("topicname", typeof(string));
            dt.Columns.Add("replynum", typeof(string));

            XmlDocument indexXml = new XmlDocument();   //加载 XML 文档
            indexXml.Load(CommonString.strTpcFile);
            for (int i = 0; i < dt.Rows.Count; i++)
            {
                string str = "topiclist/topic[tid='" + dt.Rows[i]["topic_id"] + "']";
                XmlNode node = indexXml.SelectSingleNode(str);
```

```
                if (node!=null)
                {
                    dt.Rows[i]["topicname"] = node.SelectSingleNode("title").InnerText;
                    dt.Rows[i]["replynum"] = node.SelectSingleNode("replynum").InnerText;
                }
                else
                {
                    dt.Rows[i]["topicname"] = "已删帖子";
                    dt.Rows[i]["replynum"] = "0";
                }
            }
            Repeater1.DataSource = dt.DefaultView;
            Repeater1.DataBind();
        }
        else Response.Write("你还没有回复过任何帖子");
    }
}
```

加载该页面时，首先根据 Session["userinfo"]中记录的用户登录信息的用户 ID，调用 reply_xml 类中的静态方法 ListMyReply，获取该用户已发布的所有回复；然后根据每条回复的帖子 ID 在 topic.xml 中进行查询，获取所回复帖子的标题及回复数等需要显示的信息，所有需显示的信息存放在 DataTable 类型的对象 dt 中，最后将它设定为 Repeater1 的数据源并与之进行绑定，完成页面的显示。若用户还未回复过任何帖子，则 dt 为空，此时显示“你还没有回复过任何帖子”。

10.6 管理模块的设计与实现

论坛的系统管理员可进行会员、帖子、论坛信息等的综合管理。因为这些功能的实现方法在前面各模块的实现过程中多有涉及，甚至有些部分是相似或重合的，所以本节仅重点介绍管理员对论坛版块和帖子的管理，其对论坛信息和用户等的管理这里仅简单说明，不再给出详细代码。

10.6.1 管理员登录

论坛的管理页面从默认页面最下方的“管理员入口”进入(见图 10-2)。单击超链接“管理员入口”，会转向管理员登录页面，该页面的布局、设计及实现均与用户登录页面类似，区别仅在于此处需要判断登录者是否具有“管理员”权限。因此这里不再给出其相关介绍。

10.6.2 版块管理

管理员登录后，系统会自动转向管理页面，如图 10-12 所示，此时管理的默认页面是版块管理页。文字“论坛版块信息”上方的图像和导航栏在母版页(MasterAdmin.master)中定义，所有的管理页面均基于该母版页。

图 10-12　论坛的默认管理主页

1. 版块管理页面的设计(Admin_Sec.aspx)

由图 10-12 可见，该页面的主要控件包括显示版块信息的 GridView 控件 GridView1、两个命令按钮 btnAdd 和 btnShift、两个隐藏的 Panel 容器及定义在它们内部的若干控件。GridView1 中的编辑列及删除列均定义为命令列，版块名称和版块描述均定义为可编辑列。其相关的页面代码如下。

```
<Columns>
  <asp:BoundField DataField="id" HeaderText="Id" ReadOnly="true">
    <ItemStyle HorizontalAlign="Center" Width="10%"></ItemStyle>
  </asp:BoundField>
  <asp:TemplateField HeaderText="版块名称">
    <ItemTemplate>
        <asp:Label ID="lbSname" runat="server" Text='<%#Eval("sname") %>'></asp:Label>
    </ItemTemplate>
    <EditItemTemplate>
     <asp:TextBox ID="txtSname" runat="server" Text='<%#Eval("sname") %>'></asp:TextBox>
    </EditItemTemplate>
    <ItemStyle HorizontalAlign="center" Width="20%"></ItemStyle>
  </asp:TemplateField>
  <asp:TemplateField HeaderText="版块描述">
      <ItemTemplate>
        <asp:Label ID="lbDesp" runat="server" Text='<%#Eval("description") %>'></asp:Label>
      </ItemTemplate>
      <EditItemTemplate>
        <asp:TextBox ID="txtDesp" runat="server" Text='<%#Eval("description") %>'/>
      </EditItemTemplate>
      <ItemStyle HorizontalAlign="left" Width="25%"></ItemStyle>
    </asp:TemplateField>
  ……<!--他列的定义-->
  <asp:CommandField HeaderText="编辑" ShowEditButton="True" ShowHeader="True"
  ItemStyle-HorizontalAlign="Center" ItemStyle-Width="15%">
    <ItemStyle HorizontalAlign="Center" Width="25%"></ItemStyle>
  </asp:CommandField>
  <asp:CommandField HeaderText="删除" ShowDeleteButton="True" ShowHeader="True"
  ItemStyle-HorizontalAlign="Center" ItemStyle-Width="15%">
```

```
        <ItemStyle HorizontalAlign="Center" Width="25%"></ItemStyle>
    </asp:CommandField>
</Columns>
```

2. 版块管理的主要后台代码

管理员可在此页面浏览论坛的版块设置及各版块的详细信息，可以修改已有的版块名称或描述，也可以删除不需要的版块(若版块下还有帖子，则不能删除该版块)，还可以增加新版块或在版块之间移动帖子。Admin_Sec.aspx.cs 文件的结构框架如下。

```
using System;
using System.Collections.Generic;
using System.Web;
using System.Web.UI;
using System.Web.UI.WebControls;
using System.Data;
using forum.xml;
using System.Drawing;
public partial class _Admin_sec : System.Web.UI.Page
{
    DataTable dt;
    protected void bindgrid()
    {
        dt = section_XML.ListSec();
        if (dt != null)
        {
            GridView1.DataSource = dt.DefaultView;
            GridView1.DataBind();
        }
        else
            Response.Write("目前没有可管理的版块");
    }

    protected void Page_Init(object sender, EventArgs e)
    {
        dt = section_XML.ListSec();
    }

    protected void Page_Load(object sender, EventArgs e)
    {       //若未登录或为非管理员身份，则直接转向论坛的默认页面
            User_Session us = (User_Session)Session["userinfo"];
            if (us == null || us.RoleID == "user") Response.Redirect("default.aspx");

            GridView1.DataSource = dt.DefaultView;
            GridView1.DataBind();
    }
  ……//其他函数的定义
}//_Admin_sec 类定义结束
```

_Admin_sec 类的主要函数是页面控件触发事件时的响应函数，下面简单介绍这些函数。

(1) GridView1 的行编辑事件。当用户单击 GridView1 某行的“编辑”按钮时，这个“编辑”按钮会消失，转而出现“更新”和“取消”两个按钮，同时该行的可编辑列“版块名称”和“版块描述”变为可编辑的状态。此时修改该行这两列的内容后，单击“更新”按钮则更新该版块在 section.xml 文档中的值，若单击“取消”按钮则取消更新。其相关的处理代码如下。

```
protected void GridView1_RowEditing(object sender, GridViewEditEventArgs e)
{
    GridView1.EditIndex = e.NewEditIndex;
    GridView1.EditRowStyle.BackColor = Color.FromName("#F7CE90");
}

protected void GridView1_RowUpdating(object sender, GridViewUpdateEventArgs e)
{
    string id = GridView1.DataKeys[e.RowIndex].Value.ToString();
    section_XML.UpdateSection(id, ((TextBox)GridView1.Rows[e.RowIndex].Cells[0].
    FindControl("txtSname")).Text, ((TextBox)GridView1.Rows[e.RowIndex].Cells[0].
    FindControl("txtDesp")).Text);
    GridView1.EditIndex = -1;
    bindgrid();
}

protected void GridView1_RowCancelingEdit(object sender, GridViewCancelEditEventArgs e)
{
    GridView1.EditIndex = -1;
    GridView1.DataSource = dt.DefaultView;
    GridView1.DataBind();
}
```

(2) GridView1 的行删除事件。当用户单击 GridView1 某行的“删除”按钮时，若该版块下还有帖子，则提示“必须先把该版块下的所有主题帖移至其他版块才能删除该版块！”；若该版块下的帖子数为 0，则删除该版块。其相关的处理代码如下。

```
protected void GridView1_RowDeleting(object sender, GridViewDeleteEventArgs e)
{
    string id = GridView1.DataKeys[e.RowIndex].Value.ToString();
    if (section_XML.DeleteSection(id) == -2) { Response.Write("必须先把该版块下的所有主题帖移至其他版
    块才能删除该版块！"); }
    else
    {
        GridView1.EditIndex = -1;
        bindgrid();
    }
}
```

(3) 两个命令按钮的 Click 事件。单击“增加版块”或“版块移动”按钮，则分别在其下出现初始不可见的容器，如图 10-13 所示。

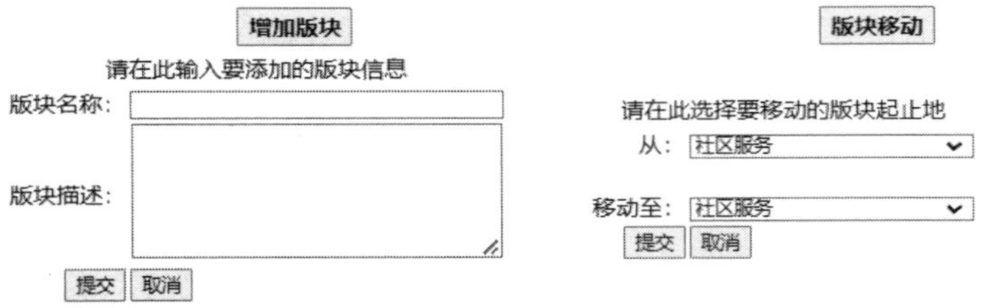

增加版块

请在此输入要添加的版块信息

版块名称：

版块描述：

提交 取消

版块移动

请在此选择要移动的版块起止地

从： 社区服务

移动至： 社区服务

提交 取消

图 10-13 单击命令按钮后出现的隐藏容器

两个命令按钮的 Click 事件的代码如下。

```
protected void btnAdd_Click(object sender, EventArgs e)
{
    Panel1.Visible = true;
}

protected void btnShift_Click(object sender, EventArgs e)
{
    Panel2.Visible = true;

    ddlSec1.DataSource = dt.DefaultView;
    ddlSec1.DataTextField = "sname";
    ddlSec1.DataValueField = "id";
    ddlSec1.DataBind();

    ddlSec2.DataSource = dt.DefaultView;
    ddlSec2.DataTextField = "sname";
    ddlSec2.DataValueField = "id";
    ddlSec2.DataBind();
}
```

增加版块和移动版块(把一个版块下的所有帖子均移至另一个版块下)的相关代码如下。

```
protected void btnSubmit_Click(object sender, EventArgs e)
{
    if (txtName.Text == "") Label2.Visible = true;
    else
    {
        section_XML.InsertSection(txtName.Text, txtDes.Text);
        bindgrid();
        Panel1.Visible = false;
    }
}

protected void btnSubmit1_Click(object sender, EventArgs e)
{
    if (ddlSec1.SelectedValue==ddlSec2.SelectedValue) Label4.Visible = true;
    else
    {
        section_XML.ShiftSection(ddlSec1.SelectedValue, ddlSec2.SelectedValue);
        bindgrid();
```

```
                Panel2.Visible = false;
            }
        }
```

10.6.3　帖子管理

管理员对帖子的管理包括删除问题帖、将某帖从现属版块移至合适的版块等，其页面如图 10-14 所示。

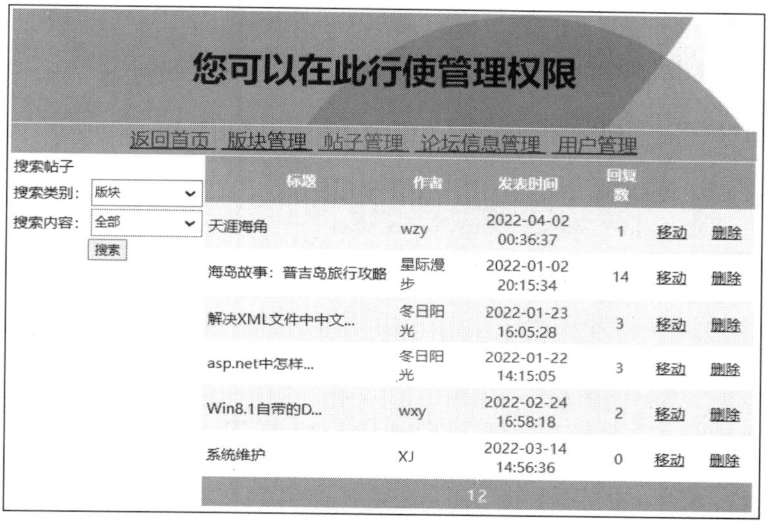

图 10-14　帖子的管理页面

1. 帖子管理页面的设计(Admin_topic.aspx)

由图10-14可见，该页面的主要控件包括显示左侧用于帖子分类搜索的两个DropDownList控件(ddlClass和ddlSec)，一个初始不可见的根据用户名或主题查询时用于输入关键字的TextBox控件(txtSel)、一个命令按钮Button1以及右侧的用于显示帖子信息的GridView控件(GridView1)。GridView1中的移动列及删除列均定义为模板列，相关的前台代码如下。

```
<asp:TemplateField ShowHeader="False">
  <ItemStyle HorizontalAlign="Center" Width="10%" />
    <ItemTemplate>
      <asp:LinkButton ID="LinkShift" runat="server" CausesValidation="False" Text="移动"
      OnClientClick="if(!confirm('确定要移动这个主题帖吗？')) return false;"   CommandName="edit" />
    </ItemTemplate>
  </asp:TemplateField>
<asp:TemplateField ShowHeader="False">
<ItemStyle HorizontalAlign="Center" Width="10%" />
   <ItemTemplate>
       <asp:LinkButton ID="LinkDelete" runat="server" CausesValidation="False" Text="删除"
       OnClientClick="if(!confirm('确定要删除这个主题帖吗？')) return false;"   CommandName="delete" />
   </ItemTemplate>
</asp:TemplateField>
```

2. 帖子管理的主要后台代码

为了方便管理员管理论坛内的所有帖子，在此页面设置了可根据不同类别及内容进行查询的功能。管理员除了可在此页面浏览论坛的帖子信息，还可根据版块、用户名或主题关键字查询帖子。为节省篇幅，这里不再给出完整的代码，3 种不同的查询可以分别用如下 3 段主要代码实现。

```
//根据版块查询
string sel = ddlSec.SelectedValue;
if (sel == "0")  //管理员在第 2 个下拉列表框中选择的是“全部”
  dt = topic_XML.ListTopic();  //此处和实际代码略有不同，事实上仅在页面初始化时生成 dt
else
  dt1 = topic_XML.ListTopic(sel);  //根据版块查询该版块下的所有帖子

//根据会员名查询其发布的帖子
XmlNode node = user_XML.GetUserNodeByName(txtSel.Text);
string str = node.SelectSingleNode("id").InnerText;
dt1 = topic_XML.ListMyPost(str);

//根据主题的关键字进行模糊查询
str = "title like '%" + txtSel.Text + "%'";
DataRow[] dr=topic_XML.Query(CommonString.strTpcFile, CommonString.strTpcXsdFile, str);
dt1=XMLOper.dr2dt(dr);
```

其中 DataTable 对象 dt 和 dt1 均为该页面类的私有静态成员变量，dt 在 Page_Init 事件中生成，而 dt1 总是根据管理员的查询请求保存不同的结果，它们均为 GridView1 的数据源。

管理员也可以在此页面删除问题帖子或移动帖子，删除问题帖子与前面登录会员删除自己所发布的某帖的实现方式基本相同，在此不再赘述；单击某行的“移动”按钮，在用户确认要进行移动后，在页面左侧的“搜索”按钮下将出现如图 10-15 所示的界面，用户选择要移至的版块后，单击“移动”按钮，则在该按钮的 Click 事件中调用 topic_XML 类的 ShiftTopic 方法将指定帖子从现属版块移至其他合适版块。

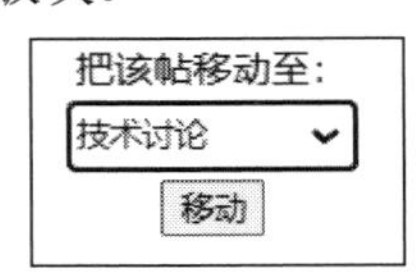

图 10-15 移动帖子

10.6.4 其他管理

超级管理员对会员的管理操作包括：把会员设为普通管理员；把现在的某位普通管理员设为会员，这个操作很简单，只需要调用 user_XML 类中的 AlterUserRole 方法即可实现。这里仅给出其页面，如图 10-16 所示。

返回首页　版块管理　帖子管理　论坛信息管理　用户管理

◉会员
○管理员
○超级管理员

用户名	昵称	注册时间	性别	住址	
冬日阳光	阳光灿烂	2022-01-21	男	杭州	设为管理员
wxy	Lullaby	2021-02-14	女	北京	设为管理员
mzx	小马	2022-01-13	男	东莞	设为管理员
wzy	烟火人间	2022-03-14	男	上海	设为管理员
Qdan	Love&Peace	2022-03-14	女	西安	设为管理员
psk	Pencioucon	2022-02-11	男	邯郸	设为管理员

1 2

图 10-16　超级管理员对会员的管理操作

另外，管理员对论坛信息的管理是完成论坛中主要 XML 文档数据的归档操作，即把某指定日期前的帖子及其相关回复转储至默认的数据库文件中。该页面如图 10-17 所示。

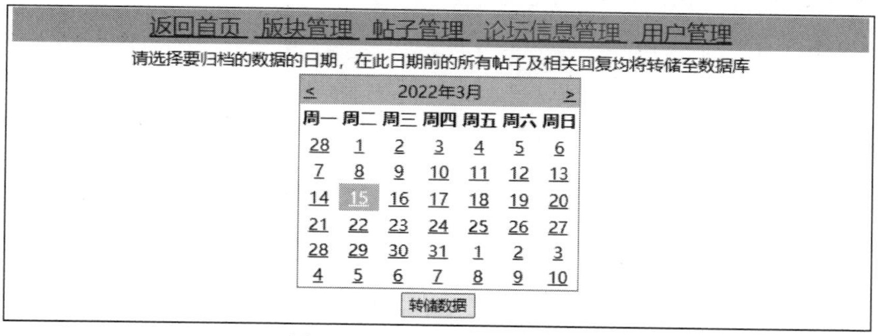

返回首页　版块管理　帖子管理　论坛信息管理　用户管理

请选择要归档的数据的日期，在此日期前的所有帖子及相关回复均将转储至数据库

<			2022年3月			>
周一	周二	周三	周四	周五	周六	周日
28	1	2	3	4	5	6
7	8	9	10	11	12	13
14	15	16	17	18	19	20
21	22	23	24	25	26	27
28	29	30	31	1	2	3
4	5	6	7	8	9	10

转储数据

图 10-17　论坛信息管理页面

这里采用从.NET 2.0 开始提供的批量复制技术完成转储功能。管理员在日期控件上选择某个日期后，单击“转储数据”按钮，通过该按钮的 Click 事件将该日期前发表的帖子及回复批量转储到数据库中。为此，首先要在数据库中创建两个接收对应数据的表，其表结构分别与 topic.xml 与 reply.xml 的文档结构相同，且各列的数据类型应兼容。然后使用 SqlBulkCopy 对象完成批量复制数据的任务。相关代码如下。

```
using System;
using System.Collections.Generic;
using System.Data;
using System.Data.SqlClient;
using System.Web;
using System.Web.UI;
using System.Web.UI.WebControls;
using forum.xml;

protected void Button1_Click(object sender, EventArgs e)
{
   DataTable dt,dt1;
   string str, connectionString = "Server=loc，alhost\\SQLEXPRESS;database=bbs; Integrated security=True";
   str = Calendar1.SelectedDate.ToString("yyyy-MM-dd");

   dt = topic_XML.ListTopic();
   dt.Select("posttime<='" + str + "'");
```

```
dt1 = XMLOper.dr2dt(reply_xml.Query("replytime<='" + str + "'"));

if(dt!=null && dt1!=null)
{
    try
    {
        SqlConnection desConnection = new SqlConnection(connectionString);
        desConnection.Open();

        SqlBulkCopy bulkCopy = new SqlBulkCopy(desConnection);

        bulkCopy.DestinationTableName = "dbo.topics";   //目的表名
        bulkCopy.ColumnMappings.Add("section", "section");   //从 DataTable 列名到目标表列名的映射
        bulkCopy.ColumnMappings.Add("tid", "tid");
        ……//省略若干列的映射
        bulkCopy.ColumnMappings.Add("lasttime", "lasttime");
        bulkCopy.WriteToServer(dt);
        bulkCopy.Close();

        bulkCopy = new SqlBulkCopy(desConnection);
        bulkCopy.DestinationTableName = "dbo.reply";   //要插入的表的表名
        bulkCopy.ColumnMappings.Add("topic_id", "tid");
        bulkCopy.ColumnMappings.Add("content", "tcontent");
        bulkCopy.ColumnMappings.Add("t_userid", "t_userid");
        bulkCopy.ColumnMappings.Add("replytime", "replytime");
        bulkCopy.WriteToServer(dt1);

        bulkCopy.Close();
        desConnection.Close();

        Label2.Text = "转储成功，数据已保存至 BBS 数据库中";
    }
    catch (Exception ex) { Label2.Text = ex.Message; return; }
}
else Label2.Text = "没有可供保存的数据";
}
```

10.7 本章小结

本章从 XML 应用的角度，给出了一个完整的实际案例——BBS 论坛系统的设计与开发过程。通过对基于 XML 的论坛系统的功能分析、XML 文件设计及各个功能模块前台和后台实现代码的介绍，试图使开发者对本书所介绍的各种 XML 技术有更加全面和综合的了解。希望本章能为开发者今后独立开发 XML 相关的应用程序提供一些有用的示范。

10.8 思考和练习

1. 自定义功能及界面，自行设计存放数据的 XML 文档及结构，设计并实现一个博客管理系统。

2. 自定义功能及界面，自行设计存放数据的 XML 文档及结构，设计并实现一个新闻发布系统。

参考文献

[1] 孙更新，李玉玲. XML 编程与应用教程[M]. 3 版. 北京：清华大学出版社，2017.
[2] 田中雨，郭磊. XML 实践教程[M]. 北京：清华大学出版社，2016.
[3] 唐琳，等. XML 基础及实践开发教程[M]. 2 版. 北京：清华大学出版社，2018.
[4] Joe Fawcett，等. XML 入门经典[M]. 5 版. 刘云鹏，译. 北京：清华大学出版社，2013.
[5] 胡静，常瑞，张青，等. XML 基础教程[M]. 北京：清华大学出版社，2015.
[6] 郭力子，华驰. ASP.NET 程序设计案例教程[M]. 北京：机械工业出版社，2015.
[7] 明日科技. ASP.NET 从入门到精通[M]. 6 版. 北京：清华大学出版社，2021.
[8] 谭恒松，严良达. ASP.NET 项目开发实战[M]. 2 版. 北京：电子工业出版社，2019.
[9] 黑马程序员. ASP.NET 就业实例教程[M]. 2 版. 北京：人民邮电出版社，2021.
[10] (美)福思特，奎思，艾尔斯. XML 入门经典[M]. 5 版. 刘云鹏，王超，译. 北京：清华大学出版社，2013.
[11] 黄志球，沈国华，康达周. XML 知识管理：概念与应用[M]. 北京：科学出版社，2015.
[12] 张玉宝. XML 应用技术[M]. 北京：清华大学出版社，2013.
[13] 王冬，陈可汤，王龙. XML 实用教程[M]. 北京：清华大学出版社，2014.
[14] 周霞，彭文惠. XML 技术与应用教程[M]. 北京：电子工业出版社，2015.
[15] 丛书编委会. XML 实用教程[M]. 北京：电子工业出版社，2012.
[16] 贾素玲，王虹森，王强，等. XML 技术应用[M]. 2 版. 北京：清华大学出版社，2017.
[17] 黄源，董明，舒蕾. XML 基础与案例教程[M]. 北京：机械工业出版社，2018.
[18] 任宪臻，孙立友，等. XML 程序设计案例教程[M]. 北京：机械工业出版社，2015.
[19] 靳新，谢进军，王岩，等. XML 基础教程[M]. 北京：清华大学出版社，2016.
[20] 耿祥义，张跃平. XML 基础教程[M]. 2 版. 北京：清华大学出版社，2013.
[21] http://www.ibm.com/developerworks/cn/xml/x-think38.html. Uche Ogbuji. Thinking XML: XML 十年发展历程.
[22] http://www.xml.org.cn/index.asp. 中国 XML 论坛.